http://ajin.to

전자이동의 화학

-전기화학입문

渡辺 正·中林 誠一郎 저

정철수 역

A-JIN 도서출판 아진

電子移動の化学
-電気化学入門-

渡辺　正
中林誠一郎

"나의 가는 길은 오직 그가 아시나니 그가 나를 단련하신 후에는
내가 정금같이 나오리라 (욥23 : 10)"

전기화학의 문을 열고

화학 현상에는 전자를 교환하면서 진행되는 경우가 많다. 전기분해나 전지내 반응은 물론, 산화환원반응으로 분류되는 모든 반응은 원자 · 분자 사이의 전자 교환 반응이라고 할 수 있다. 생물의 세포내에서는 수 많은 산화환원 반응이 항상 일어나고 있으며, 사진이나 광합성의 근원에도 빛에너지의 도움으로 진행되는 전자이동이 있다. 이러한 현상을 이해하고 활용, 제어하기 위해서는 전자 교환반응에 대한 이미지를 제대로 파악하는 것이 매우 중요하다. 그러한 이미지를 그려 나가는 학문을 전기화학(electrochemistry)이라고 한다.

전기 화학에 관한 책은 많이 있지만 수식으로 가려진 베일의 저 편이 잘 보이지 않거나, 어려운 이야기를 너무 많이 다루고 있기 때문에 초심자가 이해할 만한 책은 의외로 적다. 필자 중 한명도 학생시절에 끝까지 통독할 수 있던 것은 양서 1권뿐이었다. 문턱을 꽤나 낮춘 교과서가 필요하다고 미력하나마 우리는 생각했다.

본론으로 들어가기 전에 확실하게 집고 넘어가야 할 것이 하나 있다. 중학교나 고등학교의 교과서와 수업에서, 혹은 일부 전문서적마저도 전기 분해를 잘못된 형태로 다루고 있다. 잘못된 이미지가 배어든 채로 대학에서 어려운 책을 상대하게 되면, 소화불량인 상태로 교사가 되고…… 이런 악순환은 이제 이쯤에서 끝내고 싶다. 그래서 논쟁의 씨앗이 될 것을 기대하면서「옛날에 배운 전기분해 반응은 잊어버리자」라는 약간 과격한 제목을 서론에 두었다.

그리고 각 5장으로 구성된「평형론」과「속도론」을 각각 와타나베 타다시(渡辺 正)와 나카바야시 세이이치로(中林誠一郎)가 집필하였다. 평형론에서는 전자가 움직여야할 방향과 구동력을, 속도론에서는 전자이동에 관한 이치도 음미하면서 전자 이동의 속도를 생각하게 하였다. 생체 기능에 흥미를 갖고 있는 인간과 전자 이동 속도의 측정에 쾌감을 느끼는 인간의 합작품이기 때문에 당연히 있어야 할 사항이 빠져 버린 교과서라고 평가를 받을 수도 있다. 혹여 독자 분들 중에 그러한 내용에 대해 비판 사항이 있으면 꼭 해 주셨으면 한다.

제I부의 평형론에서는 「표준 전극 전위」의 의미를 파악하는 것이 큰 목표가 된다. 다른 현상과 똑같이, 전자 이동도 에너지의 차이에 의해 일어나며 에너지에 대한 정보를 응축한 것이 표준 전극 전위라고 할 수 있다. 이러한 부분을 자세히 정리하지 못하고 있는 것이 지금까지 존재해 온 교과서의 실패점이 아닐까. 전위의 의미를 확실하게 파악하고 있으면, 사과가 지면에 떨어지는 것과 같은 이미지로 전자 이동도 이해할 수 있다. 또 제II부 속도론에서는 속도를 결정하는 활성화 에너지의 본성과, 「전자 이동과 물질 이동의 관계」를 마이크로적인 시점에서 실감할 수 있게 정리하였다. 위와 같은 내용을 수식은 가능한 한 줄이고 이미지를 주로 하여 설명했다.

일단 열역학의 기본은 아시는 독자를 상정하였지만, 열역학을 잊어버리신 분은 복습하면서 읽을 수 있도록 쓰려고 노력하였다. 다만 전기화학의 주인공이고 양자역학 세계의 주인인 전자는 「파장의 특성으로 거동하며 물질 안에서는 에너지 준위를 갖고 있다」라는 것과 「빛은 파장이며 입자이기도 하다」라는 사실만은 무조건 받아들이도록 하자.

조금은 내용에 깊이가 있는 이야기는 **참고**란에, 가볍고 상식적인 이야기는 Tea time란에 실었다. 또한 서론 이외는 본문 안에는 간단한 문제를 삽입시켜 놓았으므로 손으로 직접 풀어 가면서 읽어 주기 바란다.

素稿의 단계에서 동경공업대학 교수인 토쿠다 코우이치(德田耕一)박사, 치바 공업대학 교수(도쿄대학명예교수)인 마시코 노보루(增子 昇)박사, 이화학 연구소 연구담당 이사인 키라 아키라(吉良 爽)박사에 사독을 부탁하여 미진한 부분을 손질했다. 토쿠다씨는 수식의 표기나 단위 등에 대해서 많은 코멘트를 해주어서 일부는 저항하면서도 대부분 채용한 결과, 어색함이 꽤나 줄어들었다고 생각한다. 또, 서론(과 그 예비 원고)은 20명 정도의 고교 화학 교사 여러분들로부터 각각 귀중한 의견을 받아 정리하였다. 이상의 선생님들과 미진한 내용에 힘을 모아 준 여러분에게는 진심으로 감사드린다. 본서의 출판에 즈음해 여러 가지 편의를 제공하여 준 아사쿠라 서점의 여러분에게도 깊이 감사한다.

1996년 2월
渡辺　　正
中林誠一郎

이 책을 소개하면서

전기화학은 전극과 물질이 주고받는 전자전달과 관련된 학문으로서, 21세기 핵심 과학기술로 급부상 중인 이차전지, 바이오칩, 가스센서, 마이크로 전기장치 등 이미 우리 주변에 널리 보급되고 있는 많은 생활용품들이 전기화학을 기반으로 하여 개발되고 있다. 또한 연료전지, 전기자동차와 같은 기술도 전기화학 연구자들에 의해 점차 현실화되어 가고 있다. 본 서적은 전기화학적 반응의 기본이 되는 전자의 이동에 대해 알기 쉽게 설명한 기술서로서, 공과대학에서 다루는 유기화학과 물리화학을 학습한 독자들이 전기화학의 개념을 이해하는 데 도움을 줄 수 있는 서적이라고 생각된다.

본 서적을 번역함에 있어 주의를 기울였던 부분은, 역자가 본 서적을 처음 읽었을 때 느꼈던 전체 내용의 자연스러운 흐름은 유지하면서, 전기화학적 전문용어에 친근감이 없는 독자들을 위해 필요한 사항에 대해서는 다음과 같은 규칙에 의해 부연 설명을 추가하였다.

1. 본 서적에 나오는 전기 화학적 전문용어는 대한 물리학회와 대한 화학회에서 정리한 한글 전문용어를 사용하여 기술하였고, 한글 전문용어에 대한 부가 설명이 필요하다고 역자가 판단한 용어에 대해서는 영어적 표현을 추가하여 기술하였다. 이는 독자로 하여금 영어로 표현된 관련 내용을 쉽게 찾아 볼 수 있게 하기 위함이다.

   예) 비수용매(nonaquous solvent), 외권반응(outer-sphere reaction)
   환원전류(cathode current), 산화전류(anode current)
   포텐셜 우물(potential well), 거울상 힘(image Force)
   양극(anode, the Greek ἄνοδος = 'going up')반응
   음극(cathode, the Greek word κάθοδος = 'descent') 반응

2. 전기화학을 처음으로 접하는 독자들에게 개념에 혼동을 줄 수 있는 학술 용어는 관련된 반응의 해석을 추가로 표현하였다.

   예) 양극(anode, 산화전극), 음극(cathode, 환원전극)

3. 한글로서의 표현이 명확하지 않은 전문용어는 일본, 중국에서 공통적으로 사용되고 있는 한자식 표현을 사용하였고, 아울러 영어식 표현도 병행하였다.
   예) 정(+)극(positive electrode) / 부(−)극(negative electrode)
4. 본 서적에 나오는 화합물 명칭은 다음과 같은 원칙에 의해 표현하였다.
   1) 일반적으로 한글명으로도 익숙한 단순한 구조의 화합물들은 대한화학회가 규정한 "대한화학회 명명법"에 근거하여 한글로 작성하였다.
      예) 메테인올, 에테인올, 카복시산, 알데하이드, 에스터, 소듐
   2) 한글명으로는 일반적으로 표기되지 않고 있거나, 조금은 복잡한 구조의 화합물에 대한 명칭은 원칙적으로 영어로 표현하였다.
      예) Tetrabutyl ammonium perchlorate($(C_4H_9)_4N^+ClO_4^-$(TBAP))
      9,10−diphenyl anthracene
      Potassium acetate(CH_3COOK)
5. 본 교재에서 인용된 내용 중에서 독자에게 친근감을 주지 못하는 일본관련 표현은 한국적 내용으로 변경하여 정리하였다.
   예) 일본 전 국토의 10배 → 한반도 전 국토의 13배
   일본(9,994억kWh) → 한국(2,303억kWh)과 일본(9,994억kWh)

마지막으로 이 책이 소개될 수 있도록 도움을 준 도서출판 아진의 사장님과 직원 분들께 고마움을 글월을 남기고자 한다.

2006년 8월
전농골에서　정 철수

차 례

서론 옛날에 배운 전기분해반응은 잊어버리자 ———— 1

1장 에너지와 화학평형 ———— 17

1.1 모든 것은 에너지에 의해 움직여진다 ···· 18
1.2 에너지와 단위 ···· 19
1.2.1 SI 단위 ···· 19
1.2.2 에너지와 힘 ···· 20
1.3 물질(계)이 갖고 있는 에너지 ···· 22
1.3.1 내부 에너지와 엔탈피 ···· 23
1.3.2 엔탈피 변화 = 고등학교의 「반응열」 ···· 24
1.3.3 엔트로피와 자유에너지 ···· 25
1.3.4 생성 자유에너지 ···· 27
1.4 화학 퍼텐셜과 평형 ···· 30
1.4.1 화학 퍼텐셜 ···· 30
1.4.2 균형 조건 : 질량작용의 법칙 ···· 34
1.5 하전 입자의 에너지 ···· 37
1.5.1 전기 에너지 ···· 37
1.5.2 전위차와 전위 ···· 37
1.5.3 에너지 단위로서 전자 볼트(eV) ···· 39

2장 표준 전극전위 — 43

2.1 기준전극이라는 것 ······ 43
2.1.1 전압은 어떻게 배분되는가? ······ 44
2.1.2 기준전극 ······ 45
2.1.3 기준전극에 의한 전위 측정과 제어 ······ 46
2.1.4 기준전극의 자격 ······ 46
2.1.5 여러 가지 기준전극 ······ 47
2.1.6 3전극 실험 ······ 52
2.2 전극 표면에서의 전자 교환 ······ 53
2.2.1 금속의 전자 상태 ······ 53
2.2.2 작동전극으로서의 금속 ······ 55
2.2.3 전해액에 존재하는 물질의 에너지 상태 ······ 57
2.2.4 계면에서의 전자의 교환 ······ 58
2.3 표준 전극전위 ······ 60
2.3.1 E°의 정의 ······ 61
2.3.2 평형식과 E°의 표기 방법 ······ 62
2.3.3 E°의 명칭 ······ 63
2.4 표준 전극전위 데이터를 읽는다 ······ 64
2.4.1 산화/환원력의 확장 ······ 64
2.4.2 금속의 환원력 ······ 65
2.4.3 화학변화의 자연스러운 방향 ······ 69
2.4.4 전지의 최대 기전력 ······ 70
2.4.5 전기 분해에 필요한 최소 전압 ······ 72
2.4.6 고체의 용해도곱(Solubility product) ······ 73
2.5 표준전극전위는 어떻게 정했나? ······ 75
2.5.1 상당히 정확하게 측정할 수 있는 경우 ······ 75
2.5.2 대부분의 경우 : 열역학 데이터로부터의 계산 ······ 76
2.5.3 이론과 현실의 갭 ······ 80

3장 Nernst 식 — 85

3.1 전기화학 퍼텐셜 ······ 85
3.1.1 화학 평형의 조건(복습) ······ 85
3.1.2 하전 입자를 포함한 평형 ······ 86
3.2 Nernst 식 ······ 87
3.2.1 Nernst 식 ······ 87
3.2.2 활동도(농도)과 전위 : 구체적인 예 ······ 90

3.3 Nernst 식의 응용 ···· 93
3.3.1 pH의 측정 ···· 93
3.3.2 이온 선택성 전극 ···· 97
3.3.3 값의 결정 ···· 98
3.3.4 전지의 기전력, 전기 분해에 필요한 전압 ···· 100
3.3.5 원소의 「전위 – pH」 ···· 101

4장 빛과 전기화학 ···· 105
4.1 빛은 에너지의 입자 ···· 105
4.1.1 전자파와 빛과 광자 ···· 105
4.1.2 빛을 숫자로 이해한다 ···· 108
4.2 빛의 흡수 ···· 109
4.2.1 분자(원자) 한 개가 광자 한 개를 흡수 ···· 109
4.2.2 기저상태와 여기상태 ···· 110
4.3 광여기와 전자이동 ···· 111
4.3.1 여기상태에서 일어나는 것 ···· 111
4.3.2 광 여기와 산화력, 환원력 ···· 113
4.3.3 광전자 이동의 예 ···· 115

5장 광합성 - 천연 광전기화학 프로세스 ···· 123
5.1 광합성의 개요 ···· 123
5.1.1 생물사와 광합성 ···· 124
5.1.2 인간 사회와 광합성 ···· 125
5.1.3 글로벌인 탄소순환과 광합성 ···· 125
5.1.4 지구 전체로 본 광합성의 변환효율 ···· 126
5.2 광합성의 장소, 일어나는 반응 ···· 126
5.2.1 엽록체와 틸라코이드 ···· 126
5.2.2 명반응 ···· 127
5.2.3 암반응 ···· 129
5.3 광합성의 태양 에너지 변환효율 ···· 129
5.3.1 초기 과정의 변환효율 ···· 130
5.3.2 전체반응의 변환효율 ···· 132
5.3.3 유효 변환효율 ···· 133
5.3.4 변환효율과 바이오매스의 생산량 ···· 133
5.3.5 Field data와의 비교 ···· 134

6장 화학반응의 경로 — 141

6.1 빠르다고 좋은 것은 아니다 ········ 142

6.1.1 다이아몬드의 불가사의 ········ 142
6.1.2 화학변화와 등산 ········ 142
6.1.3 평형론과 속도론 ········ 143

6.2 에너지의 산을 올라가고 내려온다 ········ 144

6.2.1 반응 지도 ········ 144
6.2.2 활성화 에너지 상태를 넘기려면··· ········ 145

6.3 반응 좌표와 퍼텐셜 곡선에 의한 고찰 ········ 148

6.3.1 반응 경로의 평면 표시 ········ 148
6.3.2 퍼텐셜 곡선의 형태 ········ 149
6.3.3 활성화 상태와 활성화 에너지 ········ 150

6.4 평형 = 조용한 폭풍 ········ 151

6.4.1 평형 상태의 모습 ········ 151
6.4.2 퍼텐셜 그래프로 본 평형 ········ 152

6.5 에너지 차이와 반응속도 ········ 152

7장 전극 반응 — 155

7.1 진공으로 튀어나오는 전자 ········ 156

7.1.1 열전자 방출 ········ 156
7.1.2 전기장 속에서의 전자 방출 ········ 157

7.2 금속-용질분자 사이의 전자이동 : 평형 상태 ········ 158

7.2.1 진공중과 용액중의 차이 ········ 158
7.2.2 용액계와 전극의 차이 ········ 158
7.2.3 평형 상태와 교환 전류 ········ 159

7.3 계면 전자이동 ········ 160

7.3.1 전극 반응을 퍼텐셜 곡선으로 고찰 ········ 161
7.3.2 전위를 변화시키면··· ········ 162
7.3.3 전자이동의 속도와 전류 ········ 162
7.3.4 전류의 크기를 결정하는 요인 ········ 163
7.3.5 전류와 전위의 관계 : Butler-Volmer 식 ········ 164
7.3.6 Tafel의 관계 ········ 167
7.3.7 과전압 ········ 168

7.4 전자이동과 물질 수송의 관계 ········ 169

7.4.1 전류는 얼마든지 커질 수 있을까? ········ 169
7.4.2 물질 수송과 전류 ········ 170
7.4.3 확산 ········ 170

8장 활성화 에너지의 정체 173
8.1 전자의 교환 : 두 가지 형태 174
8.1.1 「단순한?」 반응과 「고급?」 반응 174
8.1.2 약한 상호작용의 전자이동 174
8.1.3 강한 상호작용의 전자이동 175
8.1.4 용액내의 전자이동 177
8.2 분자의 전자 에너지 178
8.2.1 움직이는 전자와 움직일 수 없는 원자핵 178
8.2.2 전자 에너지준위의 팽창 179
8.3 활성화 상태를 만든다 182
8.3.1 분자끼리 가까워지다 183
8.3.2 에너지가 일치한다 184
8.3.3 활성화 상태가 생긴다 184
8.3.4 단열적인 반응, 비단열적인 반응 185
8.3.5 전자의 터널 효과 186
8.3.6 분자간 전자이동의 이미지 187
8.3.7 전극 반응의 이미지 188
8.4 재배향 에너지 190
8.4.1 전자만 움직인다면… 190
8.4.2 재배향 에너지 191
8.4.3 재배향 에너지 계산 191
8.5 전자이동 속도의 계산 195
8.5.1 활성화 에너지와 재배향 에너지 195
8.5.2 활성화 에너지(G_a*, G_c*)와 자유에너지 변화 $\Delta G(=F\eta)$ 196
8.5.3 활성화 에너지와 Butler-Volmer식 196
8.5.4 실험 결과와의 비교 197
8.5.5 교환 전류 밀도의 예측 198
8.6 전극과의 전자 교환 201
8.6.1 전극의 전자 에너지 상태 201
8.6.2 산화/환원 분자 상태 밀도 203
8.6.3 전류를 나타내는 식 205
8.6.4 평형 상태 206
8.6.5 전위가 바뀌면 206
8.6.6 전자 교환이 계속되면 207
8.7 일방통행의 전자이동 209

9장 분자 · 이온의 흐름 213
9.1 물질의 수송 214
9.1.1 전극 반응이 진행되면… 214
9.1.2 확 산 214
9.1.3 확산 방정식(Fick's second law) 215
9.2 농도 분포를 눈으로 본다 218
9.2.1 빛의 간섭 218
9.2.2 관측 예 219
9.3 물질의 공급 속도로 정해지는 전류 220
9.3.1 전극 표면에서 농도는 0? 220
9.3.2 확산에 의한 전류 221
9.3.3 전류와 시간의 관계 : Cottrell equation 222
9.3.4 시간의 흐름으로 224
9.4 순환 전압전류 측정(Cyclic voltammetry) 225
9.4.1 전위를 흔든다 225
9.4.2 전류-전위 곡선 : Cyclic voltamogram 226
9.4.3 사이클릭 볼타메트리 측정으로부터 알 수 있는 것 227
9.4.4 비가역 반응의 전류전위 곡선 231

10장 표면 반응의 세계 233
10.1 표면에 고정된 분자의 전극 반응 234
10.1.1 전기분해 전류의 크기 234
10.1.2 표면 단분자층의 Cyclic voltamogram 234
10.2 물의 전기분해 : 수소 발생과 산소 발생 236
10.2.1 수소의 발생 236
10.2.2 전극 재료에 따라 크게 다른 반응속도 238
10.2.3 H_2O와 D_2O의 차이 239
10.2.4 산소의 발생 239
10.3 금속의 미달전위 석출 241
10.3.1 빨리 일어나 버리는 반응 241
10.3.2 전극의 문제 241
10.3.3 단원자층을 만드는 전기량 242
10.4 진동으로 표현되는 전극 반응 242
10.4.1 전위의 리듬 243
10.4.2 Formaldehyde의 산화 경로 244
10.4.3 전위가 진동하는 이유 244

10.5 있는 그대로의 전극 표면을 본다 ······ 246
10.5.1 표면의 원자 구조에 민감한 반응 ······ 246
10.5.2 전극의 표면을 레이저로 본다 ······ 246
10.5.3 주사형 터널 현미경이나 원자간력 현미경 ······ 247
10.3.4 전망 ······ 248

찾아보기 ······ 249

서론 옛날에 배운 전기분해반응은 잊어버리자

우리는 중학교와 고등학교에서 전지, 전기 분해, 산화 환원 반응 등 전기화학에 관련된 내용을 배워 왔다. 그러나 「그렇게 정리하는 편이 학생들을 이해시키기 쉬우니까」라는 이유도 있었겠지만, 그 중에서 일부분은 사실과는 다른 부분도 있다. 게다가 그것이 전기화학 현상을 이해하는데 매우 중요한 오류로 작용할 수 있기 때문에 상황은 더욱 좋지 않다. 이공계의 대학원에 진학해 오는 학생들마저 잘못된 이미지를 갖고 있는 사람이 매우 많다.

그런 오류를 잊어버리는 것부터 전기화학에 대한 새로운 이해가 시작된다. 친숙한 전기 분해를 예로 들어 어디가 이상한지 생각해 보자. 「전위」나 「표준 전극 전위」라는 용어는 설명 없이 사용하고 자세한 것은 제I부에서 살펴보도록 하자. 「전류」나 「과전압」은 속도론에 관계된 양이므로 제II부의 내용과 관련이 있다.

교과서는 이러하였지만…

교과서에는 틀린 내용이 쓰여 있지 않다 — 라고 일반적으로 생각한다. 특히, 국가 기관의 검정을 통과한 이과 계열의 교과서가 되면, 그 내용을 더욱 더 진리의 결정으로 보일 것이다. 하지만 과연 그럴까.

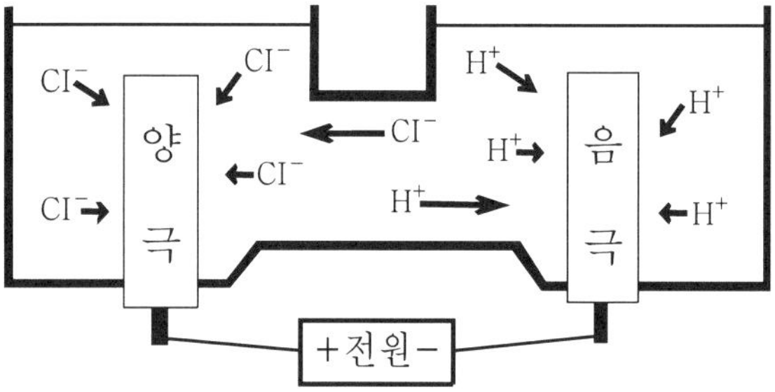

[그림 1] 염산의 전기 분해를 설명한(?) 모델

중고등학교 과학 교과서에서는 전기 분해에 대한 구조적 설명을 대부분 다음과 같은 도입 문장으로 시작한다(어느 곳이 이상한지는 곧 알아낼 수 있게 될 것이다).

수용액에 **전류가 흐르면** 왜 **분해가 일어나는** 것일까.

그리고 [그림 1]과 같은 개념도를 통해 「전압이 걸렸을 때 염화물 이온은 양극 쪽으로, 수소이온은 음극 쪽으로 움직인다」라고 설명한 뒤, 대체로 다음과 같은 문장으로 「전기 분해의 설명」을 마무리 짓는다.

전해질 수용액에 전압이 걸리면 이온은 전기적인 힘에 의해 전극(양극과 음극)으로 끌려온다. 전극주변에서 양이온은 음극으로부터 전자를 받아 원자(분자)가 되고, 음이온은 양극으로 전자를 빼앗겨 원자(분자)가 된다. 이것이 전기 분해이다.

어디가 이상하지? 하고 고개를 갸우뚱하는 독자도 많을 것이다. 필자도 중학교와 고등학교에서는 거의 이런 식으로 전기 분해를 배웠고, 대학생 및 연구 전용의 전문서에서도 비슷한 기술을 가끔 본다. 얼핏 보면 정말 그럴 듯한 설명 같지만, 사실은 매우 심하게 틀린 개념이 이곳에 포함되어 있다.

묽은 황산을 전기 분해하다

농도 0.1 $mol\,L^{-1}$ (이하, 0.1 M로 표기)인 묽은 황산을 예로 하여 전기 분해의 진짜 모습을 살펴보도록 하자. 두 개의 백금 전극을 묽은 황산 용액에 넣고 전압을 올리면서 전류를 측정하면 [그림 2]와 같은 결과가 된다.

전압이 1.5V 이하인 곳에서의 전류는 주로 불순물이 전기 분해되면서 흐르게 된 전류이다. 만일 순도 100%인 물이나 황산을 사용하였다면 1.5V이하에서 전류는 거의 0 (정확한 표현으로는 1.23V이하에서 흐르게 되는 전류는 0), 즉 하전 입자의 지속적인 흐름은 거의 일어나지 않는다.

1.5V이상의 전압에 대해서는(그림에서는 직선으로 보이지만) 지수 함수적으로 전류량이 증가하게 된다. 이때 발생하는 수소와 산소가 눈으로 보일 정도가 되면, 전류 밀도(전극 면적 $1cm^2$ 당 흐르는 전류)는 0.1 $mAcm^{-2}$를 넘고 있다고 봐도 좋다. 묽은 황산을 전기 분해하면 반드시 이렇게 된다. [그림 2]를 확실히 눈에 익혀두자.

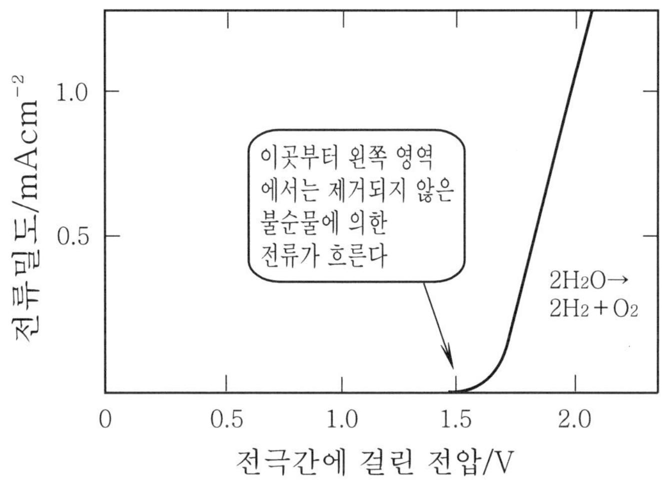

[그림 2] 묽은 황산을 전기 분해시켰을 때 전압과 전류밀도의 관계

전압을 걸어 주면 무슨 일이 일어나게 될까?

(1) 전압이 작을 때

양쪽 전극에 1V의 전원을 걸었다고 하자. 가로축을 공간 좌표, 세로축을 전위의 모델로 생각하면, 전원이 연결된 순간에 한쪽 극으로부터 다른 쪽 극까지 합계 1V의 전위차가 직선적으로 걸리게 된다[그림 3].

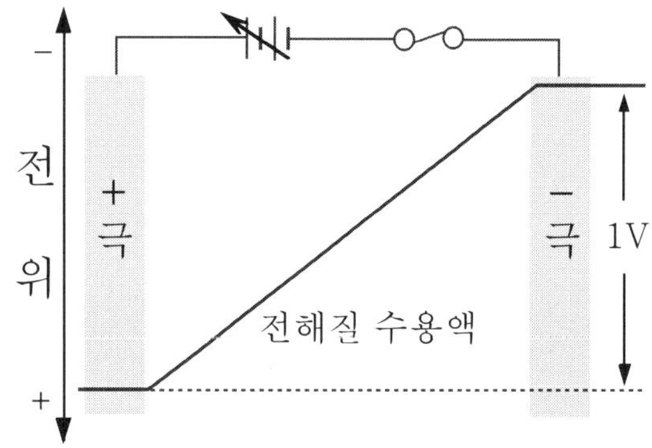

[그림 3] 묽은 황산에 1V를 걸어 준 순간의 전위분포

전기화학에 대한 용어 사용의 혼란을 막기 위해, 본 교재에서는 [표 1]과 같이 전기 분해 반응이 일어나고 있을 때만 「양극(anode, 산화전극)/음극(cathode, 환원전극)」이라는 용어를 사용하고, 전류가 0일 때는 「정(+)극(positive electrode)/부(−)극(negative electrode)」으로 부르기로 한다.

[표 1] 본서에서 사용하는 전극의 통칭

⊕ 전원에 연결된 전극	
전류 $I=0$일 때	正(+)極
$I\neq 0$일 때	陽極
⊖ 전원에 연결된 전극	
전류 $I=0$일 때	負(−)極
$I\neq 0$일 때	陰極

0.1M 묽은 황산의 전기적 해리도는 약 0.55이고, 그 중에 약 0.11M는 H^+, 0.09M는 HSO_4^-, 0.01M는 SO_4^{2-}으로 존재하게 된다. 여기서 미량의 SO_4^{2-}를 무시하면, 전기장을 느낀 H^+와 HSO_4^-는 각각 역방향으로 움직인다. 즉, (환원 전극인) 정(+)극 부근에는 HSO_4^-이, (산화 전극인) 부(−)극 부근에는 H^+이 모이게 되지만, 같은 부호의 전하는 강하게 반발하기 때문에 아주 조금 모인 것

만으로 이러한 움직임은 곧 멈추게 된다. 이 이온 이동이 일어나는 시간을 다음의 「참고」내용을 통하여 계산해 보도록 하자.

(2) 전기 이중층(Electric double layer)

「참고」의 그림과 같이 양쪽 전극의 표면 부근에는 (+)전하의 얇은 판과 (−)전하의 얇은 판이 마주한 상태로 생기게 된다. 이것을 전기 이중층이라고 한다. 전기 이중층의 두께는 어느 정도이며 또 과잉 전하는 어느 정도 될까 — 이 이미지를 얼마나 정확하게 잡고 있는가에 따라 전기화학을 얼마나 아는지가 결정된다.

우선 두께를 보자. 두께란 정(+)극 부근에서의 전해액인 경우, 과잉 음이온이 분포하고 있는 범위를 말한다. 이러한 내용은 옛날부터의 전해액 연구 분야에서는 보편적으로 알려 진 내용으로서 0.1 M의 전해액이라면 약 10Å 즉 10^{-9}m (=1nm)가 된다. 대충 H_2O분자 3개 정도의 거리에 지나지 않는다.

10Å 내외라는 것은 **전자를 주고받는 현상이 일어날 수 있는 거리**이다. 전기 이중층의 바로 밖에 있는 입자가 전극의 방향을 「보았을」 때, (+)전하와 (−)전하가 상쇄되고 있기 때문에 **입자는 전극 자체의 전하를 전혀 느끼지 못하게 된다.** 그러므로 전기 이중층이 충분히 얇으면 분자도 이온도 전극의 옆까지 와 전자를 교환할 수 있다.

참고 1V로 일어나는 현상

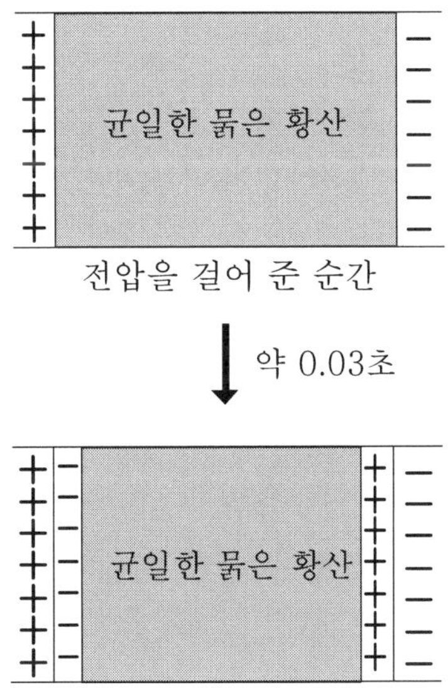

수용액을 전해질로 사용한 전극에서는 1V의 조건으로는 전자를 주고받는 현상이 일어나지는 않는다. 정전기학적인 눈으로 보면, 지금 생각하고 있는 계는 용액의 저항 R과 전극−용액간의 콘덴서 C가 직렬로 연결된 것이다. 그렇기 때문에 이온이 모두 이동할 때까지의 시간은 콘덴서의 충전에 걸리는 시간과 동일하고, $R \times C$의 3배가 된다.

전극 면적을 10cm^2, 전극간 거리를 10cm로 하자. 0.1M의 황산인 경우 실제 측정된 저항

(R)은 약 50Ω, 전기량(C)은 약 2×10^{-4}F 이라면, 충전 시간은 50Ω×0.0002F×3=0.03s 가 된다.

즉, 이온의 움직임은 0.03초에 끝나게 되고, 그림과 같은 상태로 변하게 된다. 이 때 1 V의 전압은 왼쪽과 오른쪽의 전극–용액계면으로 (동일 비율은 아니지만) 분배되며, 보호막으로 가려진 묽은 황산의 본체에는 거의 걸리지 않게 된다.

다음으로, 전기 이중층 안에서 이온은 어느 정도 「과잉」되어 있을까. 전압을 0.03초 동안만 걸어 주면, 이온의 이동이라고 할 수 있는 스파이크 형상의 전류를 관찰할 수 있다. 그 전류를 적분해 보면, 전극 1cm^2 당 거의 10μC에 해당하는 전기가 흘렀다는 것을 알 수 있게 된다. 만일 전극으로 사용한 백금이 단결정이라면, 백금 원자에 1가 이온이 각각 1 개씩 붙는 경우의 표면 전하 밀도는 약 $200\mu\text{Ccm}^{-2}$이므로, 백금 표면의 원자 40개 당 1가 이온이라면 2개, 2가 이온이라면 1개가 부착되어 있는 것에 지나지 않는다. 「아주 조금 과잉」이라는 표현이 어울리는 정도이다.

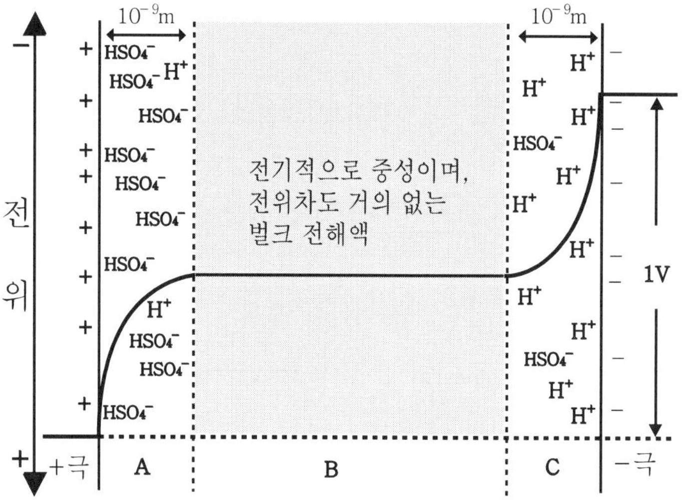

[그림 4] 묽은 황산에 1V의 전압을 걸었을 때 0.03초 뒤에 형성되는 전위.
(전극 부근은 표면으로부터의 거리를 확대한 모형)

즉, 묽은 황산에 1V의 전압을 걸었을 때에는 이온은 아주 짧은 거리만 순간적으로 움직인 뒤, 곧 멈추어 버린다(물론 열운동은 남는다). 그때 형성된 전위 분포와 이온 분포의 이미지는 [그림 4]와 같다.

어느 쪽의 전기 이중층(A와 C)에도 H^+와 HSO_4^-는 공존하며, 각각 HSO_4^- 또는 H^+이 조금 과잉으로 분포하고 있는 것에 지나지 않는다. 물론 H_2O 분자도 공존한다 (그림 4에서 영역 A와 C에는 각각 3000개 이상의 H_2O 분자가 존재하고 있어야 한다). 영역 B는 전하의 치우침이 거의 없는 묽은 황산이다.

지금까지 살펴 본 바와 같이 전해질 속의 이온은 매우 중요한 일을 하고 있다. 즉, 전압을 느끼게 되면 곧 바로 양쪽 전극의 바로 옆까지 이동하게 된다. **전압은 전기 에너지로 변환 시킬 수 있으므로** (37 페이지), 외부로부터 가해진 전기 에너지를 전자를 주고받는 현상이 일어나는 핵심 부분으로만 이동 시킬 수 있다.

(3) 1.5V 이상의 전압을 걸었을 때

앞서 설명된 바와 같이 0.1M의 묽은 황산에는 H_2O, H^+, HSO_4^-, SO_4^{2-}등의 4가지 물질이 존재하고 있다. 그 중 가장 환원되기 쉬운 것은 H^+, 가장 산화되기 쉬운 것은 H_2O이므로(2장), 충분히 큰 전압이 걸리게 되면, 즉 충분한 전기 에너지가 공급되면, 다음의 반응이 진행된다(이 때 처음으로 전극을 「양극 / 음극」이 라고 할 수 있게 된다).

$$\textbf{(음극)}\ 4H^+ + 4e^- \rightarrow 2H_2 \quad (1)$$

$$\textbf{(양극)}\ 2H_2O \rightarrow 4H^+ + O_2 + 4e^- \quad (2)$$

전기 분해를 분명하게 확인하는데 필요한 전압은 (1)과 (2)의 표준 전극전위의 차 (1.23V. 3장)에 각각 반응의 과전압(7장)을 더한 값으로, 최저 1.6 V 정도 필요로 한다[그림 2 참고].

더불어 기체의 발생이 눈으로 보일 때의 전류 밀도는 0.1 $mAcm^{-2}$이상이고, 이 정도의 전류를 유도할 수 있는 반응물의 농도는 이론상 적어도 10^{-5}~10^{-4} M 필요하기 때문에(9장), 저농도(10^{-13}M)의 OH^-는 주 반응물이 될 수 없다.

(4) '계란이냐 닭이냐'가 아니다

음극(환원전극) 부근의 용액은 H^+의 소비로 줄어드는 정전하를 보충하기 위해서 용액 본체로부터 H^+가 헤엄쳐 온다. 한편 양극(산화전극)에는 늘어나는 정전하(H^+)를 중화시키기 위해 HSO_4^-나 SO_4^{2-}가 몰려온다. 즉, 전기 분해가 만들어 낸 전하의 불균형을 깨뜨리기 위해 용액 안의 이온이 움직인다. 이것으로 전류의 루프가 생기게 되는 것이다.

이렇게 보면, 본장 첫머리에서 있던 교과서의 기술 중, 「전류가 흐르기 때문에 전기 분해가 일어난다」라는 문장은 물구나무서기의 논리라는 것을 알 수 있다.

> **전기 분해가 일어나기(그 만큼 큰 전압을 걸었기) 때문에 (생긴 전하의 불균형을 해소하려고 해 이온이 움직여) 전류가 흐른다.**

가 옳다. 「전해질 수용액에는 전기가 흐른다」는 친숙한 현상도 우선 전극에서 전기 분해가 일어난 뒤의 이야기이다.

(5) 전해질이 녹아 있지 않으면…

순수한 물에 두 개의 백금 전극을 담가 놓고, 수 볼트의 전압을 걸었다고 하자. 순수한 물의 이온 농도는 10^{-7}M 으로, 0.1 M 황산보다 6 자릿수 정도 작다. 전해액에 대한 연구 결과에 의하면, 전기 이중층(그림 4의 영역 A와 C)의 두께는 이온 농도의 제곱근에 반비례 한다. 즉 순수한 물이라면 전기이중층은 $10^{-9}m \times \sqrt{10^6}$ (=1,000배)인 $10^{-6}m$(=1 μm)정도로 두꺼워 진다. 전기 이중층의 두께가 두꺼울수록 전극 바로 옆에 걸리게 되는 전압은 전체 시스템에 가해진 전압의 「극히 일부」에 지나지 않는다. 그러므로 수 볼트정도로 순수한 물을 전기 분해할 수는 없지만, 수십 V에서 100V 이상의 전압을 걸어 주게 되면 「극히 일부분의 전자」가 1.5~2V의 벽을 넘어 전기 분해의 구동력이 되어, 다음과 같은 반응이 일어나게 된다.

(음극) $4H_2O + 4e^- \rightarrow 2H_2 + 4OH^-$

(양극) $2H_2O \rightarrow 4H^+ + O_2 + 4e^-$

(6) 왜 1.23V 인가?

1장에서 공부하게 될 내용을 조금 인용을 하면, **전기 분해**에서는 **화학반응을 일으키는데 필요한 자유에너지를 전기 에너지로 조달한다.** 물의 분해 반응은

$$2H_2O \rightarrow 2H_2 + O_2$$

이며, 이때 필요한 자유 에너지의 변화량은 산소 1 mol 당 474,260J 이다. **전기 에너지(J) = 전하(C) × 전압(V)**의 관계(37 페이지)를 사용하면 산소 1mol 당 전자 4mol이 움직이기 때문에, 소요 전압 ΔV는

$$474{,}260\text{J} = 4\text{mol} \times 96{,}485\text{C/mol} \times \Delta V$$

이 성립되므로, $\Delta V = 1.2288\cdots\cdots$V가 된다.

음극으로 부터 전자를 받는 음이온

마지막으로 중고등학교 과정을 통해 익숙해 진 이미지를 단호히 떨어낼 수 있는 예를 하나 소개하도록 하겠다. 고등학교 화학 교과서에서도 나오는 물질 potassium ferricyanide $K_3Fe(CN)_6$ 수용액의 전기 분해이다.

농도는 1M, 용액의 pH는 7로 한다. H^+나 OH^-는 농도가 너무 낮아 전기 분해에도 이온 전도에도 우선 관여하지 않을 것이므로 무시한다. 그러므로 물질은 K^+(3M), $Fe(CN)_6^{3-}$(1M), H_2O의 세 가지만 고려하면 된다. 표준 전극전위와 과전압에 기초한 예상 값인 1.5V 이상의 전압을 걸어 주면 양쪽 전극에서 다음의 반응이 진행된다.

$$\textbf{(음극)}\ 4Fe(CN)_6^{3-} + 4e^- \rightarrow 4Fe(CN)_6^{4-} \quad (3)$$

$$\textbf{(양극)}\ 2H_2O \rightarrow 4H^+ + O_2 + 4e^- \quad (4)$$

우선 1V의 전압을 걸었다고 하자. 물론 전기 분해는 일어나지 않지만, 0.01초 정도에 끝나는 이온 이동의 결과, [그림 5]와 같이 정(+)극 부근에 $Fe(CN)_6^{3-}$, 부(−)극 부근에 K^+가 조금 모인 정지 상태가 된다(전위 분포는 대강 그림 4와 같다). 이는 묽은 황산보다 전해질 농도가 한 자릿수 높기 때문에 전기 이중층의 두께는 5Å 내외, 즉 H_2O 분자 1~2개정도의 두께이다.

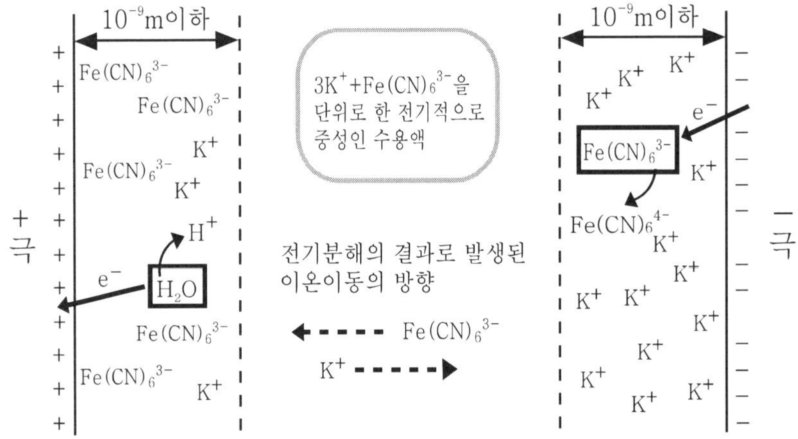

[그림 5] 전압이 걸린 $K_3Fe(CN)_6$ 수용액의 이미지.
□ 가 전극과 전자를 주고받는 물질.

이제 전압을 2V까지 올리게 되면, 위의 전기 분해 반응이 진행된다. 음극에서는 바로 옆의 K^+가 아니고, 조금 멀리 떨어진 장소에 있는 음이온인 $Fe(CN)_6^{3-}$이 전자를 받아 $Fe(CN)_6^{4-}$으로 된다. 한편 양극에서는 전극 바로 옆의 $Fe(CN)_6^{3-}$가 아니고, H_2O 분자가 전극에 전자를 빼앗긴다.

전기 분해 반응의해 만들어 지는 전하의 불균형을 해소하기 위해서 형성되는 것은 물론 K^+와 $Fe(CN)_6^{3-}$의 이동이지만 (이윽고 생성물 H^+와 $Fe(CN)_6^{4-}$도 더해진다), [그림 5]를 자세하게 관찰 해 보면 $Fe(CN)_6^{3-}$이온은 음극에서 반응하면서, 용액 안에서는 양극 쪽으로 움직인다. 자세한 내용에 대해서는 7장의 마지막 부분에서 공부하게 되겠지만, 전하를 벌충하기 위한 이온들의 이러한 움직임과는 별도로, 용액 내에서는 확산(열운동)이 항상 일어나고 있어 농도차이의 유무에 상관없이, 분자나 이온은 1초에 전기 이중층 두께의 몇 만 배나 움직이기 때문에 (171페이지), 음극 부근에서 $Fe(CN)_6^{3-}$가 완전히 없어지지는 않는다.

$K_3Fe(CN)_6$ 수용액의 전기 분해에서 일어나는 것은 결코 특수한 현상은 아니다. **전자를 받기 쉬운 음이온**에는 고등학교 화학의 범위에서도 $Cr_2O_7^{2-}$나 MnO_4^-가 있다. **전자를 잃기 쉬운 양이온**도 Fe^{2+}, Sn^{2+} 등 예는 많다. 또, 중성 부근이라면 산소 발생에서도 수소 발생에서도 반응물은 H_2O 분자이고, 전자를 주고받

기 쉬운 분자로서 H_2O_2, SO_2, Cl_2, HCHO 등은 고등학교에서도 배운 바가 있을 것이다. 「음이온이 양극에서, 양이온이 음극에서」반응하는 묽은 염산이나 $CuCl_2$ 수용액 쪽이 오히려 특수하다고 할 수 있다.

연구 대상은 유기 분자가 대부분

무기 분자나 이온보다 유기 분자의 반응성이 훨씬 다양하다. 그렇기 때문에 전기분해 반응이 보통 유기 전기화학이라는 분야로 연구되고 있다.

유기분자의 전기 분해는 Acetonitrile(CH_3CN), Dimethyl formamide($(CH_3)_2NCHO$) 등을 용매로, Tetrabutyl ammonium perchlorate($(C_4H_9)_4N^+ClO_4^-$ (TBAP)) 등을 전해질로 사용한다. 그 때, 용매와 전해질만으로 전기분해 전류를 [그림 1]과 같이 측정하면, 전압 4~5 V 부근에서 분해 전류가 발생하게 된다. 이러한 전기분해에 의한 반응 연구에서 산화되기 쉬운 에테인올 등을 용매로 사용하면 연구 대상으로 할 수 있는 분자의 종류가 줄어들게 된다.

이러한 원리로 많은 종류의 알켄, 카복시산, 알데하이드, 에스터, 방향족 화합물, 생체 유기물질 등에 대해 전기 분해에 의한 산화 / 환원 반응을 조사해 왔다. 이러한 화합물의 대부분은 중성의 분자이다.

Tea time 진짜 반응 물질

측정 기술의 진보에 의해 뜻밖의 사실들이 밝혀지고 있다. 예를 들면, 메테인올 수용액에 백금 전극을 넣고, 그 표면을 적외선스펙트럼으로 관찰해 보면 CO가 치밀하게 붙어 있는 것을 알 수 있게 된다. 즉 전극 표면으로 끌려온 메테인올 분자는 CO 와 H 원자로 해리되어 전극 표면에 흡착되게 된 것이다. 이로서 「메테인올의 전기분해에 의한 산화」의 출발 물질이 CH_3OH가 아니고 CO라는 것을 알 수 있다. H_2O의 전기 분해에 의한 산화에서도 특별한

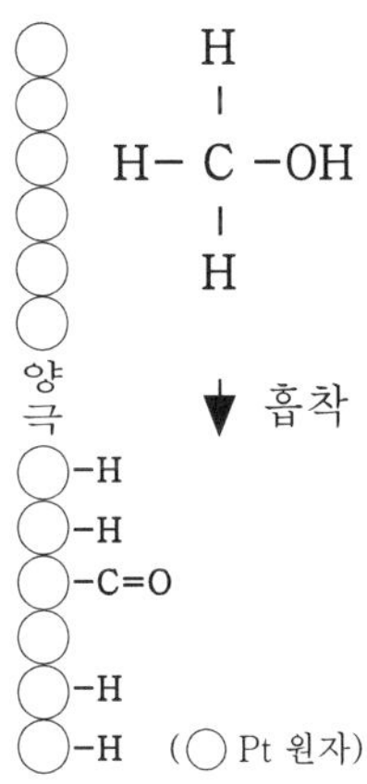

형태로 흡착한 H_2O 분자가 출발 물질이 되어 있을지도 모른다 (산성~중성이라면 OH^-는 논외이지만).

전기 분해의 진짜 모습

이렇게 정리해 보면, 일반 서적에서 나온 전기 분해에 대한 설명이 이상하다는 것을 알 수 있다. 전기 분해의 진짜 모습은 다음과 같이 정리할 수 있다.

- 전해액에 전압을 걸었을 때 전압이 일정 값보다 작으면, 이온의 이동이 일어나기는 하지만, 대부분의 경우 순간(0.01초대)적으로 끝나 버리게 된다. 이온을 연속으로 받아들여 주는 장소가 없기 때문이다. 또, 이 때 움직이는 이온은 전압을 충분히 올려주기만 하면 반응물이 된다고도 할 수는 없다. 「일정한 전압 이하에서는 전류가 흐르지 않는」 계면 전기 이중층의 특징을 훌륭하게 살린 전기 부품이 「전해 콘덴서」나 「전기 이중층 콘덴서」이다.
- 충분한 크기의 전압이 걸리게 되면 양쪽 전극에서는 전기 분해가 진행된다. 그리고, 이때 생기는 전하의 불균형을 해소하기 위해 처음으로 용액 내에 이온의 흐름이 형성된다. 즉, 「전기분해가 먼저 일어나고, 이온 이동이 나중에 진행」이 정확한 해석이다.
- 전기 분해는 「전기 에너지에 의한 화학반응」이며, 「전하의 당김을 일으키는 현상」이 아니다. 또한 이온이 반응물로 되는 예는 적을 뿐만 아니라(수많은 전기 분해 반응 중 1% 이하일 것이다), 「양이온이 음극, 음이온이 양극에서」 반응하는 케이스도 매우 드문 현상에 속한다.

최근, 유기 화학의 대가인 어느 교수의 최근 저술서에서 이런 문장을 볼 수 있다. When a current is passed through a salt solution, sodium metal is produced on the cathode, and the sodium then reacts with water to form sodium hydroxide. 수용액 안에서는 소듐 이온의 환원반응이 일어날 수 없는데(2장), 화학의 전문가조차 「우선은 이온의 이동이 일어나고, 전자를 주고받는 반응이 그 다음에」라는 고정 관념으로부터 빠져나오지 못하고 있는 것이다. 그야말로 중대한 사태라고 생각한다.

전기 분해 반응의 이해는 [그림 4]의 이미지가 기본이 된다. [그림 4]의 왼쪽에 그려 있는 「전위」의 축은 도대체 무엇인지, 전위의 부호는 왜 아래를 +로 하고 있는지, 걸린 전압은 정(+)극(양극)과 부(−)극(음극)의 전기 이중층으로 어떻게 분배되는지 등을 생각하는 것이 다음 단계에서 공부해야 할 내용이다.

직접 연결되는 이야기는 2장에서 진행되겠지만, 그 전에 모든 화학 · 물리적 현상의 근원과 에너지에 대해 1장에서 정리해 두는 것이 좋겠다. 화학 열역학의 기본을 아시는 독자라면 1장은 넘겨도 지장이 없다.

제 1 부 평형론

평형을 나타내는 equilibrium 라는 단어는 equal (동일하다)에 해당하는 equi-와 저울을 의미하는 libra를 연결해 생겨났다. 즉, 균형 잡힌 천칭의 모습이다. 화학반응식에서 균형이 잡혀 있는 것은 반응식의 양변에 있는 물질의 에너지이다. 전기화학에서는 전자이동의 추진력과 관계된 에너지를 표준 전극전위로 표현한다. 그러면 표준 전극전위란 도대체 무엇인지, 어디를 기준점으로 하는지, 그것이 왜 기준점이 되는지를 1~3장에서 차분히 생각해 보자. 그러한 내용을 알게 되면, 물리화학 교과서에서 자주 보게 되는

$$Zn^{2+} + 2e^- = Zn \qquad E° = -0.763\ \mathrm{V}\ vs.\ \mathrm{SHE}$$

$$AgCl + e^- = Ag + Cl^- \qquad E° = +0.222\ \mathrm{V}\ vs.\ \mathrm{SHE}$$

$$Ag^+ + e^- = Ag \qquad E° = +0.799\ \mathrm{V}\ vs.\ \mathrm{SHE}$$

의 기호와 수치의 의미를 알 수 있게 되고, 자연스럽게 진행될 수 있는 반응식을 몇 개쯤은 쓸 수 있거나 AgCl의 용해도곱을 계산해 낼 수도 있다.

제 I 부에서는 아래 그림에서 진한 선에 해당하는 영역을 전자이동의 관점으로 살펴보도록 하겠다. 즉, 전자이동을 좌우하는 요인으로서 반응계와 생성물의 에너지차이(전위차)에만 주목하여 살펴보도록 하자.

4장에서는 빛 에너지에 의해 진행되는 전자이동을, 5장에서는 그 전형 예의 하나인 식물의 광합성에 대해 살펴보게 될 것이다.

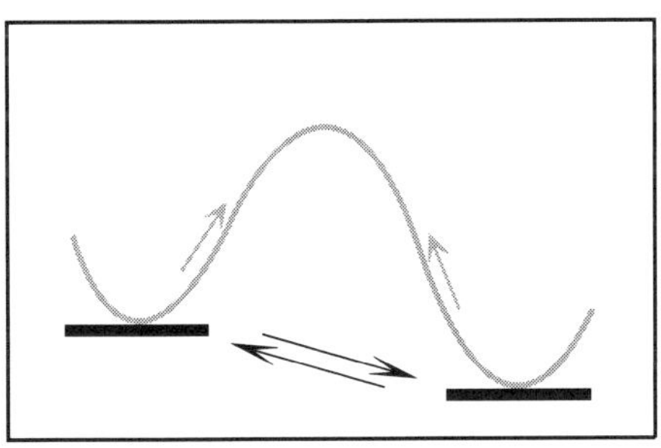

1장 에너지와 화학평형

일본의 시나노강(信濃川)은 해발 2,460m의 고부시다케(甲武信岳)를 출발점으로 하여 367km 떨어진 바다로 흘러 들어간다. 한편, 높낮이 차이 불과 450m(하류에서는 1km에 5cm 정도에 불과함) 미국의 미시시피강은 6,200km를 느긋하게 흘러 한반도 전 국토의 13배에 가까운 영역을 뒤덮고 있다.

물이 높은 곳에서 낮은 곳으로 흐르듯이, 삼라만상 모든 것은 안정성이 확보되는 방향으로 진행되기 마련다. 불안정하며 편안하지 않은 상태를 과학계에서는 에너지가 높은 상태라고 표현한다. 자연스러운 흐름이 있으면 수력 발전에서에서와 같이 에너지의 차이를 끌어 낼 수 있다. 반대로, 흐름에 거슬려 무엇인가를 하기 위해서는 에너지를 쏟아 넣지 않으면 안 된다. 이러한 이미지를 정량적인 화학 현상으로 유도해 내는 것이 1장에서의 학습목표가 된다. 또한 서론에서와 같이 고등학교 화학으로부터의 탈피도 물론 학습 목표의 하나이다.

Tea time 「에너지」라는 용어

에너지라는 말은 스위스의 물리학자 베르누이가 1717년에 만들었다. 그리스어 $\epsilon\rho\gamma o\upsilon$(ergon = 일)에 「안으로」라는 의미의 접두어 en-을 붙여 「일을 하는 잠재 능력」의 의미를 갖게 했다고 한다. 당초에는 널리 사용되지 않았던 것 같지만, 영국의 톰슨(후의 켈빈)이 1851년에 이 용어를 논문에 인용한 뒤

부터 과학계에 널리 사용되게 되었다. 톰슨은 또한 internal energy, kinetic energy 용어도 제안하였다. 오래 전부터 사용해 온 것 같은 「에너지」라는 용어도, 화학이나 물리학 세계에서 모두가 사용하게 된지는 아직 150년도 채 지나지 않았다.

1.1 모든 것은 에너지에 의해 움직여진다

에너지의 출입은 삼라만상 모두에 해당되는 사항이다. 물이 「흐른다」와 같은 무수히 많은 동사 — 달리다, 날다, 젓다 … 보다, 말하다, 놀라다 … 불타다, 얼다, 증발하다, 눈이 내리다 … 는 모두 에너지의 출입을 나타내고 있다. 「사회를 움직인다」도 「전자를 움직인다」라는 표현에도 예외의 논리가 적용되는 것이 아니다.

우주 전체에 존재하는 에너지의 양은 일정하지만(열역학 제 1법칙-에너지보존법칙), 주로 6개의 형태(핵, 화학, 광, 열, 역학, 전기)의 사이를 오가면서 변한다[그림 1.1]. [그림 1.1]은 에너지 흐름의 상관도로서, 중앙의 「화학에너지」를 거치는 에너지 흐름에는 반드시 물질의 변화를 동반하게 된다.

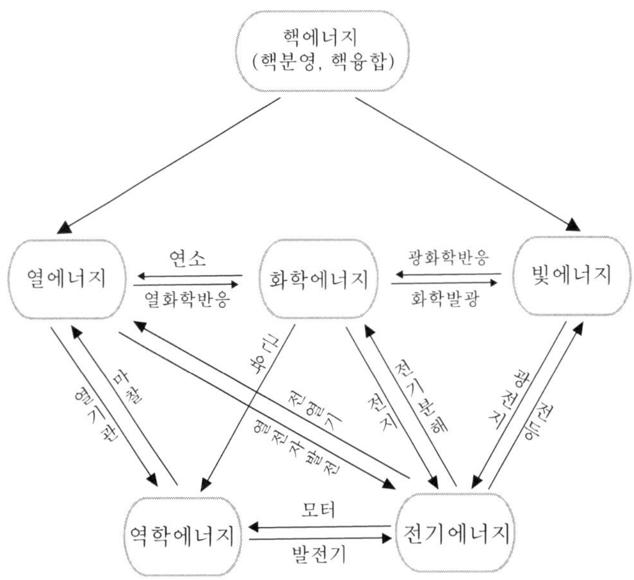

[그림 1.1] 에너지 형태와 상호변환

형광등의 빛을 예로 들어 에너지 상호 변환에 대해 살펴보자. 우선 태양의 핵융합으로 방출된 에너지가 빛이 되어 지구에 도달한다. 그것을 태고의 식물이 광합성 작용을 통해 화학에너지(물질)로 바꾸었고, 그 식물을 먹은 동물의 몸이 수 천 만년의 세월이 지나 석유로 변환되었다. 석유가 발전소에서 연료로 사용, 열에너지가 되어 터빈의 역학 에너지를 거친 다음, 전기 에너지로, 마지막에는 다시 빛 에너지로 돌아온 것이 된다. 즉 형광등의 빛은 태고의 태양 에너지가 모습을 바꾼 것이다.

덧붙여 말하면, 현대의 고도산업사회를 움직이는 에너지도, 우리의 생명을 지지하는 음식도, 대부분이 태양 에너지가 그 근원이다. 이 부분을 자각하는 것이 장래에 인류 사회를 존속시키는 열쇠는 아닐까.

1.2 에너지와 단위

1.2.1 SI 단위

a. 기본 단위와 유도 단위

1960년에 국제단위계(SI)에서는 7가지의 기본 단위를 규정하였다. 그 중에서 길이 m (면적 m^2, 체적 m^3), 질량 kg, 시간 s, 전류 A, 온도 K, 물질량 mol 등의 6개가 본 교재의 내용과 관련이 깊다. 이 단위들을 조합한 유도 단위들은 다음과 같이 정의할 수 있다.

힘	N	(Newton) = $kg\,m\,s^{-2}$
압력	Pa	(Pascal) = Nm^{-2} = $kg\,m^{-1}s^{-2}$
에너지	J	(Joule) = Nm = kgm^2s^{-2}
일량	W	(Watt) = Js^{-1} = kgm^2s^{-3}
전하	C	(Coulomb) = As
전위차	V	(Volt) = $JA^{-1}s^{-1}$ = WA^{-1} = $kg\,m^2s^{-3}A^{-1}$

b. 자릿수를 나타내는 접두어

이러한 단위들을 사용하여 전자들의 움직임까지 다루기에는 매우 불편하기 때문에 [표 1.1]과 같은 접두어를 사용한다.

[표 1.1] SI단위에 붙이는 접두어

배수	명칭	기호	배수	명칭	기호
10^{12}	tera	T	10^{-1}	deci	d
10^{9}	giga	G	10^{-2}	centi	c
10^{6}	mega	M	10^{-3}	milli	m
10^{3}	kilo	k	10^{-6}	micro	μ
10^{2}	hecto	h	10^{-9}	nano	n
10	deca	da	10^{-12}	pico	p

문 1 한국(2,303억kWh)과 일본(9,994억kWh)의 발전 규모를 연간 발전 에너지 총량(J)으로 나타내라.

1.2.2 에너지와 힘

에너지의 단위 cal와 J의 사이에는 다음의 관계가 있다.

$$1\text{J} = 0.239\,\text{cal} \text{ 즉 } 1\,\text{cal} = 4.184\,\text{J} \tag{1.1}$$

에너지에 대한 국제 표준 단위인 J은 「물체를 1N의 힘으로 1m만큼 움직일 때의 일(에너지)」이고, cal는 「1cm^3 물의 온도를 1K 만큼 올리는데 필요한 열량」으로 정의하고 있다.

a. 위치에너지

1J의 에너지는 중력에 의한 위치에너지로 생각하는 것이 가장 알기 쉽다. 중력 가속도는 약 9.8 ms^{-2}이므로, 질량 0.102kg (102g)에 걸리는 중력이 1N, 102g의 질량을 1m만큼 끄는 일이 1J가 된다. 그 이미지를 [그림 1.2]에 나타냈다.

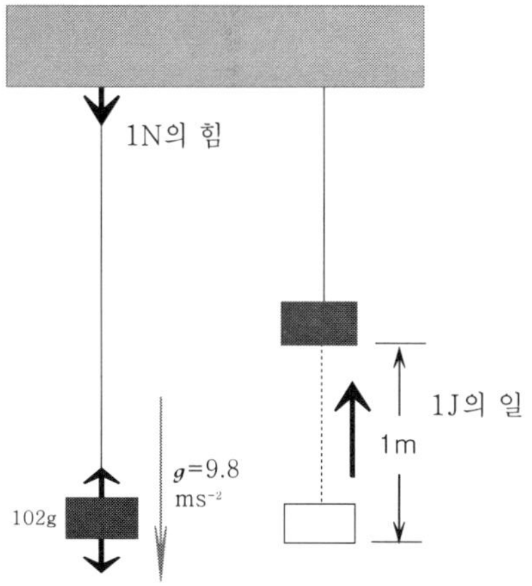

[그림 1.2] 1N의 힘과 1J의 일(에너지)의 이미지

b. 운동에너지

속도 v ms^{-1}로 움직이고 있는 질량 m kg인 분자는 병진 운동 에너지 (1/2) mv^2J를 갖고 있다. 분자의 운동에너지에는 그 밖에 진동과 회전에너지도 있다.

c. pV라는 형태의 에너지

pV 형태의 에너지

SI단위계를 이상기체의 상태방정식을 통해 다시 고찰해 보자.

$$pV = nRT \tag{1.2}$$

압력 p의 단위 Pa ($=\mathrm{Nm}^{-2}$)은 $(\mathrm{N}\cdot\mathrm{m})\times\mathrm{m}^{-3}=\mathrm{Jm}^{-3}$으로 쓰고, 체적 V의 단위는 m^3이므로 왼쪽 항의 단위는 J, 즉 에너지이다. 물론 오른쪽 항의 단위도, n mol과 기체 상수 $R=8.314$ $\mathrm{Jmol}^{-}\mathrm{K}^{-1}$과 온도 TK의 곱으로 J가 된다. 압력과 체적의 곱인 pV가 에너지를 나타낸다는 사실은 다음 장에서 중요하게 다루어지게 될 것이다.

문 2 물의 열용량(비열이라고도 한다)은 약 1 cal $g^{-1}K^{-1}$이다. 이 값을 SI단위로 나타내면 어떻게 될까.

(약 75 J $mol^{-1}K^{-1}$)

문 3 체중 60kg의 사람이 1,000m의 산에 오르려면 적어도 몇 kJ의 에너지가 필요한가. 마찰 에너지 소비는 무시해도 좋다.

(약 590 kJ)

문 4 물질의 단위 단면적에 걸리는 힘도 압력과 같은 Pa단위로 나타낼 수 있다. 어느 폴리머 섬유는 5.0cPa까지의 인장 강도를 견딘다고 한다. 단면적 1cm^2인 이 섬유로 몇 t까지의 물체를 매달 수 있을까.

(51 t)

문 5 압력 1 atm (=약 10^5 Pa) 하에서 물질의 체적을 50cm^3만큼 늘리려면, 어느 정도의 에너지가 필요할까.

(약 5 J)

1.3 물질(계)이 갖고 있는 에너지

화학변화는 물질의 집합(물질계)이 전체적으로 안정하게 되는 방향, 즉 에너지가 작아지는 방향으로 진행되려는 경향이 있다. 예를 들어, 양쪽 모두 탄소 원자 6개, 수소 원자 12개, 산소 원자 18개로 나타내지는 다음과 같은 두 가지 종류의 물질계

(A) 1mol의 $C_6H_{12}O_6$와 6mol의 O_2

(B) 6mol의 CO_2와 6mol의 H_2O

중에 에너지의 값이 (A)>(B)라면 (A)→(B)의 변화가 일어나기 쉽다. 그럼 이 「에너지」란 도대체 무엇일까?

주제로 들어가기 전에, 본 교재에서 화학변화를 취급할 때의 전제 조건은 다음과 같다. 대부분의 경우, 온도 T와 압력 p가 일정한 조건에서 진행되는 화학변화를 생각한다. 표준상태의 온도 T는 25℃(298.15K), 압력 p는 1atm (1.013×10^5 Pa = 1013 hPa)로 한다. p는 1 bar (정확하게 10^5 Pa)를 기준으로 하는 편이 정답이지만, 오차가 1% 미만이므로 보다 친숙한 단위인 1atm을 사용하기로 한다.

1.3.1 내부 에너지와 엔탈피

25℃, 1atm의 조건에 있는 물질계에 대한 에너지에는 여러 가지가 있으며, 그것을 전부 합하여 내부 에너지(internal energy)라고 하며 U로 표현한다. 중력과 관련된 위치 에너지라든지 소립자를 묶고 있는 핵에너지 등은 화학변화에는 우선 관계하지 않기 때문에 U에는 포함시키지 않아도 좋다. 화학변화에 관여하는 에너지로는 주로 다음의 3개가 있다.

1. 분자의 열운동(병진, 회전, 진동)에 의한 에너지(절대온도에 비례)
2. 원자간 결합에너지(결합이 강할수록 에너지는 낮고, 안정)
3. 분자간의 상호작용(분자간력, 수소결합, 용매화)에 관련된 에너지

1~3은 모두 크건 작건 양자현상을 배경으로 하고 있지만, 본 교제에서는 상세하게 다루지는 않겠다. 또 2 (또는 3)의 값은 기준점을 어디로 하느냐에 따라 바뀐다. 그렇기 때문에, U의 절대값을 다루는 것은 그다지 커다란 의미가 없기 때문에 보통은 변화량 ΔU에만 주목한다.

「일정 온도」의 전제 조건을 잠시 떼어놓자. 어느 물질계에 일정 압력 p에서 열에너지 q를 가했다고 하자. q의 일부는 내부 에너지의 증가 ΔU를 가져와 주된 효과로서 계의 온도를 올리게 되지만, 이 때 계의 체적 변화 ΔV도 일어나므로 q의 일부는 주위의 기체를 밀어 내는 일 $p\Delta V$ 에도 사용될 수 있다. 따라서 $q = \Delta U + p\Delta V$ 라고 할 수 있다.

여기에 물질계에 대한 $U+pV$라는 에너지를 H로 나타내면, 그 변화량 $\Delta H = \Delta U + p\Delta V$는 일정 압력에서 일어나는 변화에 따라 계에 출입하는 열에너지에 해당한다. 이 H를 물질계의 엔탈피라고 한다.

참고 **최고값 = 0으로 한 에너지의 눈금**

에너지의 높낮이는 상대적인 것이므로 기준점을 어디로 정한다 해도 상관은 없다. 예를 들어 Fe가 Fe^+로 산화 될 때의 이온화 에너지가 800 kJmol^{-1}인 것을 나타내고 싶을 때, 진공 속에서 전자이동에 따른 에너지를 기준으로 하면, Fe원자에 가장 느슨하게 결합된 전자의 에너지는 −800 kJmol^{-1}의 위치(에너지 준위)에 해당 된다.

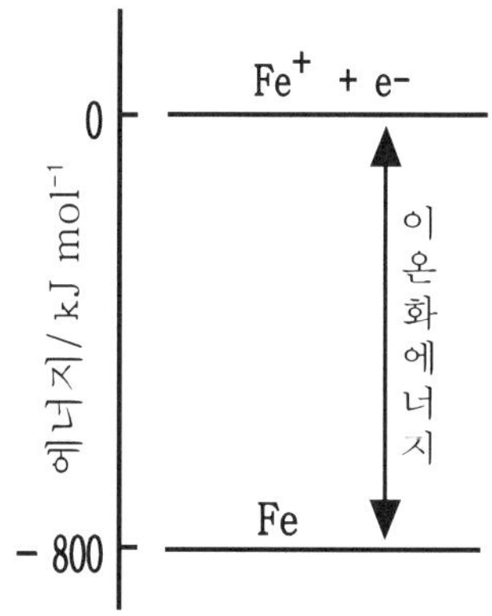

문 6 이상 기체의 내부 에너지는 체적에는 관계하지 않고 온도만으로 정해진다. 왜일까.

1.3.2 엔탈피 변화 = 고등학교의 「반응열」

고등학교 화학에서 배운 반응열(연소열, 생성열, 용해열, 증발열등)은 모두 엔탈피 변화 ΔH였다. 그러나 예를 들어

$$CH_4 + 2O_2 = CO_2 + 2H_2O + 981\ \text{kJ} \tag{1.3}$$

라는 형태의 「열화학 방정식」은 잊어버리는 것이 좋다. 지금부터는

$$CH_4 + 2O_2 \ \rightarrow\ CO_2 + 2H_2O \qquad \Delta H° = -981\ \text{kJmol}^{-1} \tag{1.4}$$

과 같이, 우선 반응식을 쓰고, **생성물의 물리량으로부터 반응계의 물리량을 뺀 값**을 사용하도록 한다. 반응(1.4)은 오른쪽 방향으로 진행되면 엔탈피가 줄어들기(발열하기) 때문에, $\Delta H°$의 값에는 부호가 붙는다(흡열 반응이라면 수치에 반드시 +를 붙인다). $\Delta H°$의 오른쪽위의 「°」은 표준 상태를, 또 mol^{-1}은 계수가 1인 물질(CH_4 나 CO_2) 1mol인 것을 의미한다.

문 7 1mol의 Potassium acetate(CH_3COOK)를 물에 녹이면 34.9kJ의 흡열 반응이 일어난다. 이 용해반응을 열화학 방정식 (1.4)와 같은 방법으로 나타내라.

1.3.3 엔트로피와 자유에너지

일반적으로 화학변화는 $\Delta H°$가 음의 방향으로 절대값이 커지는(즉 발열량이 커지는) 쪽으로 진행되기가 쉽다. 실제로 19세기 후반까지 화학변화의 구동력은 발열량만이라고 생각하였다(헤스가 총열량 불변의 법칙을 찾아냈던 것도 발열량과 화학변화가 진행되기 쉬운 정도에 대해서 엄청난 양의 실험을 거듭했기 때문이다).

그 뒤, 흡열 반응에서도 진행되기 쉬운 반응이 상당 수 발견되었고, 같은 무렵 열역학의 제2법칙의 확립으로 연결되는 연구도 진행되어, 화학반응에 대한 구동력은 따로 있다고 판단하기에 이르렀다. 정성적으로 말하면 물질을 만들어 내고 있는 입자는 가능한 한 무질서하게 흩어지려고 한다. 이런 입자의 무질서한 정도는 정량화할 수 있고, 그것을 엔트로피(S)라고 한다.

엔트로피(S)는 JK^{-1}의 단위를 가지며, 절대온도 T와 S의 곱인 TS가 (엔탈피 H와 함께) 화학변화의 방향을 결정하는 에너지가 된다. H는 줄어들고 S는 증가하는 것이 화학변화에는 형편상 좋기 때문에, 물질 1mol에 대한 변화의 방향은

$$\Delta G° = \Delta H° - T\Delta S° \qquad (1.5)$$

로 정의되는 $\Delta G°$의 부호와 크기로 정해지게 된다. G를 Gibbs 자유에너지, $\Delta G°$를 표준 상태에서의 몰 Gibbs 자유에너지 변화라고 한다. $\Delta G°$는 화학적 변화나 물리적 변화에 의해 계로 출입되는 에너지 중 일로 변환될 수 있는 부분을 나타내고, 2장의 표준 전극전위(여기서 「표준」은 「활동도 = 1」을 의미)와 직접 연결된다.

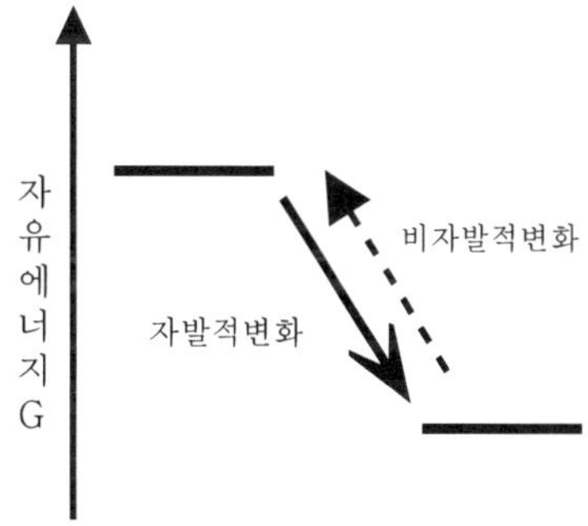

[그림 1.3] 자발적 변화와 비자발적 변화

어떤 화학반응식에서 $\Delta G°$의 절대값이 음의 방향으로 증가하게 되면, 생성물로 향한 자유에너지 G가 감소하기 때문에(물질계의 전체가 안정화한다) 반응은 오른쪽으로 진행되기 쉽다. 반대로 $\Delta G°$의 절대값이 양의 방향으로 증가하게 되면, 반응은 왼쪽으로 진행되기 쉽다[그림 1.3].

문 8 온도가 300K일 때, $\Delta H° = -100 \text{kJmol}^{-1}$, $\Delta S° = -100 \text{Jmol}^{-1}\text{K}^{-1}$의 반응(1번 반응)과 $\Delta H° = +10 \text{kJmol}^{-1}$, $\Delta S° = +200 \text{Jmol}^{-1}\text{K}^{-1}$의 반응(2번 반응)은 어느 쪽이 진행되기 쉽다고 예상할 수 있을까.

(1번 반응)

고등학교의 교과서에는 흡열 반응을 [그림 1.4]A와 같은 모델로 나타낸 것이 있다. 발열 반응(볼이 선반으로부터 떨어지는 이미지)이라면 자연스럽게 진행될 것 같으므로 이해하는데 큰 문제는 없겠지만, 흡열 반응인 경우에도 「자연스럽게 진행된다」라고 이해한다는 것은 약간 괴로울 것이다. 수치적인 정보로 반응열(엔탈피 변화($\Delta H°$)의 부호를 바꾼 값)밖에 주어지지 않는 탓이다.

[그림 1.4]는 질산암모늄(NH_4NO_3)이 물에 녹는 물리적 변화를 열역학 데이터($\Delta H°$와 $\Delta G°$)에 기초하여 표현하고 있다. $\Delta H° = +28 \text{ kJmol}^{-1}$는 매우 큰 값의 흡열이므로 A에서는 오르막 이미지가 되지만, $\Delta G° = -4.2 \text{ kJmol}^{-1}$는 작으면서도 자유에너지의 저하를 나타내므로 위화감이 없는 B의 이미지가 된다.

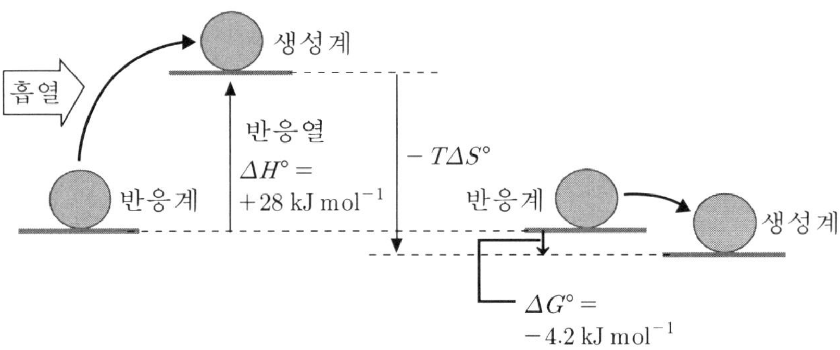

A 엔탈피 변화만으로 표시한 것　　B Gibbs 자유에너지 변화로 표시한 것

[그림 1.4] 흡열 반응(반응계: $NH_4NO_3(s)$, 생성계: $NH_4^+(aq) + NO_3^-(aq)$)을 실제 $\Delta H°$ 값과 $\Delta G°$ 값에 기초해 그린 모델

또한 $\Delta G° < 0$의 반응을 발에르곤 반응(exergonic reaction 「ergon」=일. 12페이지 참고), $\Delta G° > 0$의 반응을 흡에르곤 반응(endoergonic reaction)이라고 하기도 하지만, 반응열 때와 같은 「발열 반응」 「흡열 반응」으로 표현되어 지는 경우가 많다.

문 9	[그림 1.4]의 값으로 부터, 질산암모늄이 물에 녹을 때의 엔트로피 변화를 계산해 보아라. 온도는 25℃로 한다.
	($\Delta S°$ = +108 $Jmol^{-}K^{-1}$)

1.3.4 생성 자유에너지

예를 들어, 다음의 화학반응 (l=액체, g=기체)이

$$2HNO_3(aq)+NO(g)=3NO_2(g)+H_2O(l) \tag{1.6}$$

어느 쪽으로 진행되기 쉬운지는 반응 전체의 $\Delta G°$ 값으로부터 판정할 수 있다. 즉, 물질 1mol의 G를 알고, Gibbs 자유에너지의 관점에서 왼쪽과 오른쪽 중 어느 쪽이 불안정한지 살펴보면 된다. 그러나 G의 절대값을 알 수 있는 방법은 없다.

여기서 우선, 각 원소의 단량체가 표준상태(25℃, 1atm)에서 가장 안정한 상태의 G를 0(원점)으로 하자. 다음으로, 물질 1mol이 그 물질의 각 성분 원소로부터 생성될 때 반응의 ΔG를 측정한다. 이때 측정된 ΔG는 각 물질의 1mol이 갖고 있는 상대적인 Gibbs 자유에너지라고 생각해도 좋다. 이 ΔG를 각 물질의 표준 몰 생성 자유에너지라고 하며, 기호 $\Delta G_f°$로 나타낸다(첨자 f는 formation).

정의에 의해, $O_2(g)$, $H_2(g)$, $D_2(g)$, $N_2(g)$, Na(s), Fe(s), Cu(s), $Br_2(l)$, $Cl_2(g)$ 등의 $\Delta G_f°$는 모두 0이 된다. C는 흑연(graphite), S는 사방격자(orthorhombic lattice)의 유황이 기준이 되기 때문에 다이아몬드나 단사격자(monoclinic lattice) 유황의 $\Delta G_f°$는 일정한 값을 갖게 된다. 이 부분의 내용은 화학 교과서에서 다루는 생성열(정확하게는 표준 몰 생성 엔탈피 $\Delta H_f°$의 부호를 반대로 취한 것)의 개념과도 같아, $\Delta G_f°$ = 0 $kJmol^{-1}$인 단량체라면 자동적으로 $\Delta H_f°$ = 0 $kJmol^{-1}$로 해도 좋다. 또한 묽은 수용액 중의 이온에 대해서는 수소이온 H^+의 $\Delta G_f°$를 0 $kJmol^{-1}$로 약속하고, 다른 이온의 $\Delta G_f°$는 그 값으로부터의 상대적인 값으로 나타낸다.

[표 1.2] $\Delta G_f°$의 예

물 질	$\Delta G_f°$/kJmol^{-1}
HNO_3(aq)	−111.3
NO(g)	+86.6
NO_2(g)	+51.3
H_2O(l)	−237.1

[표 1.2]는 반응(1.6)에 필요한 $\Delta G_f°$이다. 반응 (1.6)에서 반응물(왼쪽)에 대한 G의 상대적인 값은 질산 2mol과 일산화질소 1mol의 합인

$$2\times(-111.3)+(+86.6) = -136\text{kJ}$$

가 되며, 똑같이 생성물(오른쪽) G의 상대적인 값은

$$3\times(+51.3)+(-237.1) = -83.2\text{kJ}$$

이기 때문에 자유에너지 변화 $\Delta G°$는 +52.8kJ가 된다. 따라서 반응(1.6)은 오른쪽에서 왼쪽으로 진행되기 쉽다.

문 10 $CO(g)+H_2O(g) = CO_2(g)+H_2(g)$의 반응이 자연스럽게 진행되는 것은 오른쪽 방향인지 왼쪽 방향인지 판정하라. 단, CO(g), H_2O(g), CO_2(g)의 $\Delta G_f°$ 값은 각각 −137.2, −228.6, −394.4 (kJmol^{-1})이다.

(오른쪽 방향)

이상의 내용으로부터 알 수 있듯이, 화학변화가 자연스럽게 진행되는 방향은 반응식에 관련된 물질의 $\Delta G_f°$를 기초로 하여 계산된 반응의 $\Delta G°$의 부호로부터 바로 알 수 있다. 또 $\Delta G°$의 절대값은 그 반응을 이용하여 구할 수 있는 에너지(일), 또는 반응을 역방향으로 진행하고 싶을 때 더해야 할 에너지 값에 해당한다.

상당수 물질에 대한 표준 몰 생성 Gibbs 자유에너지 $\Delta G_f°$의 데이터가 정리되어 있으며, 그 일부는 대부분의 물리화학 교과서에 실려 있다. $\Delta G_f°$데이터를 (단순한 덧셈과 곱셈만으로) 잘 다룰 수 있는 만큼 화학적 변화도 물리적 변화

도 쉽게 이해 할 수가 있다.

단 주의해야 할 사항은, $\Delta G°$가 음의 값인 경우 그 값이 큰 반응이라고 할지라도 반드시 진행된다고는 할 수 없다. 진행된다면 그 방향이라는 판단이 가능한 것뿐으로 현실에서 진행될지는 제II부에서 다루게 될 속도론의 문제가 관련되게 된다.

Tea time 인간은 몇 와트의 기관인가?

우리는 음식의 형태로 1일에 2,000~2,500칼로리의 에너지를 섭취한다. 물론 이 「칼로리」는 kcal이므로, 1cal = 4.184 J의 관계에서 약 10,000 kJ = 10^7J 가 된다. 호흡을 설탕의 연소반응을

$$C_{12}H_{22}O_{11} + 12O_2 \rightarrow 12CO_2 + 11H_2O \qquad \Delta G° = -5,800\ \mathrm{kJmol^{-1}}$$

으로 표현하면, 설탕의 분자량은 342이므로 약 590g의 설탕에 해당한다(질량 당 $\Delta G°$는 쌀도 거의 같다). 10^7J를 1일(86,400초)로 단순하게 나누면 116 $\mathrm{Js^{-1}}$ = 116W, 즉 우리 인간의 힘은 100와트의 전구와 거의 동일하다.

섭취 에너지 중 4,000kJ 정도가 활동에너지로 사용된다고 하자. 체내의 에너지 변환에는 언제라도 ATP (Adenosin Triphosphate)와 ADP (adenosine diphosphate)의 상호변환

$$\mathrm{ATP} + H_2O = \mathrm{ADP} + H_3PO_4 \qquad \Delta G° = -31\ \mathrm{kJmol^{-1}}$$

가 따른다. ATP의 분자량은 507이므로 1일 당 0.507 $\mathrm{kgmol^{-1}} \times 4,000$ kJ/ (31$\mathrm{kJmol^{-1}}$) = 65kg, 즉 사람의 체중정도의 ATP가 체내에서 합성 · 분해를 반복하게 된다.

문 11 글루코오스($C_6H_{12}O_6$)의 $\Delta G_f°$값(−910 $\mathrm{kJmol^{-1}}$)으로부터 26페이지 처음 부분에 나오는 물질 군에서 (A)→(B)의 변화가 자연스러운 방향이라는 것을 확인하라.

1.4 화학 퍼텐셜과 평형

고등학교에서도 배운 것처럼 열의 출입이 큰 반응은 대부분 한 방향으로 밖에 진행되지 않지만(비가역반응), 열의 출입이 작은 반응은 어느 쪽 방향으로도 적당히 진행되어 결국 평형 상태가 된다. 물론 평형을 주관하는 것은 반응열($\Delta H°$)이 아니고, 엔트로피 변화도 고려한 Gibbs 자유 에너지 변화 $\Delta G°$이다. 여기에서는 평형상태라는 것을 성분의 존재 상태에 관심을 가져 정량적으로 생각해 보자. 그 결과는 3장 3.2절에서 말하는 「Nernst 식」으로 연결되게 될 것이다.

1.3절에서는 물질 각각의 표준 몰 생성 Gibbs 자유에너지 $\Delta G_f°$라는 상대적인 양을 사용하여, 반응물 중 계수가 1인 물질이 1mol만큼 변화할 때의 자유 에너지 변화 $\Delta G°$를 통하여 반응의 진행방향에 대하여 생각해 보았다. 또, 반응물이 $2HNO_3+NO$라면 그것은 $2HNO_3$ 2mol과 NO 1mol의 혼합물이라고 묵시적으로 가정하고 있었다. 그러나 현실의 계는 반드시 그렇게 간단하지 않고, 각 성분이 다양한 농도로 공존한다. 따라서 화학 평형을 일반적으로 취급하려면 농도를 올바르게 취해 물질의 자유에너지 G를 생각하지 않으면 안 된다.

1.4.1 화학 퍼텐셜

화학 평형은 언제나 혼합물이라는 조건에서 성립된다. 그리고 혼합물 중의 한 성분인 **i성분 1mol이 갖고 있는 Gibbs 자유에너지**를 i의 화학 퍼텐셜 μ_i로 나타내기로 하자. μ_i는 계의 온도 T와 i의 활동도(activity) a_i를 변수로 한 값으로 다음 식과 같이 나타낼 수 있다.

$$\mu_i(T, a_i)=\mu_i°(\mathrm{T})+RT\ln a_i \quad (\text{간략형 } \mu=\mu°+RT\ln a) \tag{1.7}$$

이것이 화학 평형을 취급할 때의 기초식이 된다. $\ln 1 = 0$이므로 $\mu°$는 기준상태 $(a=1)$의 화학 퍼텐셜을 의미하며, 온도 T만의 함수이다. 활동도 a는 다음과 같이 정의한다.

기체 분압p (단위 atm. 즉 1atm이 기준상태)

용질 몰 농도c (단위 $\mathrm{M = mol\,dm^{-3} = mol\,L^{-1}}$. 즉 1M이 기준)

용매 묽은 용액의 용매는 $a=1$로 간주한다.

고체 순수한 고체는 $a=1$로 간주한다.

전자 금속중의 전자는 $a=1$로 간주한다.

용질의 활동도로서 사용하는 몰 농도는 실제로 녹인 농도가 아니고 「상호작용이 없는 상태로 용액 안에 존재하는 농도」, 결국은 **가상의 농도**이다. 또, 물질 상태 마다 $a=1$의 기준 상태가 다르기 때문에, 예를 들어 용매와 고체는 언제나 $a \leqq 1$이지만, 용질과 기체에서는 $a>1$가 있는 것에 주의할 필요가 있다.

또한 대수관계 $\ln x$의 x (및 지수함수 a^x의 x)는 차원이 없는 단순한 수 이므로 분압 p나 농도 c의 대수는 $\ln(p/p^0)$나 $\ln(c/c^0)$이고, 표준상태에서 압력과 농도는 $p^0=1\text{atm}$, $c^0=1\text{M}$라고 정의할 수 있다.

문 12 활동도가 한 자릿수 증가하면, 25℃에서의 화학 퍼텐셜은 얼마나 늘어날까. $\ln 10 = 2.3$, $R=8.3\ \text{J mol}^{-}\text{K}^{-1}$을 이용해 계산하라.

(5.7 kJ mol^{-1})

화학 평형을 생각하는데 중요한 식(1.7)을 다음의 「참고」를 통해 유도해 보자.

참고 기본식 $\mu=\mu^\circ+RT\ln a$의 유도

단일 성분의 이상 기체

온도T, 압력p, 체적V인 이상 기체 1mol인 조건을 생각해 보자. Gibbs 자유에너지(1mol이므로 화학 퍼텐셜μ)는 G의 정의에 따라 다음과 같이 표현할 수 있다.

$$\mu=U+pV-TS \tag{i}$$

이것을 우선, 온도T와 압력p만으로 나타내고, 일정 부피 열용량 C_v와 일정 압력 열용량 C_p를 사용하면 오른쪽의 U, pV, S는 다음 식의 형태로 나타낼 수 있다.(이 설명은 생략한다. 열역학의 교과서를 참고해 주시기 바란다).

$$U = C_v T + 상수$$

$$pV = RT (상태방정식)$$

$$S = C_p \ln T - R \ln p + 상수$$

그렇다면 μ는 온도만의 함수(상수항도 포함한다)를 $f(T)$를 이용하여 다음 식과 같이 바꾸어도 된다.

$$\mu = f(T) + RT\ln p \equiv \mu^\circ(T, p) \tag{ii}$$

혼합 이상 기체

동일한 온도 T와 압력 p의 하에서 n_1, n_2, …mol의 이상 기체 1, 2, …이 각각 고립된 용기에 들어있다고 하자. 각 기체의 체적 V_1, V_2, …는 상태방정식에 의해 다음과 같이 된다.

$$V_1 = n_1 RT/p,\ \ V_2 = n_2 RT/p,\ \cdots$$

n_1, V_1 $T,\ p$	n_2, V_2 $T,\ p$	n_3, V_3 $T,\ p$	n_4, V_4 $T,\ p$	…

이제 각 용기의 벽을 제거시켜 하나의 용기 안에서의 혼합기체로 만들면 다음을 식을 유도해 낼 수 있다.

$V = V_1 + V_2 + V_3 + \ldots,\ \ T, p$ $n_1, n_2, n_3, \ldots$

식(i)을 참고하여 혼합기체의 Gibbs 자유에너지 G가 어떻게 변하게 되는지 생각해 보자. 우선 내부 에너지 U는 온도가 변하지 않기 때문에 혼합시키기 전의 각 성분에 단순한 합으로 나타낼 수 있다.

$$G = \sum_j \{U_j(T) + pV_j\} - TS \tag{iii}$$

엔트로피 S는 혼합 전 각 성분의 값 $S_j(T, p)$가 더해 진 것 외에 혼합에 의해 확장된 부피의 증가분에 의한 엔트로피 변화량 ΔS_j가 있다. 설명은 생략하겠지만, 이 증가분은 다음과 같이 나타낼 수 있다(열역학 참고).

$$\Delta S_j = n_j R \ln(V/V_j) = -n_j R \ln(V_j/V) = -n_j \mathrm{R} \ln X_j \qquad \text{(iv)}$$

여기서 성분 j의 몰분율 $X_j = n_j/(n_1 + n_2 + ...) = V_j/V$를 사용하였다. 이렇게 해서, 혼합 후의 엔트로피 S는

$$S = \sum_j \{S_j(T, p) - n_j R \ \ln X_j\} \qquad \text{(v)}$$

가 되어, 이것을 식(iii)에 대입하면 다음과 같은 식을 유도해 낼 수 있다.

$$G = \sum_j \{U_j(T) + pV_j - TS_j(T, p)\} + RT\sum_j n_j \ln X_j \qquad \text{(vi)}$$

{ } 안은 혼합 전 고립 성분의 Gibbs 자유에너지이므로 $G_j(T, p, n_j)$라고 쓰고, 식(ii)의 기호를 사용하면 $n_j \mu_j°(T, p)$와 동일하다. 이상의 내용을 정리하면, 혼합기체 G는 다음과 같이 된다.

$$G = \sum_j n_j \{\mu_j°(T, p) + RT \ln X_j\} \qquad \text{(vii)}$$

그런데, 혼합기체 중 성분 i의 화학 퍼텐셜 μ_i는, 혼합기체 상태를 나타내는 변수(T, p, n_1, n_2, ⋯) 중에 i의 물질량 n_i 이외 것을 모두 상수로 보고, G를 n_i로 미분(편미분)하면 얻을 수 있다. 그 결과는

$$\mu_i \equiv (\delta G/\delta n_i) = \mu_i°(T, p) + RT \ln X_i \qquad \text{(viii)}$$

가 된다.

이것을 식(ii)과 조합하면,

$$\mu_i = f(T) + RT\ln p + RT\ln X_i = f(T) + RT\ln(pX_i) \qquad \text{(ix)}$$

가 되어, $pX_i = p \times n_i/(n_1 + n_2 + ...)$는 성분 i의 분압 p_i와 동일하다. 그리고 온

도 T만 관계한 부분 $f(T)$를 새롭게 $\mu_i°(T)$로 두면, 최종적으로

$$\mu_i = \mu_i°(T) + RT\ln p_i \qquad (x)$$

를 얻을 수 있었다. 이것이 혼합기체에 대한 식(1.7)이다. 오른쪽에 있는 대수항이 엔트로피(입자가 무질서하게 존재하려는 경향)에 해당한다.

용액 안의 용질은 모습은 기체분자와는 다르지만, 예를 들어 농도가 낮으면 「액체로 채워진 공간 속을 활동하는 입자」는 이상 기체의 상태방정식과 완전히 같은 식(van' t Hoff의 식)의 조건으로 삼투압에 대해 성립한다고 간주해도 좋다. 따라서 식 (x)를 용질에 대해서도 사용할 수 있지만, 분압을 생각하는 것이 불편하기 때문에 몰 농도를 활동도 a로 바꾸어 사용하면 문제가 발생되지 않는다.

문 식(vii)부터 (viii)로의 변형은 외관만큼 단순하지 않다. 두 성분의 혼합기체에 대해, n_1을 변수 x, n_2를 변수 y로 나타내, (vii)→(viii)를 확인해 볼 것.

1.4.2 균형 조건 : 질량작용의 법칙

식(1.7)을 사용하면, 물질의 농도(정확하게는 활동도)에 따라 화학변화의 구동력 (물질계의 Gibbs 자유에너지)이 어떻게 바뀌는지, 또 평형 상태가 어떻게 바뀌는지를 제대로 파악할 수 있다.

왼쪽을 반응물, 오른쪽을 생성물로 하는 다음과 같은 화학반응을 생각하자.

$$p\text{P} + q\text{Q} + \cdots = x\text{X} + y\text{Y} + \cdots \qquad (1.8)$$

오른쪽 방향의 구동력은 반응물을 만드는 물질군(P, Q, …)의 Gibbs 자유에너지 G의 총량이니까, 각 성분의 화학 퍼텐셜을 사용해 다음과 같이 나타낼 수 있다.

$$G\ (\text{반응물}) = p\mu_\text{P} + p\mu_\text{Q} + \ldots$$

$$= p\mu_\text{P}° + pRT\ln a_\text{P} + q\mu_\text{Q}° + qRT\ln a_\text{Q} + \ldots \qquad (1.9)$$

한편, 왼쪽 방향의 구동력은 생성물의 G의 총량으로

$$G\ (\text{생성물}) = x\mu_X + y\mu_Y + \ldots$$
$$= x\mu_X{}^\circ + xRT\ln a_X + y\mu_Y{}^\circ + yRT\ln a_Y + \ldots \quad (1.10)$$

균형의 조건은 G(반응물) = G(생성물)이므로 식(1.9)와 (1.10)로부터

$$x\mu^\circ + y\mu_Y{}^\circ + \ldots - p\mu_P{}^\circ - q\mu_Q{}^\circ - \ldots$$
$$= -(xRT\ln a_X + yRT\ln a_Y + \ldots - pRT\ln a_P - qRT\ln a_Q - \ldots)$$
$$= -RT(x\ln a_X + y\ln a_Y + \ldots - p\ln a_P - q\ln a_Q - \ldots) \quad (1.11)$$

여기서 왼쪽은 식(1.8)의 반응이 단위 물질량의 조건으로 오른쪽으로 진행될 때의 Gibbs 자유에너지 변화이므로 ΔG°라고 표현할 수 있다. 또 오른쪽은 $a\ln b = \ln b^a$, $\ln a + \ln b = \ln(ab)$ 등의 관계식을 이용하면 다음과 같은 식을 얻을 수 있다.

$$\Delta G^\circ = -RT\ln\frac{a_X{}^x \cdot a_Y{}^y \ldots}{a_P{}^p \cdot a_Q{}^q \ldots} \quad (1.12)$$

그런데, 가역 반응(1.8)의 평형 상수를 K로 하면 이른바 질량작용의 법칙에 의해

$$K = \frac{a_X{}^x \cdot a_Y{}^y \ldots}{a_P{}^p \cdot a_Q{}^q \ldots} \quad (1.13)$$

으로 쓸 수 있으므로 식(1.12)는 아래와 같이 변환시킬 수가 있다.

$$\Delta G^\circ = -RT\ln K \quad (1.14)$$

식(1.14)는 화학 평형을 취급할 때의 기본식이다. 예로서 온도에 의한 평형 이동을 생각해 보자. 25 페이지의 식(1.5) 즉 $\Delta G^\circ = \Delta H^\circ - T\Delta S^\circ$를 식(1.14)에 대입해 얻을 수 있는 관계식

$$\ln K = -\Delta H^\circ / RT + \Delta S^\circ / R$$
$$\text{또는}\ K = e^{-\Delta G^\circ/RT} = e^{-\Delta H^\circ/RT} e^{\Delta S^\circ/R} \quad (1.15)$$

는 ($\Delta H°$와 $\Delta S°$가 온도에 의존하지 않고 거의 일정하게) 다음과 같은 사항을 정량적으로 나타내고 있다. 즉, 「Le Chatelier's principle」의 일부와 다름없다.

$\Delta H° < 0$ (발열 반응)의 경우

T의 상승으로 K가 감소, 즉 평형이 흡열의 방향으로 이동한다.

$\Delta H° > 0$ (흡열 반응)의 경우

T의 상승으로 K가 증대, 즉 평형이 발열의 방향으로 이동한다.

문 13 식(1.14)의 $\Delta G°$는 반응에 관여하는 물질의 표준 몰 생성 Gibbs 자유에너지($G_f°$)로부터 계산할 수 있다. NH_3의 $\Delta G_f° = -16.5$ kJ mol^{-1}을 기초로, 25℃와 1,000℃에서 $N_2+3H_2=2NH_3$ 반응의 평형상수를 계산하라.

(25℃ : $6.0\times10^5 M^{-2}$, 1000℃ : $23M^{-2}$)

Tea time 「질량작용의 법칙」이라는 용어

1879년, 노르웨이의 Guldberg와 Waage는 독일 논문집에서 「화학 친화력은 aktive Masse (반응의 「작용구」내에 있는 물질의 양)의 곱에 비례하고, 그것이 화학 평형을 지배한다」라고 주장하고, 이 원리를 Gesetz der Massen-wirkung이라고 표현했다(동일한 개념이 1860년대에 노르웨이어나 프랑스어로 발표되었지만 아무도 주목하지 않았다). 이 내용이 active mass, law of mass action으로 영역되고 「활성 질량」「질량작용의 법칙」으로 번역되어 지금에 이르고 있다.

여기서 「질량」이라는 말에는 누구라도 고개를 갸우뚱한다. 적어도 한자어 번역은 오역이었을 가능성이 크다. Masse(독일어)나 mass(영어)의 기본적인 의미는 「양」「집단」이지 「질량」은 아니며, 원 논문 안에서도 「aktive Masse = 농도」의 뉘앙스가 강하다. 그렇다면 「질량작용의 법칙」은 화학 평형에 관한 「농도 효과의 법칙」정도가 정확한 번역이었던 것은 아닐까.

다만, Masse가 역시 「질량」의 의미로 사용된 가능성도 다 버릴 수 없다. 1800년 전후에 활약한 과학자들은 화학변화를 만유인력으로 설명하고 있던 시절이었기 때문에, 그러한 사상에 Guldberg가 물들어 있었을지도 모르기 때문이다. 뭐 신만이 알고 있겠지만.

문 14 H_2O의 활동도는 1이기 때문에, 물의 전기적 해리 $H_2O \rightleftarrows H^+ + OH^-$의 평형상수는 $K = a_{H^+}a_{OH^-} = [H^+][OH^-]$라고 할 수 있다. 표준 몰 생성 Gibbs 자유에너지($\Delta G_f°$)의 값은, H_2O(l)이 −237.13, H^+(aq)가 0(이온종의 기준), OH^-(aq)가 −157.24 (모두 kJ mol^{-1})이다. 식(1.14)을 이용하여 25℃에서의 K값을 계산하라.

($1.009 \times 10^{-14} M^2$)

1.5 하전 입자의 에너지

2장에서 주역이 되는 전자 등 하전 입자의 에너지에 대해 생각해 보자.

1.5.1 전기 에너지

SI단위 중에 에너지(J), 전하량(C), 전위차(또는 전압, V) 사이에는 다음과 같은 관계식이 성립한다 (19 페이지 참고).

$$\text{J(Joule)} = \text{C(Coulomb)} \times \text{V(Volt)} \qquad (1.16)$$

에너지　　　전하량　　　전위차(전압)

이것이 전기 에너지를 취급할 때의 기본식이다. 예를 들어 1.5V의 전지에 연결된 저항에 50C의 전하를 흘려주게 되면 75J의 전기적 일을 한 것이 된다.

문 15 1.5V의 전지에 3Ω의 저항을 이었을 경우, 50C의 전하가 흐르려면 몇 초 걸릴까.

(100초)

1.5.2 전위차와 전위

식(1.16)의 단위 V는 「전위차」라고 표현하였지만은, 평균 해수면으로부터의 고도를 「해발고도」로 나타내듯이, 전기장 하에서 기준점으로부터 일정한 장소의 값을 「전위」라고 나타낸 것이라고 생각하면 무난하다. 물리에서는 「무한히 먼 진공중의 1점」을 기준점으로 하는 것이 많다. 해발 +632m 인 관악산도, 백두산 정상(+2,744 m)을 기준점으로 하면 −2,112m, 동해안 수심 (해면 하

2,000m)이 기준점이라면 +2,632m가 되는 것과 같이, 전위값도 기준을 정하는 방법에 따라 부호와 그 절대값이 달라진다.

지금부터 전위는 E (단위 V)라는 기호로 나타내자. 전위 E의 장소에 있는 전하 Q(C)는 다음 식으로 정해지는 전기 에너지 ε (J)를 가진다고 생각해도 좋다.

$$\varepsilon = Q \times E + \text{상수} \tag{1.17}$$

상수항의 크기는 전위의 기준점을 어디로 하느냐에 따라 바뀐다. 일 에너지와 직접적으로 연결되는 전기 에너지는 Gibbs 자유에너지와 같은 개념으로 생각해도 좋다.

전자 1mol의 전하량을 1 Faraday (F)라고 하며, 기본 전하량(q=1.6022×10^{-19}C)에 아보가드로 수(N_A =6.022×10^{23}mol^{-1})을 곱한 96,485 Cmol^{-1}의 값으로 정의하고 있다.

그런데, **전자 자신은 전하가 음의 값이기 때문에, 위치한 곳의 전위가 (+)로 존재하는 만큼 안정하고(에너지 ε가 낮다), (−)로 존재하는 만큼 불안정하다 (ε가 높다)**. 즉 전자이동의 자연스러운 방향은 (−)전위 → (+)전위가 된다. 그 때문에, 아래를 +로 한 전위축을 사용하여 [그림 1.5]와 같이 나타내면, 물체의 자연 낙하와 같은 이미지로 전자이동을 파악할 수 있을 것이다. 이 그림은 다음 장 이후에 다루게 될 내용의 골격을 이룬다.

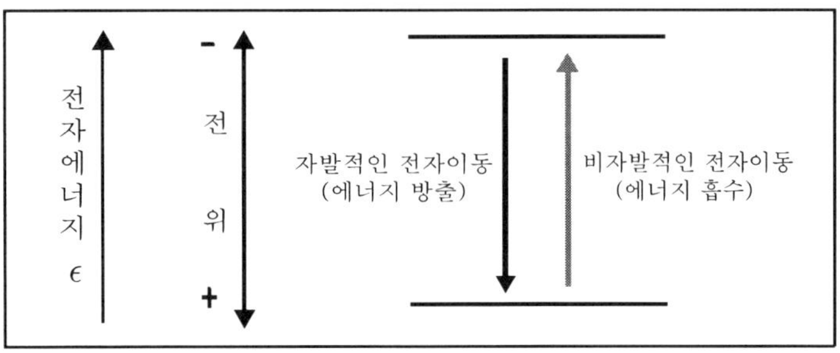

[그림 1.5] 전자이동의 방향과 전위 · 전자 에너지의 관계

문 16 전자 1mol (전하량 96,485C)이 전위 −2.5V의 장소에서 +1.5V의 장소로 움직였을 때 방출되는 에너지는 얼마인가.

(386kJ)

문 17 전압 2.0V로 물을 전기 분해하여 1mol의 산소를 얻었다. 이 때 투입한 전기에너지는 적어도 얼마인가.

(772kJ)

1.5.3 에너지 단위로서 전자 볼트(eV)

SI단위로 에너지 단위는 J이지만, 분자나 전자(및 4장의 광자) 등에서 적용되는 입자 한 개에 대한 에너지를 생각하고 싶은 경우도 많다. 그 때에 J를 사용하면 수치가 매우 작아져 귀찮은 지수가 붙게 된다. 그래서 「전자 한 개가 전위차 1V를 왕래할 경우에 필요한 에너지」를 단위로 해서 나타내면 수치가 간단하게 된다. 이 단위를 전자볼트(electron volt)라고 하고, 기호 eV로 나타낸다. 1eV는 전자에 대한 전하의 절대값(기본 전하량, 1.602×10^{-19}C)이므로 다음과 같이 표현할 수 있다.

$$1\text{eV}=1.602\times10^{-19}\text{J} \tag{1.18}$$

eV는 입자(particle) 한 개당의 양이므로 항상 eV(particle)^{-1}이라고 의식하고 있는 것이 좋다. 1 몰에 대한 에너지는 다음과 같은 환산으로 구해진다.

$$1\text{eV(particle)}^{-1}=F\,C\ \text{mol}^{-1}\times1\text{V}=96.5\ \text{kJmol}^{-1} \tag{1.19}$$

즉, 전자 한 개가 합계 2.4V의 전위차를 왕래할 때 출입하게 되는 에너지가 2.4eV인 셈이다. 5장에서 다루게 될 광자 한 개의 에너지는 1~5eV의 범위 안에 들어간다. 이와 같이 eV라는 에너지 단위는 특히 빛 흡수로 진행되는 전자이동(광합성 프로세스 등)을 생각할 때는 이 이상 편한 게 없다.

문 18 eV라는 단위는 원자간 결합 한 개의 에너지를 나타내는데도 사용할 수 있다. O–H결합(464 kJmol^{-1})과 Cl–Cl결합(243 kJmol^{-1})의 에너지를 eV로 환산하고, 보라색의 빛의 광자 에너지(3.1eV. 4장에서 설명)와 비교하여 염소 분자가 광분해(Photolysis)되기 쉬운 이유에 대하여 생각해보자.

(4.81eV, 2.52eV)

Tea time 전자의 명칭

에너지와 같이 전자 (electron)라는 명칭도 의외로 그 역사가 얼마 안 된 1874년에 만들어 졌다. 전자라는 명칭을 만든 사람은 제1회 Boyle 메달(1899년)을 수상한 아일랜드의 물리학자 Stoney. 전기화학의 개척자 Volta(1827년 사망)도 Faraday(1867년 사망)도 전자의 개념은 알지 못하였다. electron은 호박을 의미하는 그리스어($\varepsilon\lambda\varepsilon\kappa\tau\rho o\upsilon$)로, 그 배경에는 마찰 전기가 있다. 즉,

가죽→털→유리→면(종이)→비단→나무→고무→호박(amber)→셀룰로이드

의 순서로 배열된 물질 중 아무거나 두 개를 선정하여 서로 비비면, 왼쪽에 있는 물질로부터 오른쪽의 물질로 전자가 조금 옮겨진다. 셀룰로이드(1869년에 발명됨)가 없던 시대에는 호박의 성질이 주목을 받게 되었으리라. 만약 호박이라는 것이 알려지지 않았다면 전자에는 어떤 영어 이름이 지어졌을까?

정리

물질이 갖고 있는 에너지에 주목하여 화학변화의 방향이나 평형을 살펴보았다. 일정한 근거를 바탕으로 수식을 정리 해 놓은 부분도 있지만, 전체를 이해하는 데는 그다지 무리가 없으리라 판단된다. 1장에서는 다룬 포인트는 다음과 같이 정리할 수 있다.

1. 물질은 각각 고유의 「변화하기 쉬움」 「불안정함」을 갖고 있으며, 그 정도(강의 흐름이라면 수면의 높이)를 공통의 개념으로 표현한 것이 표준 몰 생성 Gibbs 자유에너지(ΔG_f°)였다. 필요한 ΔG_f°값을 물리화학 서적으로 부터 찾아, 물질계에 대해 Gibbs 자유에너지 G의 상대값을 비교해 내기만 하면, 반응이 진행되는 방향을 거의 확실하게 알 수 있다.
2. 물질의 농도(다른 표현으로는 활동도)가 줄어들게 되면 「변화하기 쉬운 정도」도 줄어들게 된다. 이러한 개념까지 고려하여 물질 1mol당 G를

화학 퍼텐셜(μ)이라고 정의하였다. μ를 사용하여 반응식 양변의 「활동도」를 계산해 낼 수 있다면, 화학 평형의 상태를 정확하게 정리할 수 있다.

3. 공간에 전위차가 있을 때, 전자와 같은 하전 입자는 여분의 전기 에너지를 갖게 된다. 다음 장에서 전기화학계를 취급할 때는 G나 μ를 그 만큼 보정하게 된다. 대략적으로 살펴보면 2장의 주요 테마가 되는 표준 전극전위 $E°$는 $\Delta G_f°$의 전기화학적 표현, 또 3장에 등장하는 전기화학 퍼텐셜 $\tilde{\mu}$는 화학 퍼텐셜 μ의 전기화학적 표현이라고 생각해도 좋다 [그림 1.6].

$$\Delta G_f° \Leftrightarrow E° \quad \text{(2장)}$$

$$\mu \Leftrightarrow \tilde{\mu} \quad \text{(3장)}$$

[그림 1.6] 1장에서 다룬 개념과 2장, 3장에서 다루게 될 주요 개념의 관계

문 19 조성식이 모두 C_3H_6인 Propylene과 Cyclopropane의 $\Delta G_f°$값은 각각 +62.8, +104.5 $kJmol^{-1}$일 때, 어떤 물질의 화학반응성이 높다고 예상할 수 있을까?

(Cyclopropane)

2장 표준 전극전위

전압 1.7V와 동일한 량의 에너지(입자 한 개 당 1.7eV)를 열만으로 공급하려면 계산상 20,000℃ 정도의 온도가 필요하다. 수증기를 2,000℃로 가열해도 $2H_2O \rightarrow 2H_2 + O_2$의 반응은 겨우 2% 밖에 진행되지 않는데, 1.7V의 전압으로 용이하게 물을 분해할 수 있다는 사실이 전기 에너지의 강력함을 말해준다.

파워가 클 뿐만 아니라, 전기화학계는 전위(전자 에너지)를 조절하는 기계적 조작에 대한 정밀도가 매우 높다. 적절한 실험 조건의 상태라면 전위를 0.01mV 이내, 에너지로 환산하면 0.001 $kJmol^{-1}$이내에서 제어할 수 있다. 이렇게 해서 얻을 수 있는 데이터는 다양한 용도로 활용되고 있다. 본 장에서 전위는 어떻게 제어하는지, 측정으로(또는 계산에 의해) 얻어진 전위 데이터가 어떻게 도움이 되는지에 대해 다루게 될 것이다.

2.1 기준전극이라는 것

서론의 [그림 4]는 전기화학계의 특징을 전형적으로 나타내고 있다. 즉, 두 전극 사이의 전압은 대부분이 각 전극과 전해액과의 계면에 걸쳐있는 강한 전기장에 의해서만 유도되고 있으며, 용액의 본체 부분에는 거의 걸려 있지 않고 있다. 지금부터는 전극과 전해액 시스템을 전극계, 거기에 용기가 추가된 시스템을 전기화학 셀(전기 분해 셀)이라고 하고, 두 극간의 전위차를 셀 전압이라고 부르기로 하자. 정(+)극 / 부(-)극, 양극(anode, 산화전극) / 음극(cathode, 환원전극)의 정의는 4페이지의 내용을 그대로 활용하도록 한다.

2.1.1 전압은 어떻게 배분되는가?

셀 전압이 좌우 계면에 어떻게 배분되는지(그림 2.1의 V_1와 V_2) 알 수만 있다면, 전기화학 반응을 간결하게 정리할 수 있다. 예를 들어 V_1을 알면, A~B 간 전위의 변화 양상은(즉 양극 반응의 구동력이 정해지므로) V값만으로 정리할 수 있다. 그러나 우리는 다음의 3가지 사항 밖에 모른다.

- [그림 2.1]의 A-P간의 전위차는 V.
- A부터 P까지 전위 프로필은 연속하고 있다.
- 전위차 V의 대부분은 두 개의 전극-전해액의 계면에 걸린다.

양쪽 전극이 모두 백금이라 해도 계면에 존재하는 이온의 종류와 농도(이온 분위기)는 정(+)극(양극)과 부(-)극(음극)에서 완전히 다르다. 그렇기 때문에 셀 전압이 반드시 각각의 계면에 같은 비율로 걸리는($V_1 = V_2$) 것은 아니다. 예를 들어 [그림 2.2]와 같은 전위 프로필도 충분히 있을 수 있다.

또, 서로 다른 전극을 사용했을 경우, 셀 전압을 바꾸었을 때에는 전위차 AB와 PQ가 동시에 바뀌기 때문에, 「계면의 전위차」를 제어한 것이라고 할 수는 없다. 이러한 부분이 전기화학의 어려움(답답함)이라고 할 수 있다.

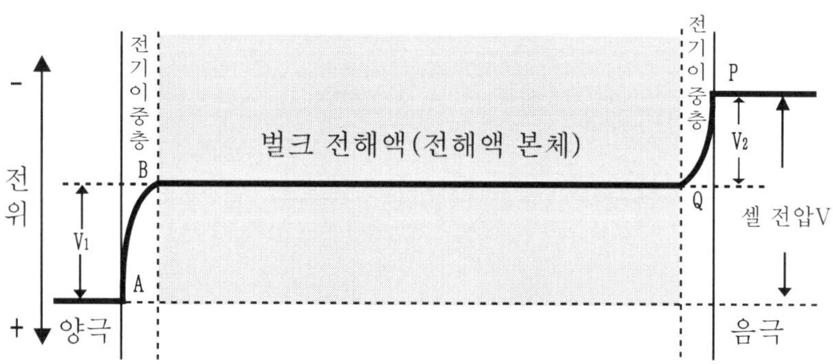

[그림 2.1] 전기화학 셀 내에서 형성된 전위 프로필. 전극간 거리가 10cm라면 전기 이중층의 두께는 전극간 거리의 약 천만분의 일

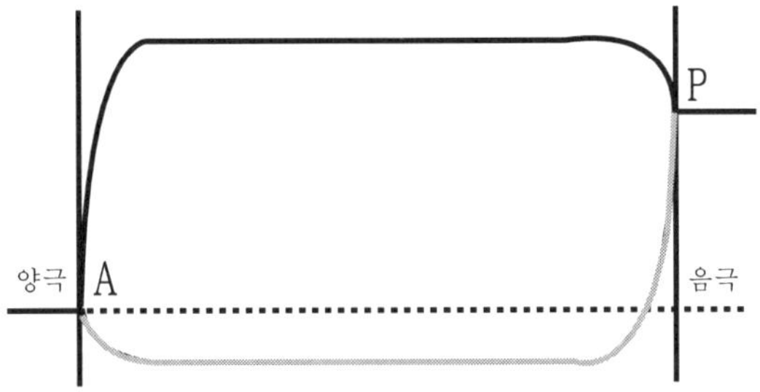

[그림 2.2] 그림 2.1외에 있을 수 있는 전위 프로필의 모습

참고 **전위 프로필은 단순하지 않다**

전극은 보통 구리철사로 전원에 연결되어 있기 때문에, 두 개의 구리 전극을 사용한 경우가 아니라면, 서로 다른 종류의 금속(M_1, M_2)의 접합부가 반드시 존재하게 된다. 그 계면에서는 전자의 전기화학 퍼텐셜(3장)에 있어서 $\tilde{\mu}_{eM1} = \tilde{\mu}_{eM2}$가 성립되므로, $\mu_{eM1} - F\phi_1 = \mu_{eM2} - F\phi_2$, 즉 $\phi_1 - \phi_2 = (\mu_{eM1} - {}_{eM2})/F$라는 크기의 전위차가 두 금속 사이에서 생기게 된다. 이 전위차는 실제 측정할 수 없기 때문에 셀 전압이 [그림 2.1]의 A−P 간에 걸리는 것은 확실하다고 해도, 회로 전체의 전위 프로필에 대한 진짜 모습은 알 수 없다.

문 1 전위차 AB나 PQ는 개별적으로 측정할 수 없다. 왜일까.

문 2 AP간의 셀 전압이 1.50V일 때, 어느 기준점으로부터 측정해 A점의 전위가 +0.35V라면, P점의 전위는 어떻게 될까.

(−1.15V)

2.1.2 기준전극

[그림 2.1]을 다시 살펴보자. 왼쪽의 전극에서 진행되는 반응을 조사하려고 한다. 그러한 전극을 작동전극(working electrode, W)이라고 한다. 만일 오른쪽 전극의 「셀 전압을 바꾸어도 PQ간의 전위차(전위 프로필 PQ)에는 변함없다」고 하는 성질을 갖고 있다면 어떻게 될까. 물론 PQ간의 전위 프로필 그 자체를

정확히 알 수는 없지만, 전위차 PQ가 변함없으면 일정한 셀 전압을 걸었을 때 「작동전극 계면의 전위 프로필 AB는(전위 변화의 방향도 절대값도 불분명하지만) 어떤 일정한 상태가 되어 있다」라고 생각해도 좋다. 또, 셀 전압을 ΔV만큼 바꾸면, AB간의 전위차가 ΔV만큼 바뀐다. 즉, 작동전극의 계면의 전위 프로필을 제어할 수 있게 되는 것이다. 이러한 성질을 갖고 있는(그림 2.1에서는 오른쪽의) 전극계를 기준전극(reference electrode, R)이라고 한다. 기준전극을 사용함으로서 처음으로 우리는 「작동전극-전해액 계면의 하전상태를(진짜 모습은 모른다고 해도) 제대로 결정하고 있다」라고 확신할 수 있는 것이다.

2.1.3 기준전극에 의한 전위 측정과 제어

작동전극(W)과 기준전극(R)을 조합한 전기화학계를 이용하여 셀 전압(V_{cell})을 변화시킬 경우 전위 프로필은 [그림 2.3]과 같다.

V_R도 V_W도 그 절대값은 모르지만, V_{cell}에 따라 V_W만 바뀐다. 그리고 이때의 V_{cell}를 기준전극에 대한 전극 전위라고 한다.

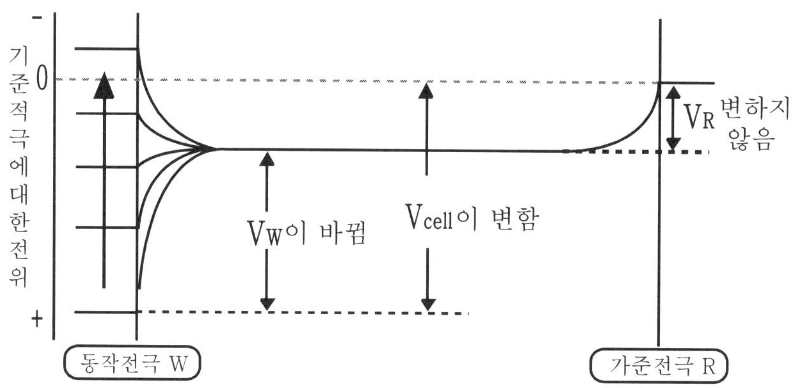

[그림 2.3] 작동전극과 기준전극

2.1.4 기준전극의 자격

전기장(전압)에 의해 전하가 이동된 공간에서는 그 때 걸린 전기장은 사라져 버린다. 자유전자가 움직이는 금속의 내부도, 또 서론에서 설명되었던 적당한 농도의 이온을 포함한 전해액의 내부도 그러한 성질의 공간이다.

전극과 전해액의 계면은 다른 두 물질이 접한 경계선이므로 호박을 비단으로 비볐을 때와 같이, 안정한 상태를 유지하기 위해 극히 미량의 전자가 한쪽에서 다른 쪽으로(전극에서 전해질 쪽으로, 또는 전해질에서 전극 쪽으로) 옮겨 가게 된다. 전자들의 이러한 이동에 의해 두 전극 간에는 전위차 ΔV가 형성되게 된다. 이 상태에서 외부로부터 여분의 전압 Δv를 걸어 주게 되면, 전극과 전기 이중층 사이에서 전자와 물질의 교환 반응이 진행되게 된다. 그런 반응에 의해 Δv는 없어지게 되고 전위차 ΔV는 그대로 유지된다. 이것이 기준전극에 적합한 전극계의 성질을 성명하는 내용이 될 수 있으며, 기준전극의 구체적인 예는 아래와 같은 것들이 있다.

2.1.5 여러 가지 기준전극

a. 표준수소전극

표준수소전극(Standard Hydrogen Electrode, SHE)은 pH = 0인 수용액에 백금 전극을 담가 놓고 1atm의 H_2를 불어 넣은 전극계를 말한다(그림 2.4). 여기서 「표준」은 「표준 상태」(평형에 관여한 물질의 활동도 = 1)을 의미한다.

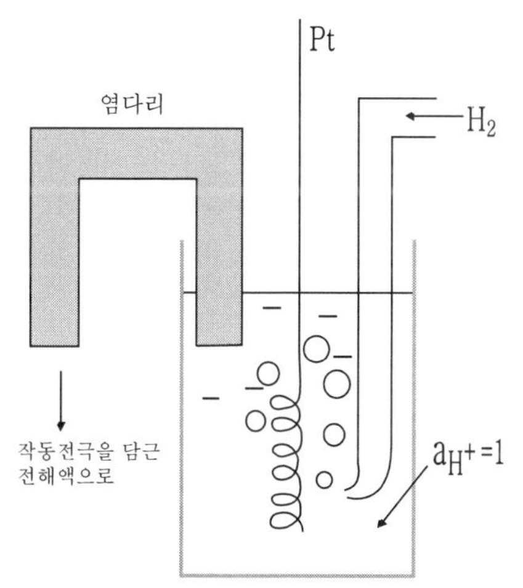

[그림 2.4] 표준수소전극 SHE의 구성

예전에는 1N의 염산 용액을 NHE(Normal Hydrogen Electrode)라고 하는 표준상태로 사용한 적도 있다.

전극계면에서 성립되는 전기화학적 평형

$$H_2 \rightleftarrows 2H^+ + 2e^- \tag{2.1}$$

의 속도가 양방향 모두 크기 때문에 계면의 전위차(물론 절대값은 불분명)가 일정하게 유지된다. 다음의 「참고」에 설명 되어진 바와 같이, 전류 밀도는 가능한 작은 편이 좋기 때문에 보통 백금 전극의 표면에 작은 백금도금을 입혀 표면적을 수천 배로 늘린다. 염다리는 포화 KCl 수용액등을 포함한 한천으로 물질의 섞임을 방지하면서 이온의 이동으로 전류가 통하게 하는 역할을 한다.

표준수소전극은 초창기 전기화학의 실험에 널리 사용되었으며, 지금도 표준전극전위(SHE)를 기준(0.000V)으로 하여 설정한 표준 환원전위를 보편적으로 사용한다. 다만 수소를 항상 준비하여 사용하는 것이 귀찮기 때문에 실제 실험적 기준전극으로는 거의 사용하지 않는다.

작동전극의 전위가 표준수소전극에 대해서 +1.23V일 때, 그것을

$$+1.23 \text{ V } vs. \text{ SHE} \tag{2.2}$$

라고 써서 나타낸다.

문 3	+1.23V *vs.* SHE에서 2V만큼 (−)인 전위는 어떻게 나타내면 좋은가.
	(−0.77 V *vs.* SHE)

참고 속도론으로 본 기준전극

제II부에서 다루게 될 내용인 반응속도를 중심으로 기준전극의 모습을 살펴보자. 전극−전해액 계면에 걸리게 되는 전압을 높여 가면, (전기화학 반응이 완만하게 진행되어) 매우 작은 전압이 걸릴 때부터 많은 전류가 흐르는 계면(X)과 전류가 조금씩 밖에 흐르지 않는 계면(Y)이 있을 수가 있다. 다른 표현으로 정리하면, 일정한 전류를 흘렸을 때 원래 계면에 존재하는 전위차는, X계면에서는 그다지 변함없지만 Y계면에서는 크게 바뀌게 된다(그림 참고).

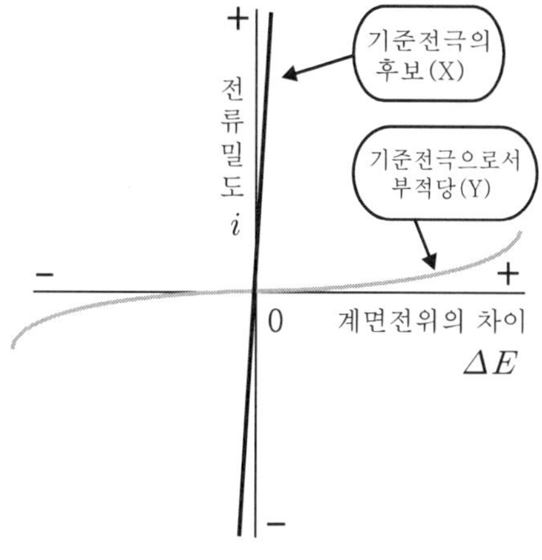

[그림] 기준전극으로서 사용할 수 있는지에 대한 판단 기준 : 계면 분극성

이와 같이 전위차가 생기는 현상을 「분극(polarization)」이라고 하고, X와 같은 계면을 비분극성 계면(nonpolarization interface), Y와 같은 계면을 분극성 계면(polarization interface)이라고 한다. 전류−전위차의 관계가 [그림]의 세로축과 일치하는 가상의 계면을 완전한 비분극성 계면이라고 부른다. 기준전극으로 사용 될 수 있는 물질은 이러한 비분극성의 계면에 가까운 특성을 지닌 전극계이다. 그리고 여기서는 「전류」라고 표현하였지만, 정확하게는 「전류 밀도(전극의 단위면적 부근에 흐르는 전류)」를 말한다. 그러므로 분극을 작게 만들기 위해서 기준전극의 표면적은 가능한 한 크게 하는 편이 좋다.

b. 은/염화은(Ag/AgCl) 전극

염화물 이온이 포함된 수용액에서 은(Ag)을 전기 분해에 의해 산화시키면, 표면에 염화은(AgCl)의 층이 생긴다. 이와 같이 염화물 이온(Cl^-)을 포함한 수용액에 Ag선이 담겨 져 있는 전극계를 Ag/AgCl 전극이라 하며[그림 2.5], 이러한 계에서는 다음과 같은 평형 반응

$$AgCl + e^- \rightleftarrows Ag + Cl^- \tag{2.3}$$

이 신속하게 일어난다. 전기화학적으로 측정되는 pH메타의 기준전극으로서 이 Ag/AgCl 전극이 현재 가장 널리 사용되고 있다.

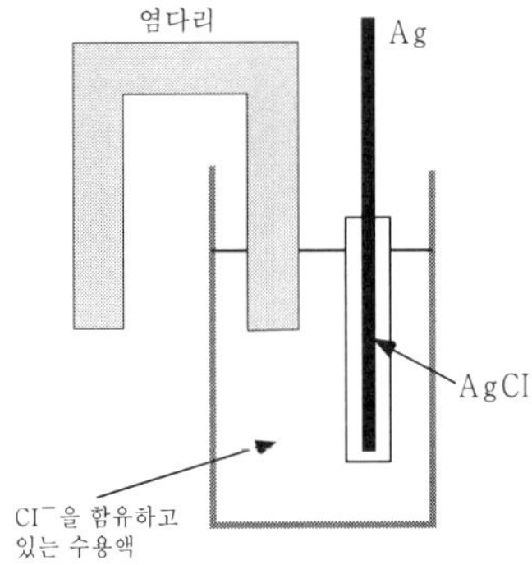

[그림 2.5] Ag/AgCl 전극의 구성

Ag/AgCl 전극에서는 $[Cl^-]$ = 1.00M의 것을 표준으로 하고 있지만, 이 농도를 정확히 유지하는 것이 그렇게 간단하지 않기 때문에, 보통은 KCl의 결정이 언제나 공존하고 있는 포화 수용액에 Ag/AgCl 전극을 담가 사용한다. Ag/AgCl 전극의 전위를 표준수소전극(SHE)를 기준으로 환산하면 다음과 같이 된다.

$$+0.222 \text{ V } vs. \text{ SHE} \quad ([Cl^-] = 1.00\text{M 수용액}) \tag{2.4}$$

$$+0.199 \text{ V } vs. \text{ SHE} \quad (\text{포화 KCl 수용액}) \tag{2.5}$$

c. 칼로멜 전극

유리 용기 속에 순수한 수은(Hg)을 넣고, 그 위에 염화수은(Ⅰ)(Hg_2Cl_2), 수은, 염화칼륨(KCl)수용액을 잘 혼합해서 풀처럼 만든 것을 넣은 다음, 그것을 염화칼륨 수용액과 접촉시킨 전극계를 말한다. 이때 사용된 Hg_2Cl_2을 칼로멜(calomel)이라고 한다. 칼로멜 전극에서는 다음과 같은 전기화학적 평형 반응

$$Hg_2Cl_2 + 2e^- \rightleftarrows 2Hg + 2Cl^- \tag{2.6}$$

이 신속하게 어느 쪽으로든 진행되기 때문에 좋은 기준전극이 된다. SHE에 대한 전위는 다음과 같다.

$$+0.268 \text{ V } vs. \text{ SHE} \quad ([Cl^-] = 1.00\text{M 수용액}) \tag{2.7}$$

$$+0.241 \text{ V } vs. \text{ SHE} \quad (\text{포화 KCl 수용액}) \tag{2.8}$$

포화 KCl 수용액을 이용한 칼로멜 전극은 포화 칼로멜 전극(SCE, Saturated Calomel Electrode)라는 이름으로 오랫동안 상용되었지만, 환경오염의 우려가 있기 때문에 최근에는 거의 사용하지 않는다.

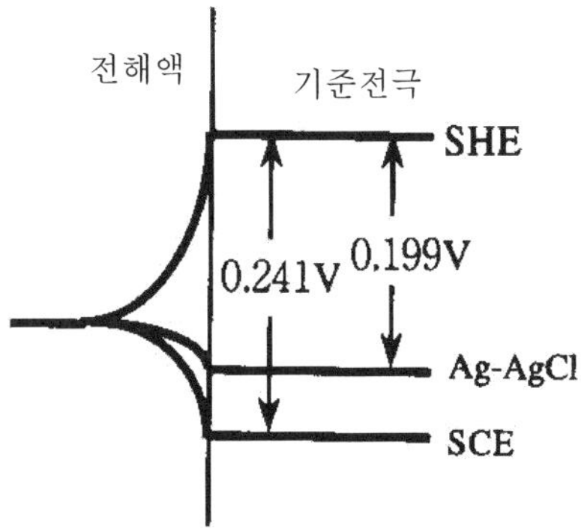

[그림 2.6] 3종류의 기준전극 SHE, Ag/AgCl (Cl^- 포화), SCE 사이의 전위관계

이상 3개의 기준전극에 대한 전위의 상호관계는 [그림 2.6]과 같다. 전위는 위일수록 음(−), 아래일수록 양(+)의 값이 되도록 설정하는 것이 일반적인 표현 방법이다. [그림 2.6]에서, 전위의 높낮이와 간격은 올바르게 정리되었지만, 계면 전위에 대한 프로필 형태는 지금 단계에서는 논의하지 않아도 좋다. Ag/AgCl 전극으로 측정한 전위를 SHE 기준으로 환산하려면, [그림 2.6]의 관계를 사용한다.

문 4	+1.229 V *vs.* SHE를 SCE 기준으로 나타내라.
	(+0.988 V *vs.* SCE)

문 5	−0.123 V *vs.* Ag/AgCl (KCl 포화)를 SHE 기준으로 나타내라.
	(+0.076 V *vs.* SHE)

포화 칼로멜 전극(SCE)이나 은-염화은(Ag/AgCl) 전극은 유기용매 조건의 전기화학 실험에서도 기준전극으로 사용할 수 있다. 다만 측정 용매(유기용매)와 기준전극계의 용매(물)는 서로 이온의 용매화 에너지가 다르기 때문에, 액체간의 전위차(액간 전위차)를 보정하지 않으면 안 된다. 그 밖에 은 이온(Ag^+)을 0.01~0.1M농도 포함한 유기용매에 넣은 은 전극도 유기용매용의 기준전극으로 사용될 수 있다.

2.1.6 3전극 실험

전기화학 실험에서는 기준전극에 대한 전위를 얼마나 정확하게 정할 수 있는지가 매우 중요하다. 전류가 거의 제로인 조건에서 전위차 측정일 경우, 때로는 0.01~0.001mV의 오차도 용서되지 않는다. 전류가 흐르게 되면, 전류(*I*)와 용액 저항(*R*)의 곱만큼의 전압이 용액 안에서 소비된다(*IR*강하). 예를 들어 전극 면적이 10cm^{2}일 때, 0.1M 묽은 황산의 용액 저항 *R*은 거의 50Ω이므로(6페이지), 전류가 1mA라면 용액 내에서 50mV(0.05V)의 전압이 떨어져 그 만큼 전위가 흔들리게 된다. 또 기준전극 그 자체도, 완벽하게 비분극성인 것은 없기 때문에(34 페이지의 그림 참고), 전류가 흐르면 반드시 전위가 바뀌게 된다.

전위를 일정하게 유지하려면 기준전극에는 적은 양의 전류만 흐르게 하면 된다. 그래서 전극을 3개 사용하여 측정하는 방법이 고안되었다. 즉, 작동전극(Working electrode), 기준전극(Reference), 보조전극(Auxiliary electrode)을 사용한다. W-R 사이에는 아주 적은 전류만 흘려보내 W의 전위를 측정하고, 전류의 대부분은 W—A 사이로 흐르게 한다. 또, 보조전극 A는 작동전극 W의 가까이에 두어 용액 안에서의 *IR*강하를 피할 수 있도록 설계를 하는 것이 바람직하다. 이러한 3전극을 사용하여 전위 제어를 자동적으로 실시하는 장치를 일정 전위기(Potentiostat)라고 한다[그림 2.7]. 이 장치를 사용하면 실험 조건에 따라 다르겠지만, 전위를 ±1mV까지도 제어할 수 있다.

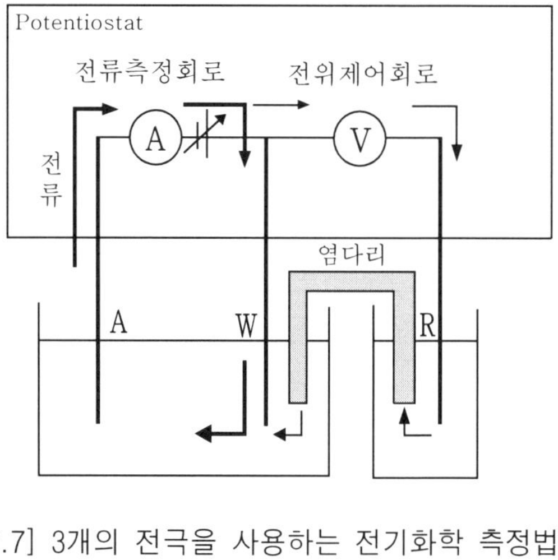

[그림 2.7] 3개의 전극을 사용하는 전기화학 측정법의 원리

W의 전위(예를 들어 +1.0V *vs.* Ag/AgCl)는 전류의 대부분이 흐르게 되는 W−A 간의 「전압」과는 관계없으며, 이 전압의 값은 알 수도 없고 일정하지도 않기 때문에 실험 데이터로서 의미가 없다.

2.2 전극 표면에서의 전자 교환

고등학교 화학의 「산화/환원 반응」의 단원에는, 예를 들어 Pt보다는 Fe, Fe보다는 Na 쪽이 전자를 주기 쉽다든가, I_2보다 $Cr_2O_7^{2-}$ 쪽이 산화력이 강하다(전자를 받기 쉽다)라는 정성적인 이야기가 나온다. 이러한 「전자를 주고받는 능력」을 수치로 제대로 나타내자고 하는 것이 지금부터의 진행되는 내용의 핵심이 된다.

주제에 들어가기 전에, 우선 다음의 3가지를 무조건 받아들이도록 하자(양자역학이나 양자화학을 배우지 않은 상태라면 실감이 나지 않을지도 모르지만).

- ○ 물질내의 전자는 불연속적인 에너지 상태(에너지 준위)를 가진다.
- ○ 전자는 낮은(안정한) 쪽부터 순서대로 에너지 준위를 채우게 되며, 일정 에너지 값 이상의 준위는 비어 있다.
- ○ 이러한 전자의 에너지 상태는 물질마다 크게 다르다.

2.2.1 금속의 전자 상태

전극으로 많이 사용되는 금속을 전자 에너지 혹은 전위의 눈으로 관찰해 보자. 금속의 전자 상태는 보통 [그림 2.8]과 같이 되어 있다. 즉, 극히 좁은 간격으로 상하 방향으로 조밀하게 배열된 전자 에너지 준위가 있고, 아래로부터 일정한 에너지 값의 준위까지는 전자가 채워져 있지만 그보다 위의 준위는 비어 있다. 이 경계선에 해당하는 준위가 가장 불안정한 전자가 채워져 있는 준위로서 페르미 준위 (Fermi level)라고 하며, 에너지에 주목했을 때는 기호 ε_F, 전위에 주목했을 때는 기호 E_F로 나타낸다.

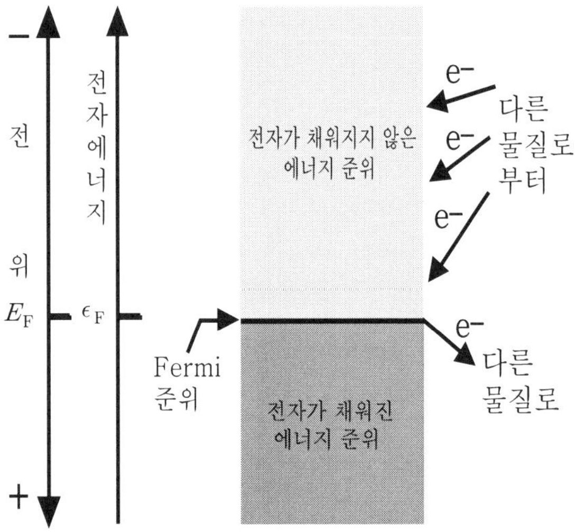

[그림 2.8] 금속 내에서 전자의 에너지 상태
페르미 준위의 하부에 가득 채워져 있는 전자는 전자를 주고받는 반응에 관여할 수 없다.

금속이 다른 물질로부터 전자를 받아들일 때, 그 전자가 ε_F (E_F)보다 위에 있는 준위라면 언제라도 바로 들어갈 수 있다. 한편, 다른 물질로 옮길 수 있는 것은 ε_F (E_F) 근처의 전자만이 가능하며, 그보다 아래에 있는 전자는 움직일 수 없다.

ε_F (E_F)라는 에너지는 어느 정도일까. 진공상태에서 금속에 빛을 쬐면, 광자 에너지(5장)가 일정 값보다 큰 경우에만 전자가 튀어 나온다. 이것이 아인슈타인이 발견한 광전 효과로, 전자가 튀어 나오게 되는 한계 광자 에너지를 물리학에서는 일함수(work function)라고 하며 보통 eV(39 페이지)를 단위로 나타낸다. 일함수의 실제 측정값은 2~6eV의 범위에 존재한다. 간신히 진공 속으로 빠져나온 전자의 에너지를 원점(0)으로 하면, 금속의 페르미 준위 ε_F는 일함수에 음의 부호를 붙인 값으로 되므로 대략적으로 −2~−6 eV (*vs.*진공)가 된다. 전위로 옮기면 페르미 준위(E_F)는 진공보다 2~6V만큼 양의 방향에 있다고 할 수 있다. (이런 이야기를 할 경우에 eV라는 단위의 편리함을 실감할 수 있을 것이다).

여러 종류의 금속에 대한 일함수의 데이터는 [그림 2.9]를 참고하기 바란다. 일함수가 큰 금속일수록 페르미 준위가 깊고 전자를 내기 어렵다. [그림 2.9]의 순서는 고등학교 화학에 나오는 「이온화 경향」과 비슷하다. 이온화 경향은 물론 수용액을 상대로 했을 때의 성질로 금속 이온의 수화 에너지 등도 포함하기 때문에 진공을 상대로 한 일함수의 순서와는 정확히 일치하지는 않는다.

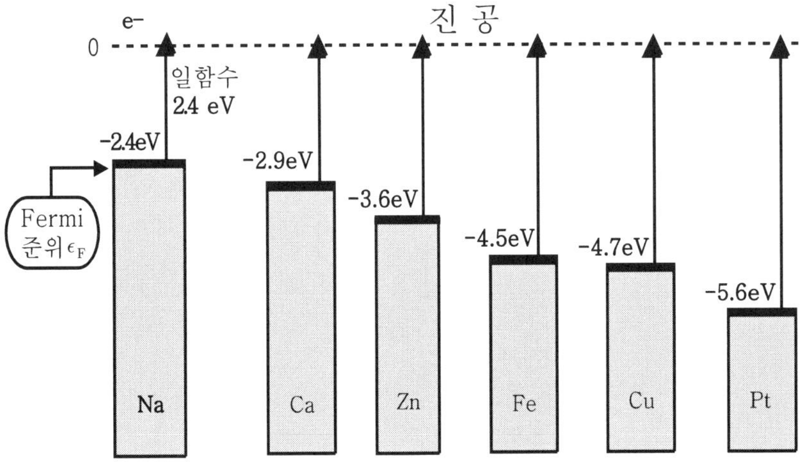

[그림 2.9] 금속의 일함수와 페르미준위의 관계

문 6	구리의 일함수(4.7eV)를 $kJmol^{-1}$의 단위로 나타내라.
	(약 450 kJ mol^{-1})

2.2.2 작동전극으로서의 금속

적절한 금속, 예를 들어 Zn나 Pt를 작동전극으로 사용하고 표준 수소전극(SHE)을 기준전극으로 하여 다양한 전위 값을 설정해 보면, [그림 2.10]과 같이 나타낼 수 있다.

기준전극에서는 계면의 전위차가 고정되어 있기 때문에 금속(SHE에서는 Pt)의 페르미 준위도 진공 수준으로 고정되어 있다고 생각해도 좋다.

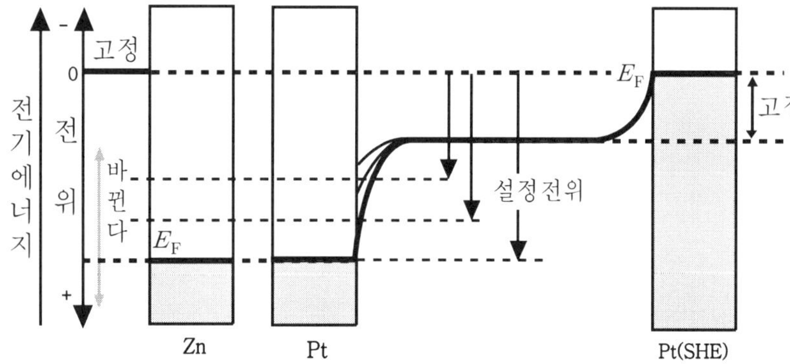

[그림 2.10] 기준전극에 대해서 전위를 설정하면 작동전극이 어떤 금속이라도, 페르미 준위(페르미 전위)가 같은 위치에 온다.

한편, 작동전극의 페르미 준위는 전위를 특정 값으로 설정하면 전극의 재질에 관계없이, 진공 수준을 기준으로 일정한 위치로 정해지게 된다. 그리고 그 설정 전위값을 바꾸면 작동전극의 페르미 준위도 그 만큼 상하로 움직인다.

즉, 기준전극에 대해서 작동전극의 전위를 바꾸는 것은, 작동전극으로 사용한 금속의 전자 에너지 상태를 자유자재로 조종하는 것이라고 할 수 있다. 진공 속에서는 금속의 종류에 따라 정해지는 전자 에너지[그림 2.9]가, 전기화학계에서는 자유롭게 전해질속에 존재하는 분자나 이온과의 전자 교환을 제어할 수 있는 것이다. 게다가 그러한 제어는 에너지로 환산하면 0.001 $kJmol^{-1}$ 이내(전위로 환산하면 0.01mV 이내)로 매우 정밀도가 높다. 이 부분이 전기화학의 최대 장점이라고 할 수 있을 것이다.

참고 **반도체 전극**

반도체는 표면에서 여러 종류의 분자들과 화학 결합을 하거나 빛을 흡수해 전류나 기전력을 발생하는 등 금속 전극에서는 찾아 볼 수 없는 전극으로서의 재미있는 특색을 갖고 있다.

반도체 전극의 최대 특징은 전하를 옮기는 입자(n형 반도체에서는 전자, p형 반도체에서는 정공)의 밀도가 작다는 것이다. 단량체로서 Cu의 전자 밀도는 $8.5\times10^{22}cm^{-3}$이고, 0.1 M KCl 수용액 안의 이온 농도는 $1.2\times10^{20}cm^{-3}$

인데 반해, 반도체의 전하밀도는 보통 10^{17}~$10^{18}cm^{-3}$ 밖에 되지 않는다. 그렇기 때문에 금속 전극과는 달리, 반도체에 걸린 전압 대부분이 반도체 표면 바로 아래 층(공간 전하층. 두께 1~100 nm)에서만 작용되게 된다. n형 반도체를 예로 들면, 그 모습이 아래의 그림처럼 나타난다.

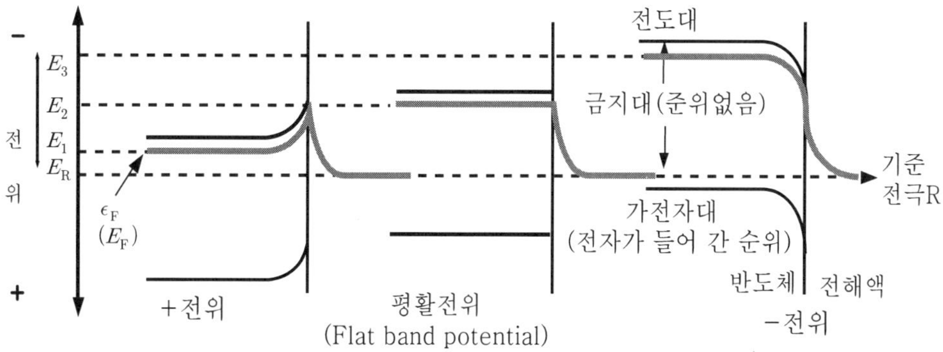

[그림] 반도체 전극의 계면전위차는 전극 내에서 바뀐다(── 전위 프로필)

2.2.3 전해액에 존재하는 물질의 에너지 상태

53 페이지에서 설명된 3가지 전제 조건을 전자들의 움직임을 통하여 살펴보도록 하자. 전극과 전자를 교환하는 분자나 이온을 이제 부터는 「분자」라고 부르겠다.

분자에 대해 양자화학 계산을 하면 각각의 분자에는 몇 개의 전자 에너지 준위가 있다는 것을 알고 있다. 대부분의 분자들은 에너지가 낮은 편으로부터 하나의 에너지 준위 당 전자가 두 개씩 들어가게 되며, 가장 높은 에너지 준위는 비어 있다. 두 종류의 분자에 대한 전자 에너지 상태를 [그림 2.11]에 나타냈다. 에너지 준위는 각각 한 개의 선으로 그려져 있지만, 실제로는 상하로 상당히 확장된 형태를 가질 수 있다.

[그림 2.11]은 아주 단순한 모델이지만, 전해액 안의 분자 · 이온뿐만 아니라 전극에서 석출되는 금속 등에도 적용될 수 있는 모델이다. 분자가 산화될 때는 그림의 a나 b의 에너지 준위로부터 전자가 전극으로 옮겨지고, 환원될 때는 a'나 b'의 준위로 전자를 받아들인다. 이러한 준위가 세로축의 어디에 위치하느냐

에 따라 물질의 산화/환원반응의 용이성이 정해진다. 덧붙여 a, b, a', b'이외의 에너지 준위는 일차적인 전기화학 반응에서 전자의 교환에 관여하지 않는다고 생각해도 좋다.

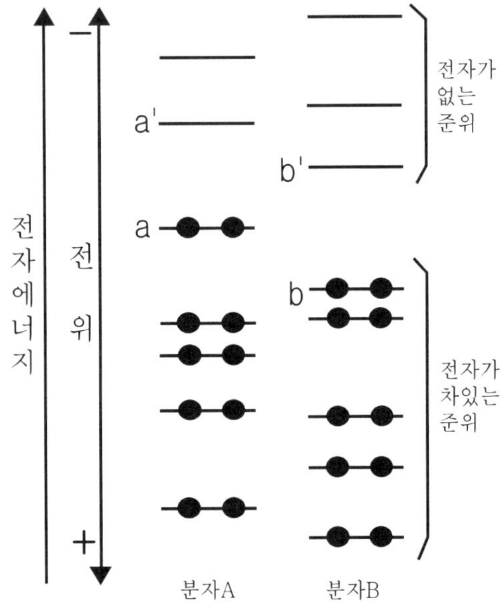

[그림 2.11] 분자의 전자 에너지 상태(●가 전자)

문 7	그림 2.11의 분자 A, B 중, 환원되기 쉬운 것은 어느 쪽인가.
	(B)

문 8	그림 2.11에서 준위 a와 b에 0.5eV의 에너지차가 있을 때, a의 준위를 전위의 기준점으로 하면, b의 전위는 어떻게 될까.
	(+0.5V)

2.2.4 계면에서의 전자의 교환

분자 X를 전해액에 녹인 뒤, 기준전극에 대해서 작동전극의 전위를 바꾸어 보자[그림 2.12, 2.13]. 전자 에너지 준위로서는, [그림 2.11]의 a와 a'에 대응하는 x와 x'만을 고려하고, 간단하게 정리하기 위해 에너지 준위 당 전자는 한 개로 표현하였다. 계면의 전위는 거의 분자 크기의 간격에서 갑자기 바뀐다. 처음 전위가 [그림 2.12]의 E_1이라면, 전극과 분자는 전자를 교환하지 않기 때문에 전류도 흐르지 않는다. 그 후 전위를 E_X에 이르게 하면, 준위 x에서 전극으로 전자가 빠져나와 X의 산화 반응

$$X - e^- \rightarrow X^+ \tag{2.9}$$

이 시작된다. 전극에서의 산화 반응을 양극(anode, the Greek $\acute{\alpha}\nu o\delta o\varsigma$ = 'going up')반응이라고 한다.

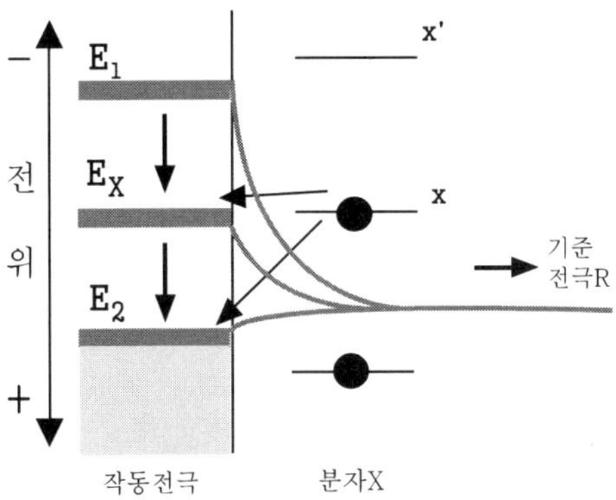

[그림 2.12] 분자 X의 산화도

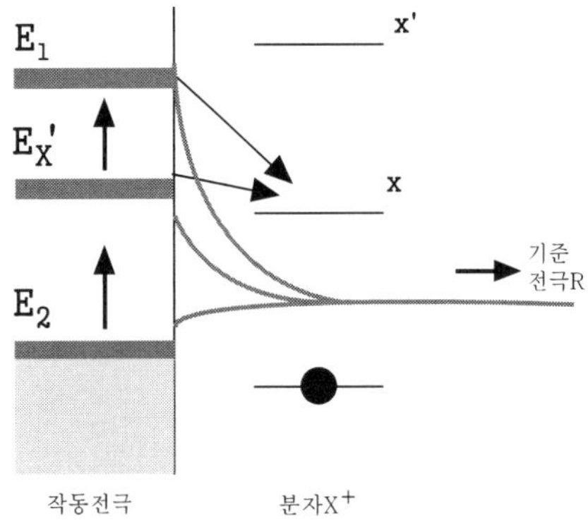

[그림 2.13] 분자 X^+의 환원

전위를 충분히 높은(그림에서는 하부의) 값 E_2까지 가져 간 뒤(이 때 X의 산화는 계속되고 있다), [그림 2.13]과 같은 조작을 하면 조금 전의 E_X와 그다지 차가 없는 전위 $E_{X'}$에서, X^+이 전극으로부터 전자를 받기 시작할 것이다.

$$X^+ + e^- \rightarrow X \tag{2.10}$$

용액 쪽의 분자나 이온이 전극으로 부터 전자를 받아 환원되는 반응을 음극(cathode, the Greek word $\kappa\acute{\alpha}\theta o\delta o\varsigma$ = 'descent')반응이라고 한다.

이상으로부터 상상할 수 있듯이, E_X나 $E_{X'}$가 서로 비슷한 E_X°에서 작동전극의 전위를 유지하게 된다면, 양극반응(2.9)과 음극반응(2.10)의 속도가 균형

상태를 유지한 평형 (전기화학 평형)

$$X^{+}+e^{-} \rightleftarrows X \tag{2.11}$$

상태가 된다. 이때 $E_X°$를 산화/환원계 X^+/X의 표준 전극전위라고 한다. 또 X^+와 X를 산화환원 쌍, 그 중 X^+를 산화체(oxidized form), X를 환원체(reduced form)라고 한다.

문 9 위와 같은 산화 반응을 [그림 2.11]의 분자 A와 B에 대해 생각했을 때, 보다 음인 $E°$를 갖고 있는 것은 어느 쪽의 분자인가.

(A)

문 10 [그림 2.12]와 [2.13]에서 분자 X의 환원 반응에서의 $E°$를 조사하려면, 작동전극의 전위를 어떠한 범위로 바꾸면 좋을까.

2.3 표준 전극전위 $E°$

물질의 표준 전극전위 $E°$는 2.2절의 이미지를 기초로 한 양적인 특성이라고 생각해도 좋다. 예를 들어 [그림 2.11~2.13]을 살펴보면 다음과 같은 예상을 할 수 있다. 환원체가 전자를 매우 주기 쉽고, 그 산화체가 전자를 받기 어려운 산화/환원 쌍이라면, 즉 K^+/K 쌍, Na^+/Na 쌍 등은 $E°$가 상당한 음의 값을 갖는 쪽에 존재 하게 될 것이고, 산화체가 전자를 받기 쉽고, 그 환원체가 전자를 극히 주기 어려운 Au^{3+}/Au 쌍 등의 $E°$는 매우 큰 양의 값이 될 것이다(양, 음이라고 하는 것은 물론 기준전극에 대한 상대적인 방향에 지나지 않지만).

다만 2.2절에서 설명한 것은 어디까지나 「측정할 수 있는 것이라면 이렇게 측정한다」라고 하는 이야기이며, 실제로 측정해 보면 용매의 종류, 공존 물질의 종류와 농도, 측정하고 싶은 물질의 농도 등에 따라 측정값이 달라진다(측정의 문제는 2.5절에서 다시 다루게 됨). 따라서 「이상 기체」를 기준으로 하여 여러 가지 물리화학적인 반응을 생각하고 있는 것처럼, 가상적인 상황을 상정해 $E°$를 다음과 같이 정의한다.

2.3.1 $E°$의 정의

산화체를 O, 환원체를 R이라고 하면, 작동전극과 전자를 교환하면서 성립되는 화학 평형(전기화학 평형)

$$O + ne^- \rightleftarrows R \tag{2.12}$$

에 대해, O와 R의 활동도를 모두 1로 할 때(오른쪽 방향과 왼쪽 방향의 속도가 같다), 작동전극의 전위를 O/R계의 전극 전위 $E°$라고 한다. $E°$는 보통 표준수소전극 SHE에 대한 값(V *vs.* SHE)으로 나타낸다.

중요한 사항들을 다시 정리 해 보면,

- 산화체(O)와 환원체(R)가 각각 한 종류의 물질이라고는 할 수 없다. 예를 들어 납축전지의 정(+)극에서 일어나는 반응인 경우,

$$PbO_2 + SO_4^{2-} + 4H^+ + 2e^- \rightleftarrows PbSO_4 + 2H_2O \tag{2.13}$$

  (PbO_2, SO_4^{2-}, H^+)가 산화체이고, ($PbSO_4$, H_2O)이 환원체라고 할 수 있다. 다만, 산화수가 바뀌는 물질에 주목할 경우, PbO_2만을 산화체, $PbSO_4$만을 환원체라고 생각할 수도 있다.

문 11 $AgCl + e^- \rightleftarrows Ag + Cl^-$ 반응의 평형 상태에서 O와 R을 한 개씩 선택하라.

- 표준 전극전위의 「표준」은 「표준상태」, 즉 「모든 물질의 활동도가 1일 때의 물리량」을 의미한다. 고체나 용매는 대부분의 경우에 활동도=1로 보고, 기체도 보통 1 atm 이므로 활동도=1로 한다. 그러나 용질은 그렇게 단순하지가 않다. 용질의 활동도를 몰 농도 c로 고려할 수 있다면, c=1M이 활동도=1에 해당하지만, 이것은 「용질입자 간에 일체 상호작용이 없는 가상적인 용액 1M」인 경우에 한정된 이야기이다. 실제 전해액에서는 있을 수가 없는 상황이다. 또 1M의 농도까지 녹지 않는 이온도 많다.

○ 수용액의 조건에서 Li^{+}/Li계나 Na^{+}/Na계 등의 환원체는 물과 매우 빠르게 반응해 버리기 때문에 $E°$를 측정할 수가 없다.

이러한 여러 가지 이유 때문에 표준 전극전위 $E°$의 대부분은 열역학 데이터(특히 표준 몰 생성 Gibbs 자유에너지($\Delta G_f°$) 참고)로부터 계산한 값이다. 오히려 모두 계산 값이라고 생각하는 편이 좋다. 계산 방법에 대해서는 2.5절에서 살펴보도록 하겠다.

2.3.2 평형식과 $E°$의 표기 방법

전기화학 반응의 평형식은 보통 다음과 같이 정리하여 나타낸다.

$$PbO_2 + SO_4^{2-} + 4H^+ + 2e^- \rightleftarrows PbSO_4 + 2H_2O \qquad E° = +1.689\ V\ vs.\ SHE \tag{2.14}$$

평형식의 양변을 묶는 기호는 van t Hoff가 제안한 ⇄ 대신에 등호기호(=)나 경우에 따라서는 화살표(→)를 사용하는 경우도 있다. 어떻게 표현을 해도 $E°$ 값에는(부호도 포함해) 변함없다. 산화체/환원체라는 것도 명시하고 싶을 때는, $E°(PbO_2,\ SO_4^{2-},\ H^+/PbSO_4,\ H_2O)$, 혹은 간략형인 $E°(PbO_2/PbSO_4)$와 같이 $E°$(산화체/환원체)의 형태로 나타낸다. 또 평형식은 위의 예와 같이 언제나 오른쪽 방향이 환원 반응이 되도록 쓴다.

문 12 $E°(H_2O_2/H_2O = +1.763V$ *vs.* SHE이다. 이것에 대응하는 전기화학 반응의 평형식을 나타내라.

전위는 「힘」을 나타내는 양으로, 열역학 개념으로 압력과 온도등과 같은 시강변수이므로, 물질의 양이 바뀌어도 그 값은 변하지 않는다. 따라서 $PbO_2/PbSO_4$계의 전기화학적 평형반응을 식(2.14) 외에

$$3PbO_2 + 3SO_4^{2-} + 12H^+ + 6e^- \rightleftarrows 3PbSO_4 + 6H_2O$$

$$(1/2)PbO_2 + (1/2)SO_4^{2-} + 2H^+ + e^- \rightarrow (1/2)PbSO_4 + H_2O \tag{2.15}$$

라고 써도, $E°$ 값은 항상 +1.698 V *vs*. SHE이다.

문 13 어떤 생물 관련 전문서에 「산소발생은 1.23V로 일어난다. 한 분자의 O_2를 생성시키기 위해서는 4개의 전자가 필요하기 때문에, 소요 전압은 1.23×4=4.92V이다」라는 문장이 있었다. 이 「견해」에 반론해 보자.

2.3.3 $E°$의 명칭

지금까지 $E°$를 「표준 전극전위」라고 불러 왔다. 이것은 IUPAC에서 추천하고 있는 standard potential of an electrode reaction를 의미하는 것으로, 책에 따라서는 standard electrode potential라고 표현되어 있는 것도 있다. 그 밖에

표준 산화 환원 전위(standard oxidation-reduction potential)
표준 레독스 전위(standard redox potential)
표준 단극전위(standard single-electrode potential)
표준 전위(standard potential)

등으로 부르기도 한다. redox라는 것은 reduction과 oxidation을 합한 조어로, 처음 사용되기 시작했을 무렵 구소련에서 「붉은 소(red ox)」로 번역되었다는 일화도 있다. 덧붙여 「산화 전위」 「환원 전위」라는 통칭은 약간 부정확하기 때문에 보통은 사용하지 않는다.

Tea time potential이라는 용어

Potential은 원래 가능성이나 잠재 능력을 의미하는 말이지만, 「전위」와 「화학 퍼텐셜(chemical potential). 22 페이지 참고」에서는 차원(단위)이 완전히 다르다. 전위는 단위가 V인 시강변수로 시량 변수인 전하(단위 C)가 걸리게 되는 경우에만 에너지(J)가 된다. 화학 퍼텐셜($J mol^{-1}$)도, 물질량(mol)을 시량 변수라고 보면 시강변수의 하나이지만, 이미 에너지의 단위가 되어 있다. 이 부분을 혼동하면 물질의 양이 2배로 되었을 때 전위의 값을 2배로 하게 되거나, 평형식의 양변을 바꾸었을 때 전위의 부호를 반전하거나 할지 모

르기 때문에 주의하기 바란다.

그 밖에는, 중력장(또는 전기장) 안에 놓인 물체의 「위치에너지」를 potential energy라고 한다. 이 경우는 형용사로 사용되어 상기의 두 개와는 약간 의미가 다르다.

2.4 표준 전극전위 데이터를 읽는다

표준 전극전위 $E°$는 방대한 량의 화합물들에 대해 정리되어 있으며, 그 중 극히 일부분이 표 2.1에 나타나 있다. 모든 데이터는 온도가 25℃이고 용질의 활동도가 1(가상의 1M용액, $[H^+]$도 정확하게 1M이므로 pH=0)인 수용액의 조건으로 계산된 값이며, $E°$의 단위는 V *vs.* SHE이다. M은 금속, M^{n+}와 M^{m+}은 금속 이온, MX는 용해도가 낮은 염(조성비 1 : 1 이외도 포함한다), X^-는 음이온을 나타낸다. 활동도가 1이 아닐 때에 전극 전위가 어떻게 되는지는 3장에서 다룬다.

[표 2.1] ①~⑦에는 간단한 물질의 $E°$데이터 밖에 싣지 않지만, 이러한 수치를 올바르게 읽을 수 있으면, 아래에 서술한 2.4.1~2.4.6과 같은 전자 교환에 관계되는 다양한 현상을 정량적으로 이해할 수 있다. 2.4.6의 용해도곱은 언뜻 보아 전자 교환과 관련이 없을 것 같지만 대부분이 전위 측정으로 구해지고 있다.

앞서 설명했던 대로 $E°$는, 전기화학 평형에 관여하는 물질 전체의 활동도가 1(용질이라면 몰 농도 1M)일 때의 값이었다. 하지만, 농도가 한 자릿수나 바뀌어도 전위의 값은 최대 0.06V 밖에 움직이지 않기 때문에(3장), $E°$는 농도를 제대로 규제하지 않은 물질계에 대해서도 무엇이 일어날지 예상할 수 있는 좋은 기준이 된다.

또한 $E°$의 수치를 기억하고 있을 필요는 없다. 데이터가 있는 장소, 의미와 사용 방법을 알고 있으면 충분하다.

2.4.1 산화/환원력의 확장

[표 2.1]에서 $E°$가 가장 큰 음의 값을 갖고 있는 것은 Li^+/Li 계로 −3.045V, 가장 큰 양의 값을 갖고 있는 것은 F_2/HF 계로 +3.053V (*vs.* SHE)로서 $E°$의

전체 범위는 약 6V가 된다. 지구상에 존재하는 다른 물질을 조사해도 이 범위를 넘는 산화/환원 쌍은 거의 없다. 즉 전기화학의 세계는 겨우 6V의 범위 안에 존재하고 있는 것이라고 할 수 있다.

2.4.2 금속의 환원력

금속의 환원력은 [표 2.1]①에서 일목요연하게 알 수 있다. 표에서 위쪽에 있는 원소일수록, [그림 2.11]으로 말하면 환원체의 전자 에너지가 높아서 환원력이 강하고, 양이온이 되기 쉽다. $E°$가 −2V보다 음인 원소에는 1A족의 Cs나 2A족의 Ra (모두 $E°=-2.92$V *vs.* SHE), 3B족의 Sc. Y, La, 및 Ac등의 원소가 있다. 반대로, $E°$가 +0.8V보다 더 큰 양의 값을 갖고 있는 원소는 이온의 전자 수용능력이 높은 귀금속 원소로서 Ir, Rh 등이 있다.

[표 2.1]①과 ②는, 금속의 반응으로 보면 둘 다 산화(이온화)이지만, 어느 금속에 대해서도 ②쪽이 $E°$는 더 큰 음의 값을 갖고 있다는 것을 알 수 있다. 이는 공존하는 음이온의 종류에 따라 $E°$가 변할 수 있다는 것을 의미한다. 즉 금속의 「이온화 경향」은 분위기에 따라 현저하게 바뀐다.

[표 2.1]①의 최하단부에 위치한 Au에 대해 살펴보면, Au^+/Au계의 $E°$ (+1.83V)는 Au^{3+}/Au 계의 $E°$(+1.52V)보다 0.31V 높다. 즉, Au를 산화시키는 방향으로 생각하면, Au원자로부터 전자 한 개를 뽑아내는 것보다 3개 합쳐 뽑아내는 편이 쉽다는 것을 의미한다. 사실 $E°$값에는, 전자 교환 그 자체뿐만 아니라 생성물을 구성하는 물질군의 안정화 에너지 등도 포함된다. Au^+와 Au^{3+}의 수화에너지(energy of hydration)에 대해 고려해 보면, 전자가 적고 이온 반지름이 그 만큼 작은 Au^{3+} 쪽이 더 많은 H_2O 분자(전기 쌍극자)를 끌어당겨 안정화를 이룰 수 있기 때문에 이온화에 필요한 에너지가 그만큼 적어도 되는 것이다.

문 14 [표 2.1]①에는, 비슷한 예가 또 하나 있다. 같은 방법으로 설명해 보자.

[표 2.1] $E°$값의 예

① M^{n+}/M계

$Li^{+}+e^{-}$	$=Li$	−3.045
$K^{+}+e^{-}$	$=K$	−2.925
$Rb^{+}+e^{-}$	$=Rb$	−2.924
$Ba^{2+}+2e^{-}$	$=Ba$	−2.92
$Sr^{2+}+2e^{-}$	$=Sr$	−2.89
$Ca^{2+}+2e^{-}$	$=Ca$	−2.84
$Na^{+}+e^{-}$	$=Na$	−2.714
$Mg^{2+}+2e^{-}$	$=Mg$	−2.356
$Be^{2+}+2e^{-}$	$=Be$	−1.97
$Al^{3+}+3e^{-}$	$=Al$	−1.676
$U^{3+}+3e^{-}$	$=U$	−1.66
$Ti^{2+}+2e^{-}$	$=Ti$	−1.63
$Zr^{4+}+4e^{-}$	$=Zr$	−1.55
$Mn^{2+}+2e^{-}$	$=Mn$	−1.18
$Zn^{2+}+2e^{-}$	$=Zn$	−0.763
$Cr^{3+}+3e^{-}$	$=Cr$	−0.74
$Fe^{2+}+2e^{-}$	$=Fe$	−0.44
$Cd^{2+}+2e^{-}$	$=Cd$	−0.403
$Co^{2+}+2e^{-}$	$=Co$	−0.277
$Ni^{2+}+2e^{-}$	$=Ni$	−0.257
$Mo^{3+}+3e^{-}$	$=Mo$	−0.2
$Sn^{2+}+2e^{-}$	$=Sn$	−0.138
$Pb^{2+}2e^{-}$	$=Pb$	−0.126
$2H^{+}+2e^{-}$	$=H_2$	0.0000
$Cu^{2+}+2e^{-}$	$=Cu$	+0.337
$Cu^{+}+e^{-}$	$=Cu$	+0.520
$Hg_2{}^{2+}+2e^{-}$	$=Hg$	+0.796
$Ag^{+}+e^{-}$	$=Ag$	+0.799
$Hg^{2+}+2e^{-}$	$=Hg$	+0.85
$Pd^{2+}2e^{-}$	$=Pd$	+0.915
$Pt^{2+}+2e^{-}$	$=Pt$	+1.188
$Au^{3+}+3e^{-}$	$=Au$	+1.52
$Au^{+}+e^{-}$	$=Au$	+1.83

② $M/MX/X^{-}$계

$ZnS+2e^{-}$	$=Zn+S^{2-}$	−1.44
$CdS+2e^{-}$	$=Cd+S^{2-}$	−1.225
$FeS+2e^{-}$	$=Fe+S^{2-}$	−0.969
$PbS+2e^{-}$	$=Pb+S^{2-}$	−0.954
Cu_2S+2e^{-}	$=2Cu+S^{2-}$	−0.898
Ag_2S+2e^{-}	$=2Ag+S^{2-}$	−0.691
PbI_2+2e^{-}	$=Pb+2I^{-}$	−0.365
$PbSO_4+2e^{-}$	$=Pb+SO_4^{2-}$	−0.3505
$PbBr_2+2e^{-}$	$=Pb+2Br^{-}$	−0.280
$PbCl_2+2e^{-}$	$=Pb+2Cl^{-}$	−0.268
$CuI+e^{-}$	$=Cu+I^{-}$	−0.182
$AgI+e^{-}$	$=Ag+I^{-}$	−0.1522
$AgCN+e^{-}$	$=Ag+CN^{-}$	−0.017
$CuBr+e^{-}$	$=Cu+Br^{-}$	+0.033
$AgBr+e^{-}$	$=Ag+Br^{-}$	+0.0711
$AgSCN+e^{-}$	$=Ag+SCN^{-}$	+0.0895
$CuCl+e^{-}$	$=Cu+Cl^{-}$	+0.121
$Hg_2Br_2+2e^{-}$	$=2Hg+2Br^{-}$	+0.1392
$AgCl+e^{-}$	$=Ag+Cl^{-}$	+0.2223
$Hg_2Cl_2+2e^{-}$	$=2Hg+2Cl^{-}$	+0.2682
$Ag_2CrO_4+2e^{-}$	$=2Ag+CrO_4{}^{2-}$	+0.4491

③ M^{n+}/M^{m+}(단일이온)계

$Cr^{3+}+e^{-}$	$=Cr^{2+}$	−0.424
$V^{3+}+e^{-}$	$=V^{2+}$	−0.255
$Sn^{4+}+2e^{-}$	$=Sn^{2+}$	+0.15
$Cu^{2+}+2e^{-}$	$=Cu^{+}$	+0.159
$Fe^{3+}+e^{-}$	$=Fe^{2+}$	+0.771
$2Hg^{2+}2e^{-}$	$=Hg_2{}^{2+}$	+0.9110
$Mn^{3+}+e^{-}$	$=Mn^{2+}$	+1.51
$Ce^{4+}+e^{-}$	$=Ce^{3+}$	+1.71
$Ag^{2+}+e^{-}$	$=Ag^{+}$	+1.980

④ M^{n+}/M^{m+} (착이온) 계

반응	E°
$Cr(CN)_6^{3-}+e^- = Cr(CN)_6^{4-}$	−1.14
$Ag(CN)_2^-+e^- = Ag+2CN^-$	−0.31
$Ag(S_2O_3)_2^{3-}+e^- = Ag+2S_2O_3^{2-}$	−0.017
$Co(NH_3)_6^{3+}e^- = Co(NH_3)_6^{2+}$	+0.058
$Fe(CN)_6^{3-}+e^- = Fe(CN)_6^{4-}$	+0.361
$Ag(NH_3)_2^++e^- = Ag+2NH_3$	+0.373

⑤ X_2/X^- 계

반응	E°
$S+2e^- = S^{2-}$	−0.447
$Br_2(l)+2e^- = 2Br^-$	+1.0652
$Br_2(aq)+2e^- = 2Br^-$	+1.0874
$Cl_2(g)+2e^- = 2Cl^-$	+1.3583
$Cl_2(aq)+2e^- = 2Cl^-$	+1.396
$F_2(g)+2e^- = 2F^-$	+2.87

⑥ 기타 무기물

반응	E°
$O_2+e^- = O_2^-(aq)$	−0.284
$N_2(g)+6H^++6e^- = 2NH_3(aq)$	−0.0922
$S+2H^++2e^- = H_2S(g)$	+0.174
$O_2+2H^++e^- = H_2O_2$	+0.695
$NO_3^-+2H^++2e^- = NO_2^-+H_2O$	+0.835
$NO_3^-+4H^++3e^- = NO(g)+2H_2O$	+0.957
$ClO_4^-+2H^++2e^- = ClO_3^-+H_2O$	+1.201
$O_2+4H^++4e^- = 2H_2O$	+1.229
$MnO_2+4H^++2e^- = Mn^{2+}+2H_2O$	+1.23
$Cr_2O_7^{2-}+14H^++6e^- = 2Cr^{3+}+7H_2O$	+1.36
$MnO_4^-+8H^++5e^- = Mn^{2+}+4H_2O$	+1.51
$2HClO(aq)+2H^++2e^- = Cl_2(g)+2H_2O$	+1.630
$H_2O_2+2H^++2e^- = 2H_2O$	+1.763
$S_2O_8^{2-}+2e^- = 2SO_4^{2-}$	+1.96
$O_3+2H^++2e^- = O_2+H_2O$	+2.705
$F_2(g)+2H^++2e^- = 2HF$	+3.053

⑦ 유기물

반응	E°
$2CO_2+2H^++2e^- = H_2C_2O_4(aq)$	−0.475
$CO_2+2H^++2e^- = HCOOH(aq)$	−0.199
$HCOOH(aq)+2H^++2e^- = HCHO(aq)+H_2O$	+0.034
$H_2CO_3(aq)+6H^++6e^- = CH_3OH(aq)+2H_2O$	+0.044
$C+4H^++4e^- = CH_4(g)$	+0.132
$CO_3^{2-}+6H^++4e^- = HCHO(aq)+2H_2O$	+0.197
$CO_3^{2-}+8H^++6e^- = CH_3OH(aq)+2H_2O$	+0.209
$CO_3^{2-}+3H^++2e^- = HCOO^-+H_2O$	+0.311
$2CO_3^{2-}+4H^++2e^- = C_2O_4^{2-}+2H_2O$	+0.478
$CH_3OH(aq)+2H^++2e^- = CH_4(g)+H_2O$	+0.588

● 참고 ● 절대 전극전위

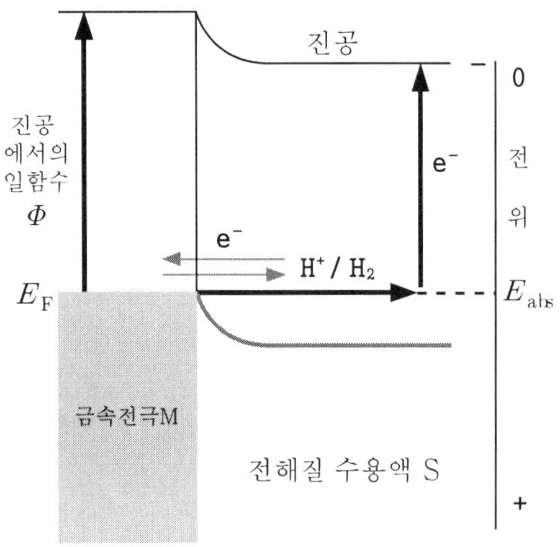

표준 상태의 H^+/H_2계와 전자 교환반응이 평형 상태에 있는 금속 전극의 페르미 준위는 (용액 쪽의) 진공 수준으로부터 얼마나 깊은 위치에 있는 것일까. 그것을 알면, SHE 기준의 전위 눈금도 「금속으로부터 전자를 뽑아내는 에너지」로 환산할 수 있어 이해가 깊어진다.

대략적으로 살펴보면, 금속의 일함수 Φ를 전자 교환 평형에 의해 계면에 생긴 전위차로 보정해 주면 목적한 값을 얻을 수 있다. 실제로는 측정할 수 없는 양도 있으므로 이러한 방법이 절대적인 것은 아니다. 현재까지의 방법 중에서 가장 신뢰할 수 있는 방법은 1986년에 이탈리아의 Trasatti가 찾아낸 값으로, 진공 수준을 0으로 하였을 때 -4.44 ± 0.02 eV의 위치가 진공중의 Fe나 Hg의 페르미 준위 ε_F에 가깝다. 이렇게 해서 환산된 전위를 절대 전극전위(absolute electrode potential)라고 하며, 위 그림에서는 E_{abs}로 표기하였다. 따라서 표준수소전극 SHE에 대해 $E°$ *vs*. SHE의 표준 전극전위는

$$E_{abs} = E° + 4.44\text{V} \ \textit{vs}. \ \text{vacuum}$$

라는 절대 전극전위가 된다.

문 Zn^{2+}/Zn계의 $E°$ 값(-0.76V *vs*. SHE)은, 절대 전극전위로 환산하면 어떻게 될까.

(+3.68V *vs*. vacuum)

2.4.3 화학변화의 자연스러운 방향

[표 2.1]에서 선택한 두 개의 전기화학 평형

$$5Fe(CN)_6^{3-} + 5e^- = 5Fe(CN)_6^{4-} \qquad E° = +0.36V \ vs. \ SHE \qquad (2.16)$$

$$MnO_4^- + 8H^+ + 5e^- = Mn^{2+} + 4H_2O \qquad E° = +1.51V \ vs. \ SHE \qquad (2.17)$$

를 생각해 보자(전자의 수를 맞출 수 있는 반응을 선정). 두 개의 평형식에 존재하는 모든 물질의 활동도는 1이라고 가정하자. 지금까지 말했던 대로, 보다 큰 음의 $E°$를 가진 환원체는 전자를 내기 쉽고, 보다 큰 양의 $E°$를 가진 산화체는 전자를 받기 쉽다. 따라서 위의 반응에서는 $Fe(CN)_6^{4-}$가 전자를 방출하게 되고, 그것을 MnO_4^-가 받는 형태의 산화/환원 반응이 진행될 것이다.

$$5Fe(CN)_6^{4-} \rightarrow Fe(CN)_6^{3-} + 5e^-$$

$$\downarrow$$

$$MnO_4^- + 8H^+ + 5e^- \rightarrow Mn^{2+} + 4H_2O$$

위의 반응식을 정리하면 다음과 같이 된다.

$$5Fe(CN)_6^{4-} + MnO_4^- + 8H^+ \rightarrow 5Fe(CN)_6^{3-} + Mn^{2+} + 4H_2O \qquad (2.18)$$

이러한 것은 글자로 생각하는 것보다, 전자 에너지가 위일수록 높아지는 축, 즉 전위의 값이 위에 위치할수록 음(Negative), 아래일수록 양(Positive)의 값임을 항상 염두에 두자.

문 15 [표 2.1]을 참고하여 아래의 반응이 좌우 어느 쪽으로 진행되기 쉬운가를 판정하라.

(1) $Ti + Co^{2+} = Ti^{2+} + Co$

(2) $3Al^{3+} + 3Cd + 3S^{2-} = 2Al + 3CdS$

(3) $Ag(NH_3)_2^+ + Fe^{2+} = Ag2NH_3 + Fe^{3+}$

(4) $Cu + ClO_4^- + 2H^+ = Cu^{2+} + ClO_3^- + H_2O$

(5) $CH_3OH + Cl_2(g) = CH_4(g) + HClO(aq)$

(1)우 (2)좌 (3)좌 (4)우 (5)좌

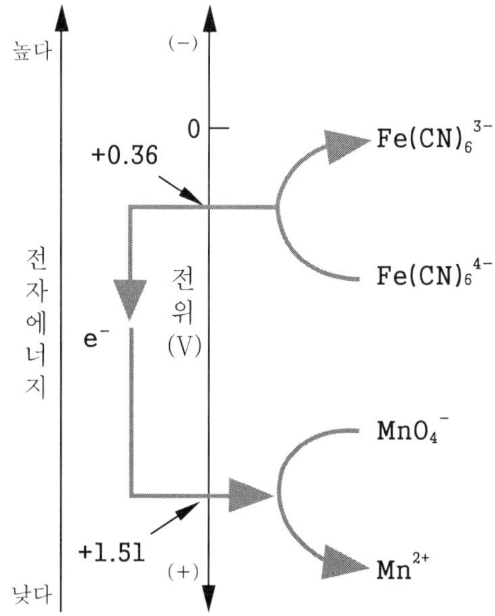

[그림 2.14] 전자는 에너지가 높은(불안정한) 쪽으로부터 낮은(안정된) 쪽으로 이동한다.

2.4.4 전지의 최대 기전력

지금까지 살펴 본 전기화학적 반응을 서로 다른 전극에 의해 유도시키면 전지를 만들 수가 있다. 그 기전력의 최대값이 사용하고자 하는 산화/환원 쌍에 $E°$ 값의 차이가 된다. 분리 막을 사이에 둔 구리-아연 전지(다니엘 전지)는

$$Zn \rightarrow Zn^{2+} + 2e^- \qquad E° = -0.763V\ vs.\ SHE \qquad (2.19)$$

$$Cu^{2+} + 2e^- \rightarrow Cu \qquad E° = +0.337V\ vs.\ SHE \qquad (2.20)$$

의 조합으로 구성 되어 있으며, 기전력은 +0.337−(−0.763)= 1.100V가 된다.

전자 교환이 주요 인자로 작용하는 이러한 단순반응의 경우, 실제로 만든 전지의 전압은 이론 기전력에 매우 가깝다. 그러나 전지 반응이 복잡하게 되면 형성된 과전압의 양만큼 전압이 내려가게 된다(제II부의 내용을 참고).

문 16 [표 2.1]③~⑦의 데이터로부터, 기전력 1.5V 내외의 전지를 몇 가지 고안해 보아라 (현실에 만들 수 있을지 어떨지는 묻지 않는다. 또 과전압도 무시한다).

예를 들어 200℃부근에서 동작시키는 인산 수용액계 연료전지의 반응은

$$2H_2 \rightarrow 4H^+ + 4e^- \qquad E° = -0.000V \ vs. \ SHE \qquad (2.21)$$

$$O_2 + 4H^+ + 4e^- \rightarrow 2H_2O \qquad E° = +1.229V \ vs. \ SHE \qquad (2.22)$$

라고 할 수 있기 때문에 $E°$는 두 반응의 전위차 1.229V로 되어야 하지만, 표면 반응의 과전압이 크기 때문에 실제 동작 시 전압은 0.7~0.9V에 머물게 된다.

Tea time 볼타전지의 기전력은?

볼타전지는 예를 들어 묽은 황산에 구리판과 아연판을 담근 것으로 다음 반응의 조합으로 작동 되는 것이다.

$$(Zn \ 측) \quad Zn \rightarrow Zn^{2+} + 2e^-$$

$$(Cu \ 측) \quad 2H^+ + 2e^- \rightarrow H_2$$

이것이 제대로 진행되면 상기의 $E°$의 차이로 부터 약 0.76V가 되어야 하지만, 「제조 직후에는 1.0~1.1V, 사용하기 시작하면 0.4 V내외」가 된다.

제조 직후의 기전력이 약 1V가 되는 이유로는, 구리판 표면에 미량의 Cu(II) 화합물이 존재하고 있어 반응이 식(2.20)(다니엘 전지의 반응)이 될 가능성과 초기의 $[Zn^{2+}]$와 수소 분압이 활동도로 작용하여 $a \ll 1$로 되어 산화/환원 양쪽 전극의 전위가 $E°$로부터 크게 벗어난 상황(3장 참고)의 두 가지가 고려 될 수 있다.

본래의 반응이 진행된다고 해도, 훨씬 복잡한 수소 발생 반응에 필요로 하는 과전압(약 0.4V)만큼 전압이 내려간다.

2.4.5 전기 분해에 필요한 최소 전압

전기 분해는 전지반응의 반대 반응으로서, 혼자서는 진행되지 않는 산화/환원 반응을 외부로 부터 가해진 전기에너지의 도움으로 진행되게 한다. 예를 들어

$$2Ag + Cd^{2+} \rightarrow 2Ag^{+} + Cd \qquad (2.23)$$

와 같은 반응은

$$Cd^{2+} + 2e^{-} \rightarrow Cd \qquad E° = -0.403V\ vs.\ SHE \qquad (2.24)$$

$$2Ag \rightarrow 2Ag^{+} + 2e^{-} \qquad E° = +0.799V\ vs.\ SHE \qquad (2.25)$$

에 의해, 양(+)전위 쪽에(보다 안정인 상태)에 있던 전자를 음(-)전위 쪽(보다 불안정한 상태)으로 옮기는 것이므로 에너지를 공급하지 않으면 진행되지 않는다.

보충 설명 하면, 전지에서도 전기 분해에서도 혹은 다른 어떤 전자이동에서도, 전자를 주는 반응과 받는 반응을 두 개로 나누어 쓸 때는 (2.16)-(2.17), (2.19)-(2.20), (2.21)-(2.22), (2.24)-(2.25)과 같이, $E°$가 보다 음(-)인 반쪽 반응식을 위, $E°$가 보다 양(+)인 반쪽 반응식을 아래에 쓰는 것이 좋다. 그러면, [그림 2.14]에서와 같이 전자의 흐름이 자연스러운 방향인가 그렇지 않은가를 한눈에 알 수 있다.

문 17 아래의 반응을 전기 분해로 진행시키려고 한다, 필요한 최저의 전압은 각각 얼마인가. 표 2.1의 데이터로부터 소수점 이하 두 자리까지 계산하라.

(1) $Cu + Mn^{2+} \rightarrow Cu^{2+} + Mn$

(2) $2Mn^{2+} + Sn^{4+} \rightarrow 2Mn^{3+} + Sn^{2+}$

(3) $2NO(g) + 3S + 4H_2O \rightarrow 2NO_3^{-} + 3S^{2-} + 8H^{+}$

(4) $2H_2O + 2CO_2 \rightarrow O_2 + 2HCOOH(aq)$

(1)1.52V (2)1.36V (3)1.40V (4)1.43V

전기 분해를 진행시키려면, 적어도 $E°$의 차와 동일한 전압을 두 전극에 걸어주어야 한다. 식(2.23)은 단순한 반응이므로 $E°$의 차(약 1.2V) 이상의 전압으

로 용이하게 진행되겠지만, 반응이 복잡해질수록 과전압이 커지는 만큼 소요 전압도 늘어난다. [그림 2]에 나타냈던 대로, 물의 전기 분해는 $E°$의 차가 1.23V인 곳, 전기 분해의 전류가 분명히 관측되는 곳으로는 약 1.5V, 산소와 수소의 발생이 눈에 보이는 정도의 전기 분해를 시키고 싶으면 1.6V이상의 전압을 필요로 한다.

2.4.6 고체의 용해도곱(Solubility product)

물에 녹기 어려운 염(난용성의 염)은 얼마든지 있다. AgBr은 25℃의 물에 몰농도로 7.2×10^{-7}M 밖에 녹지 않고, Ag_2S는 2.6×10^{-17}M, HgS의 포화농도는 1.7×10^{-26}M 밖에 되지 않는다. AgBr의 용해 농도 정도까지는 어떻게든 중량법으로 측정할 수 있어도, Ag_2S나 HgS의 용해 농도는 우선 측정할 수 없다. 이러한 실험 조건에서는 표준 전극전위($E°$)의 데이터로부터 용해도를 계산해 낼 수 있다.

난용성의 염, 예를 들어 AgBr의

$$AgBr \rightleftarrows Ag^{+}+Br^{-} \tag{2.26}$$

용해 평형은 반응물(왼쪽)에 치우쳐 있다. 즉, 용해 반응의 표준 Gibbs 자유에너지 변화를 $\Delta G°$라고 썼을 때, $\Delta G° > 0$이다. 이것을 염두에 두면서, 용해 평형과 $E°$의 관계를 생각해 보자.

우선, 식(2.26)을 보통의 화학반응식으로 고쳐 쓴다.

$$AgBr \rightarrow Ag^{+}+Br^{-} \tag{2.27}$$

이 반응식은, 다음 두 개의 전기화학 반응을 서로 더하면 만들 수 있다.

$$AgBr+e^{-} \rightarrow Ag+Br^{-} \qquad E°=+0.071\text{V } vs.\text{ SHE} \tag{2.28}$$

$$Ag \rightarrow Ag^{+}+e^{-} \qquad E°=+0.799\text{V } vs.\text{ SHE} \tag{2.29}$$

$\Delta G° > 0$이므로, 자발 변화가 아닌 방향으로 전자가 움직이고 있는 것을 알 수 있을 것이다. $E°$의 차는 0.728V이므로, 한 개의 전자를 움직이려면 0.728 eV

의 에너지를 공급하지 않으면 안 된다. 식(2.27)의 반응이 단위량(1mol)만큼 오른쪽으로 진행되면 전자도 1mol 움직인다. 1eV = 96.5 kJmol^{-1}의 관계(39 페이지)를 사용하면, 오른쪽 방향 반응의 $\Delta G°$는 0.726×96.5 = +70.06 kJ mol^{-1}이 된다.

한편, 용해 평형(2.26)의 평형 상수를 K로서 질량작용의 법칙(34 페이지)을 사용한다. 고체인 AgBr는 활동도가 1이므로 무시할 수 있어, 이온의 활동도를 몰 농도(기호[ ])로 대용하면

$$K = [Ag^+][Br^-] \tag{2.30}$$

로 쓸 수 있다. 이 K를 특히 용해도곱(solubility product), K_{sp}라고 쓴다.

$\Delta G°$와 K_{sp}는, 화학열역학의 기본식(35 페이지)

$$\Delta G° = -RT\ln K_{sp} \tag{2.31}$$

에서 결합된다. 위에서 요구한 값 +70.06 kJmol^{-1}을 $\Delta G°$에 대입하여 기체 상수 $R = 8.314$ Jmol^{-}K^{-1}과 온도 $T = 298.15$K에서 K_{sp}를 계산하면

$$\ln K_{sp} = -28.26 \text{ 즉 } K_{sp} = 5.32\times10^{-13} \tag{2.32}$$

가 된다.

AgBr의 포화 농도를 S(M)이라고 쓰면, $S = [Ag^+] = [Br^-]$이므로 $K_{sp} = S^2$, 즉 $S = 7.3\times10^{-7}$M을 얻을 수 있다. 이것은 오차 범위 내에서의 값(7.2×10^{-7} M)과 일치한다. 이와 같이, 용해도가 작을 때는 $E°$ 데이터로부터 용해도곱(K_{sp})을 구해 용해도로 환산한다. 대부분의 K_{sp}값은 $E°$(또는 $\Delta G_f°$)로부터 구한 것이라고 생각해도 좋다.

[표 2.1]의 ①과 ②를 조합하면, ②에 배열되어 있는 21종류의 난용성염의 K_{sp}를 계산할 수 있다. 다만 그 때, 고체 1mol 당 이동하는 전자의 몰수 (표 2.1②의 물질에서는, 1이나 2)에 주의하지 않으면 안 된다. 또, 1 : 1 염이 아닌 고체, 예를 들어 $PbCl_2$ 등은 $PbCl_2 \rightarrow Pb^{2+} + 2Cl^-$의 해리되므로 $[Pb^{2+}] = S$, $[Cl^-] = 2S$, 즉 $K_{sp} = S(2S)^2 = 4S^3$가 된다. K_{sp}를 용해도로 환산하려면 이것에 주의해야 한다.

문 18 [표 2.1]의 데이터로부터, 아래의 값을 계산해 보아라.

(1) AgI의 용해도곱 K_{sp}

(2) Hg_2Cl_2의 용해도곱 K_{sp}

(3) $PbSO_4$의 포화농도 S

(4) AuCN의 용해도곱($K_{sp}=6.04\times10^{-32}$)을 이용하여 $AuCN+e^-=Au+CN^-$의 표준전극전위 $E°$

(1) $8.3\times10^{-17}M^2$ (2) $1.4\times10^{-18}M^3$
(3) $1.6\times10^{-4}M$ (4) $-0.017V$ *vs.* SHE

2.5 표준전극전위는 어떻게 정했나?

이상에서 알 수 있듯이, 언뜻 보아 무미건조한 $E°$의 수치도 의미를 알고 있으면 다양한 방면에 도움이 된다. 그러면 $E°$의 값은 어떠한 방법으로 구해진 것일까.

2.5.1 상당히 정확하게 측정할 수 있는 경우

어떤 전기화학 평형(반전지 반응)의 $E°$를 측정하려면 목적으로 하고 있는 전극계(예를 들어 $ZnCl_2$ 수용액에 담근 Zn봉)를 표준수소전극(SHE) 등의 기준전극과 조합하여 전지로 만든 후, 기전력을 측정하면 된다. 이 때 지금의 예에서도 그렇지만, 다른 두 개의 용액은 염다리 등을 사용하여 전기적으로 연결한다. 연결 부분에는 보통 전위차(액간 전위차)가 존재하며, 그 크기를 올바르게 찾아내는 것은 일반적으로 매우 어렵다. 또 60~62 페이지에서 설명되었던 바와 같이, 용질의 표준상태는 「입자끼리 전혀 상호작용하고 있지 않는 가상적인 몰 농도 1M」이므로, 매우 낮은 농도에서 측정한 기전력을 열역학의 이론에 따라 1M까지 외부삽입 하지 않으면 안 된다.

염다리가 없는 전극계라면 이야기가 간단하게 되어 전위차를 정밀도 높게 측정할 수 있는 경우도 있다. 예를 들어 전기화학평형 $AgCl+e^-=Ag+Cl^-$의 $E°$ 값은,

$$Pt(s) \mid H_2(g) \mid HCl(aq) \mid AgCl(s) \mid Ag(s)$$

과 같은 수용액(염산)을 공통으로 한 전지의 기전력으로부터 구해진다(물론 실

제 측정에 이용하는 염산의 농도는 1M보다 훨씬 낮은 부분에서 단계적으로 바꾼다). [표 2.1]에서 $E°$ 값의 일부는 이러한 액간 전위차와 활동도에 충분한 주의를 기울여서 측정한 데이터로 부터 얻어진 것이다. 그러나 환원체가 용매인 물보다 환원되기 쉬운 계($E°$ 값으로 대개 −1.8V보다 더 큰 음의 값인 경우)라든지, 환원체의 산화가 물보다 일어나기 어려운 계($E°$ 값으로 대개 +1.6V보다 더 큰 양의 값)는, 물을 용매로 한 조건에서는 측정할 수 있는 방법이 없다. 예를 들어 $Na^+ + e^- \rightarrow Na$의 환원은 극히 환원되기 어려운 액체 암모니아 등을 용매로 사용하면 관측은 어쨌든 할 수 있지만, [표 2.1]의 $E°$ 값이 그러한 측정값 그대로인 것도 아니다.

또 간단한 유기물의 산화/환원이 [표 2.1]⑦과 같이 0.00V *vs.* SHE 부근의 전위에서 간단하게 이루어 질 수 있다면, 지구 온난화의 원흉이라고 주목받는 CO_2의 처리도 간단하게 할 수 있을 것이다.

2.5.2 대부분의 경우 : 열역학 데이터로부터의 계산

1장 1.3절과 1.4절에서 설명된 바와 같이, 화학변화의 방향이나 구동력을 결정하는 것은 물질(계)이 갖고 있는 에너지(차)로, 그 기초 데이터가 물질 각각의 표준 몰 생성 Gibbs 자유에너지($\Delta G_f°$)였다. 물론 전기화학 반응도 화학변화의 일종이므로 그 논리에는 변함이 없다. 기본적인 물질에 대한 $\Delta G_f°$에 대해서는 수많은 데이터가 축적되어 있으며, 산화/환원계의 $E°$ 값은 이 $\Delta G_f°$값으로부터 산출한다(다만, $E°$ 측정으로부터 정한 $\Delta G_f°$ 값도 있다). 매우 몇 안 되는 물질의 $\Delta G_f°$값은 26~27 페이지에 나타냈지만, 좀 더 실질적인 리스트를 [표 2.2]에 나타나 있다.

$\Delta G_f°$ 데이터를 기초로, 예를 들어

$$PbSO_4 + 2e^- = Pb + SO_4^{2-} \tag{2.33}$$

의 표준전극전위($E°$)는 다음의 순서로 계산할 수 있다.

우선, 계가 평형 상태의 조건에서 Gibbs 자유에너지를 G로 하면

$$\text{반응물(왼쪽)의 } G = \text{생성물(오른쪽)의 } G \tag{2.34}$$

이 성립된다. G의 값은 전자 이외의 물질($PbSO_4$, Pb, SO_4^{2-})에 대해서는 $\Delta G_f°$를 사용하면 된다. $\Delta G_f°$는 동일한 기준으로 나타낸 상대적인 값이기 때문에(전하를 갖지 않는 물질이라면 표준 상태로 안정인 단체의 $\Delta G_f°$를, 수용액 안의 이온이라면 H^+의 $\Delta G_f°$를 0으로 약속한), 일정하지 않은 부분은 변화의 전후에 서로 지워 버릴 수가 있다.

한편, 전자 e^-의 개념으로 고찰하면, G에 해당하는 값(일로 바뀌는 에너지)은 $E°$ 라는 전위의 장소에서 전자가 갖고 있는 전기에너지이다. 즉 식(2.33)에서 전자 2mol의 전기에너지, $-2EF°$를 사용한다. 그렇다면 식(2.34)은

$$\Delta G_f°(PbSO_4) - 2FE° = \Delta G_f°(Pb) + \Delta G_f°(SO_4^{2-}) \tag{2.35}$$

와 같이 쓸 수 있다.

[표 2.2] 표준 몰 생성 Gibbs 자유에너지 $\Delta G_f°$ (단위 kJ mol^{-1})

양이온

양이온	$\Delta G_f°$
H^+	0(기준)
Ag^+	−77.107
Al^{3+}	−485
Ca^{2+}	−553.58
Cu^+	+49.98
Cu^{2+}	+65.49
Fe^{2+}	−78.90
Fe^{3+}	−4.7
Hg_2^{2+}	+153.52
Hg^{2+}	+164.40
K^+	−283.27
Li^+	−293.31
Mg^{2+}	−454.8
Mn^{2+}	−228.1
Na^+	−261.905
Pb^{2+}	−24.43
Rb^{2+}	−283.98
Sn^{2+}	−27.2
Sn^{4+}	+2.5
Zn^{2+}	−147.06

음이온

음이온	$\Delta G_f°$
Br^-	−77.107
Cl^-	−131.228
CN^-	+172.4
OH^-	−157.24
$Cr_2O_7^{2-}$	−1301.1
I^-	−51.57
MnO_4^-	−447.2
NO_3^-	−108.74
S^{2-}	+85.8
SO_4^{2-}	−744.53

유기화합물

유기화합물	$\Delta G_f°$
CH_4(g)	−50.72
CH_3OH(l)	−166.27
HCHO(g)	−102.53
HCOOH(l)	−361.35
C_2H_6(g)	−32.82
C_2H_5OH(l)	−174.78
Acetic acid(aq)	−396.46
Glucos	−910

무기화합물

무기화합물	$\Delta G_f°$
AgBr	−96.90
AgCl	−109.79
Ag_2S	−40.67
Hg_2Cl_2	−210.75
CdS	−156.5
$PbCl_2$	−314.10
$PbSO_4$	−813.14
PbS	−98.7
H_2O(g)	−228.57
H_2O(l)	−237.13
H_2O_2(l)	−120.35
O_3(g)	+163.2
CO(g)	−137.17
CO_2(g)	−394.36
NO(g)	+86.55
NO_2(g)	+51.31
N_2O_4(g)	+97.89
NH_3(g)	−16.45
SO_2	−300.19
H_2S(aq)	−27.83

$\Delta G_f°$(Pb)는 정의에 의해 0이므로, 남는 두 개의 물질의 $\Delta G_f°$ 값을 [표 2.2]로부터 찾아 식(2.35)에 넣어

$$E° = -(-744.53\text{kJ mol}^{-1} - (-813.14\text{kJ mol}^{-1}))/(2 \times 96.5\text{kC mol}^{-1})$$

$$= -0.355\text{V } vs. \text{ SHE} \qquad (2.36)$$

를 얻을 수 있다. 이렇게 얻어진 값은 [표 2.1]의 값(−0.351V *vs.* SHE)과 잘 맞는다.

이상으로 알 수 있듯이, 전기화학평형의 $E°$ 값은, $\Delta G_f°$ 값을 기초로 해 다음의 순서로 계산할 수 있다.

> ① 오른쪽 방향이 환원이 되도록 전기화학 반응식을 쓴다.
> 예) $4H^+ + O_2 + 4e^- \rightarrow 2H_2O$
> ② 전자를 제외한 물질의 $\Delta G_f°$로부터 오른쪽 방향 반응의 $G°$를 계산한다.
> 예) $2 \times (-237.13) - 0 - 0 = -474.26$kJ
> ③ 이 값에 부호를 붙여 nF로 나누면 $E°$가 된다.
> 예) $-(-474.26)/(4 \times 96.5) = +1.229$V *vs.* SHE

지금의 과정을 되돌아보면, 전기화학 반응의 평형식에 쓰인 e^-가 단순히 한 개의 전자나 1mol의 전자가 아니고, 각각 평형에서의 고유 전기에너지를 나타내고 있다는 것을 알 수 있을 것이다. 예를 들어 평형식 $Na^+ + e^- = Na$와 $4H^+ + O_2 + 4e^- = 2H_2O$에서는 같은 기호 e^-로 쓰여 있어도 그 에너지 값에는 큰 차이가 있다는 것을 알 수 있다.

$\Delta G_f°$ 데이터를 사용하면, 반응식으로는 가능하지만 실제의 전극에서는 우선 진행되지 않는 산화/환원 반응에 대해서도, 「반응이 일어난다고 하면 전위가 얼마나 될까」에 대한 예상을 할 수 있다. 예를 들어, 5장에서 다루게 되는 식물의 광합성에서는, 물론 복잡한 여러 과정을 거쳐야하지만, 종합적으로는 다음과 같은 CO_2의 환원 반응이 진행된다.

$$6CO_2 + 24H^+ + 24e^- \rightarrow C_6H_{12}O_6(\text{glucos}) + 6H_2O \qquad (2.37)$$

[표 2.2]에 있는 글루코스의 $\Delta G_f°$를 사용하여 위의 반응에 대해 계산해 보면, 반응 (2.35)이 진행되는 표준 전위는 −0.014V *vs.* SHE가 되어, H^+/H_2계의 $E°$에 가깝다.

표준 몰 생성 Gibbs 자유에너지 $\Delta G_f°$에는 1장에서도 살펴 본 바와 같이 물질의 반응성이 포함되어 있다. $\Delta G_f°$의 의미와 사용방법을 알고 있으면 전기화학 평형을 포함한 화학 평형 일반의 기본적인 문제는 대부분 처리할 수 있다. 예를 들어 고체의 용해도곱은 73 페이지와 같이 $E°$를 사용하지 않아도, $\Delta G_f°$로부터 계산할 수 있다.

문 19 식(2.37)에 대하여 $E°$=−0.014V *vs.* SHE가 되는 것을 확인해라.

문 20 [표 2.2]의 데이터로부터 아래의 전기화학 평형의 $E°$를 계산하여 표 2.1의 데이터에 가까운 값이 되는 것을 확인해 보아라.

(1) $Na^+ + e^- = Na$　　(2) $Zn^{2+} + 2e^- = Zn$

(3) $AgBr + e^- = Ag + Br^-$　　(4) $H_2O_2 + 2H^+ + 2e^- = 2H_2O$

문 21 [표 2.1]과 [표 2.2]의 데이터로부터, 다음 물질의 $\Delta G_f°$ 값을 계산해 보아라.

(1) AgCN　(2) Ag^{2+}　(3) F^-　(4) NO_2^-　(5) HClO(aq)

(1) $+170.8 kJmol^{-1}$　(2) $+268.2 kJmol^{-1}$　(3) $-277.0 kJmol^{-1}$

(4) $-32.8 kJmol^{-1}$　(5) $-79.8 kJmol^{-1}$

문 22 액체 벤젠의 $\Delta G_f°$값은 $+124.3\ kJmol^{-1}$이다. 임의의 전기분해 환원 반응 $6C + 6H^+ + 6e^- \rightarrow C_6H_6$의 표준 전극전위 $E°$를 추산해 보아라.

(−0.215V *vs.* SHE)

문 23 [표 2.2]로부터 Ag_2S의 용해도곱을 계산해 보아라.

($6.7 \times 10^{-50} M^3$)

2.5.3 이론과 현실의 갭

60~61페이지에서도 살펴본 바와 같이, 표준 전극전위($E°$)를 측정값으로 찾아내기 위해서는, 극히 표준화 되어 있는 전극과 전해액을 사용하고 용질 입자 간의 상호작용이 전혀 없는 이상상태의 조건에서 측정해야 한다. 그러나 실제 측정값에서는 전극과 전해액에는 각각의 조건이 있게 마련이고, 용질 입자 간에도 인력이나 반발력이 작용하기 때문에 측정되어진 값은 이론값과는 차이가 나기 마련이다. 그 때문에, 아무리 이상에 가까운 조건으로 측정했다고 해도 얻어진 평형 전위는 $E°$는 아니고 $E°'$라고 하는 기호로 나타낸다. $E°'$를 겉보기 전위(formal potential) 혹은 조건부 전위(conditional potential)라고 한다. 기호 「′」는 프라임(prime)이라고 읽는다.

표준 전위 $E°$와 겉보기 전위 $E°'$가 얼마나 다르고, 또 전해액의 종류에 따라 $E°'$가 어느 정도 바뀌는지 예를 통해 살펴보자[표 2.3].

[표 2.3] 표준 전극전위 : 이론값과 측정값의 불일치

전기화학반응	$E°$/V *vs.* SHE	$E°'$/V *vs.* SHE	
$Ag^+ + e^- = Ag$	+0.799	+0.792	(1M in $HClO_4$)
		+0.770	(1M in H_2SO_4)
$Ce^{4+} + e^- = Ce^{3+}$	+1.71	+1.70	(1M in $HClO_4$)
		+1.60	(1M in HNO_3)
		+1.44	(1M in H_2SO_4)
$Fe^{3+} + e^- = Fe^{2+}$	+0.771	+0.710	(0.5M in HCl)
		+0.530	(10M in HCl)
		+0.680	(1M in H_2SO_4)
$Pd^{2+} + 2e^- = Pd$	+0.915	+0.987	(4M in $HClO_4$)
$PbSO_4 + 2e^- = Pb + SO_4^{2-}$	−0.351	−0.290	(1M in H_2SO_4)

[표 2.3]에서 알 수 있듯이, $E°$ 값과 정확히 일치하는 겉보기 전위 $E°'$는 없고, 전해액의 종류나 농도를 바꾼 것만으로, $E°'$ 자체도 수십 mV에서 200mV 정도는 간단하게 움직인다. 따라서 아무런 생각 없이 용액 안이라든지 공기 중의 물질에 대한 산화/환원성을 $E°$ 값만으로 판단하는 것은 극히 위험하다.

그렇다고 해도, $E^{\circ\prime}$와 E°의 차가 200mV를 넘는 것은 거의 없기 때문에, E° 값이 100~200mV정도 이상의 차가 있는 물질(계)이라면, 산화력 · 환원력의 순서는 E° 값을 기준으로 판단해도 괜찮다.

Tea time 고등학교 교과의 「이온화 서열」을 생각해 보자

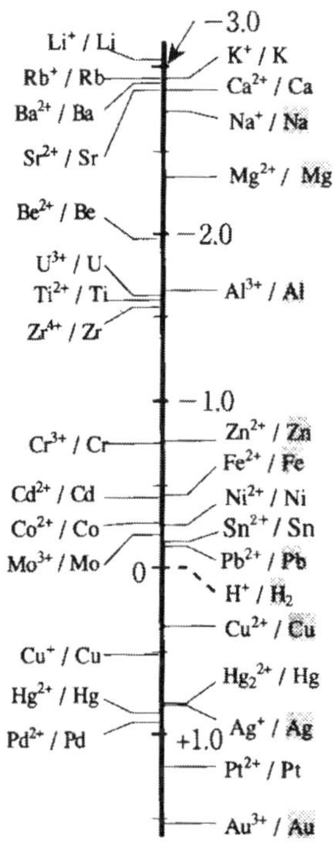

[그림] M^{n+}/M계의 표준전극전위 E°(V *vs.* SHE)

화학 교과서의 K > Ca > Na >Mg ……라는 「이온화 서열」은 그림의 오른쪽에 있는 원소만을 E°의 순으로 늘어놓은 것이지만, 「보편적인 용액 중이나 공기 중에서 원소의 환원력도 그 순서가 된다」와 같이 다루어지고 있다. 그러나 앞에서 적었듯이, 일반적인 매질 안에서는 0.1~0.2V이내의 E° 차이에는 거의 의미는 없기 때문에 적어도 Sn > Ph와 Hg > Ag등의 순서를 붙여선 안 된다.

그리고 일반적인 매질 중에서 K와 Ca와 Na의 환원력의 차이는 거의 확인할 수 없으며, Pt와 Au의 안정도 차이도 보통은 알 수 없다.

따라서 대표적인 원소를 사용하여 이온화 순서를 정리해 놓으면 문제가 없을 듯싶다.

이러한 점들을 고려하면, 주요 원소에 대한 「이온화 서열」은 E° 간격을 좀 더 넓혀서 배열 시킨 다음의 10가지로 충분하다고 판단된다.

Na Mg Al Zn Fe Pb H_2 Cu Ag Au

다만 이 10가지로 정리하였다 해도, Cl^-, I^-, S^{2-} 등의 음이온이 공존하면 순서는 때에 따라 크게 달라지고(66 페이지), H_2의 환원력은 pH=7이라면 거의 Fe와 같기 때문에 (3장), 「일반적인 매질 안에서 나타나는 이온화 경향의 순서」를 올바르게 나타내고 있다고 100% 자신 있게 이야기 할 수는 없다는 것을 명심해 두기 바란다.

표준 전위 E°(실제는 겉보기 전위 $E^{\circ\prime}$)의 측정 방법에는 다음과 같은 것들이 있다.

전위차 측정(Potentiometry) : 전지를 만들어 평형상태에 근접한 기전력까지 입력 저항이 큰 전압계로 측정한다.

분광 전기화학(spectroelectrochemistry) 측정 : 전기 분해됨으로서 흡수스펙트럼이 바뀌는 물질에 대해 전위와 스펙트럼의 관계로부터 $E^{\circ\prime}$를 산출한다(3장에서 소개).

폴라로그래피(Polarography) : 전기분해를 통해 전류와 전압과의 관계를 해석하는 방법으로, 적하(滴下) 수은전극에서 환원 전류가 발생하는 부분의 파형 데이터로부터 「반파전위(half-wave potential)」를 읽어 내어 $E^{\circ\prime}$를 찾아낸다.

순환전압전류법(Cyclic voltametry) : 전위를 일정 범위에서 왕복시켜 산화 전류와 환원 전류의 피크 전위로부터 $E^{\circ\prime}$를 구한다(제II부 9장에서 소개).

참고 **계산과 측정 — 또 하나의 측면**

59 페이지에서 살펴 본 바와 같이, 분자에 대해 양자화학 계산(분자 궤도 계산)을 하면, 예를 들어 오른쪽과 같은 전자 에너지 준위를 얻을 수 있다. 전자가 찬 준위 중에서 최고 에너지의 준위를 HOMO (Highest Occupied Molecular Orbital), 빈 공간 중에서 가장 낮은 준위를 LUMO(Lowest Occupied Molecular Orbital)라고 한다.

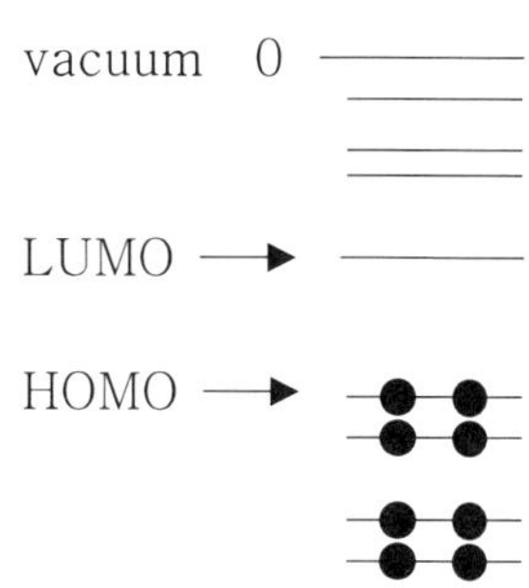

분자가 환원될 때는 LUMO로 전자가 들어가기 때문에, 그때의 에너지 위치와 전기 분해에 의한 환원 겉보기 전위 $E^{\circ\prime}$는 1:1의 관계가 존재한다.

그림은 사진의 증감(4장 참고)에 사용되는 15종류의 색소 분자로 LUMO값과 겉보기 전위 $E^{\circ\prime}$의 상관관계가 성립되는 것을 보여 주고 있는 계산 결과이다. 즉 계산으로 분자의 표준 전위를 찾아 낼 수 있다는 것을 잘 시사하고 있다.(후지필름(주)의 A. Tani 박사에 의한 계산 결과와 측정값).

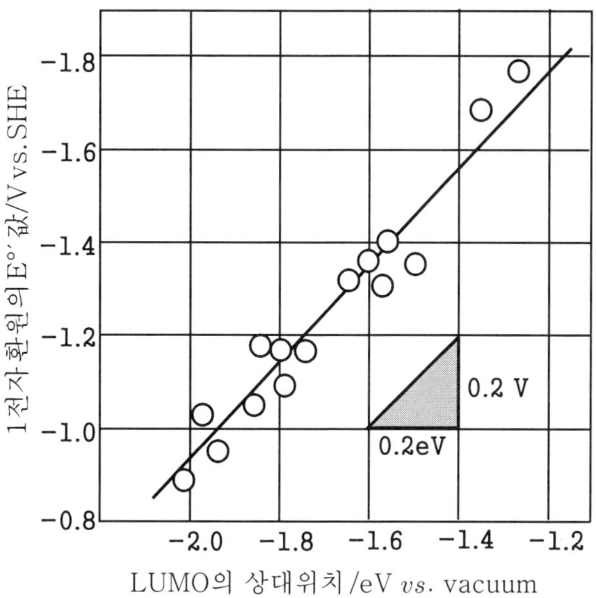

[그림] 유기 화합물의 전자에너지 준위와 1전자 환원전위 $E^{\circ\prime}$값의 비교

3장 Nernst 식

표준 전극전위($E°$)는 전기화학 반응의 평형식에서 물질의 활동도 a가 모두 1인 조건에서 계산된 값이다. 예를 들면 평형상태인 $Ag^{+}+e^{-}=Ag$의 전위는, $a_{Ag^{+}}=1$ ($[Ag^{+}]=1M$. 단, 가상의 용액)에서 $E°=+0.799$ V *vs*. SHE가 된다. 산화체(oxidized form) Ag^{+}의 활동도가 늘어나면 Ag^{+}/Ag계의 산화력이 강해져, 전극 전위는 (+)의 방향으로 움직일 것이다. 한편, 전극 전위를 (−)로 하면, e^{-}의 환원력이 강해지기 때문에 평형은 오른쪽으로 진행되며, Ag^{+}의 활동도(농도)는 내려가게 된다.

전위나 전류는 매우 정밀하게 측정 · 제어할 수 있는 양이므로 물질의 활동도로 전위를 변환시키거나, 반대로 전위로 물질의 활동도를 바꾸는 현상은 여러 분야에서 응용되고 있다. 본장에서는 그러한 응용분야에 기초가 되는 원리에 대해 생각해보자.

3.1 전기화학 퍼텐셜

3.1.1 화학 평형의 조건(복습)

1장에서 살펴 본 바와 같이, 가역 반응

$$pP + qQ + \cdots = xX + yY + \cdots \tag{3.1}$$

이 평형이 되는 것은, 각 성분의 화학 퍼텐셜(1mol 당 Gibbs 자유에너지 G)을 $\mu_p = \mu_P{}^\circ + RT\ln a_P$ 등으로 할 때,

$$p\mu_P + q\mu_Q + \ldots = x\mu_X + y\mu_Y + \ldots \tag{3.2}$$

가 성립될 경우이었다. 이상의 내용을 정리하면,

$$\Delta G^\circ = x\mu_X{}^\circ + y\mu_Y{}^\circ + \ldots - p\mu_P{}^\circ - q\mu_Q{}^\circ - \ldots \tag{3.3}$$

의 관계와 평형 상수의 정의

$$K = \frac{a_X{}^x \cdot a_Y{}^y \ldots}{a_P{}^p \cdot a_Q{}^q \ldots} \tag{3.4}$$

로부터, 화학 열역학에서 가장 중요한 다음의 관계식을 얻을 수 있다.

$$\Delta G^\circ = -RT\ln K \tag{3.5}$$

3.1.2 하전 입자를 포함한 평형

이온과 전자는 전하를 가진다. 또, 용액 중에도 공기 중에도 고체 중에도 공간의 모든 점에는 전위가 존재한다고 할 수 있다(예를 들어 대기에는 공기의 저항이 크기 때문에 해가 되지는 않지만 상하 방향으로 약 $200\mathrm{Vm}^{-1}$의 전기장이 존재한다). 따라서 하전 입자는 37페이지에서 설명된 바와 같이 여분의 전기 에너지를 갖고 있다. 즉, 입자(i) 1mol의 전하(전극 반응에 관여한 전자 수)는 z_i (Na^+로 $z=+1$, SO_4^{2-}라면 $z=-2$)와 패러데이 상수(F)로 표시($=z_iF$)할 수 있으며, 어느 기준점으로부터 E_i라는 전위의 장소에 있는 입자 1mol의 전기에너지는 z_iFE_i라고 할 수 있다. 그렇기 때문에 하전 입자를 포함한 전기화학적 평형을 취급할 때는 화학 퍼텐셜 μ_i가 아니라 μ_i에 z_iFE_i를 더한

$$\tilde{\mu}_i \equiv \mu_i + z_i FE_i = \mu_i^\circ + RT\ln a_i + z_i FE_i \tag{3.6}$$

를 사용하지 않으면 안 된다. 이때 $\tilde{\mu}_i$를 하전 입자 i의 전기화학 퍼텐셜(electrochemical potential)이라고 한다.

식(3.1)의 P, Q, …, X, Y, …를 일반적으로 하전입자라고 보면, 식(3.2)에 대응하는 화학 평형의 조건은

$$p\tilde{\mu}_\mathrm{P} + q\tilde{\mu}_\mathrm{Q} + \ldots = x\tilde{\mu}_\mathrm{X} + y\tilde{\mu}_\mathrm{Y} + \ldots \tag{3.7}$$

가 된다(중성 분자는, $z=0$이므로 $\tilde{\mu}_i = \mu_i$).

다만, 균일 용액내의 화학 평형만 생각하는 경우라면, 용액의 전위 E는 어느 곳에서나 동일하다고 생각해도 좋기 때문에 식(3.7)은 식(3.2)와 같아지게 된다.

문 1 용액 내 평형 $Cl_2(aq) + 2Fe^{2+} = 2Cl^- + 2Fe^{3+}$에 식(3.7)을 적용하여 식(3.7)과 식 (3.2)가 같아지는 것을(전기에너지의 항이 사라져 버린다) 확인하라.

3.2 Nernst 식

하전 입자 가운데 보통 용매에 녹아 있는 이온과는 달리, 전자는 용액 중에 안정인 형태로는 존재할 수 없다. 전극-전해액 계면의 전기화학적 평형에서는, 전자는 전극으로 부터 용액 내에 존재하는 분자나 이온으로 옮겨가거나 그 역방향으로 움직인다. 2장에서 논의되었던 바와 같이 이런 계면에는 항상 전위차가 존재한다. 즉, 전자가 있는 장소의 전위와 분자 · 이온이 있는 장소의 전위는 같지 않다. 이 때 처음으로 식(3.7)의 표현이 의미를 가진다.

3.2.1 Nernst 식

산화체(oxidized form) P, Q,…와 환원체(reduced form) X, Y, …사이의 전자 교환 평형

$$pP+qQ+\cdots+ne^- = xX+yY+\cdots \tag{3.8}$$

을 성립시키는 전극의 전위 E는, 다음과 같이 나타내진다.

$$E = E^\circ + \frac{RT}{nF}\ln\frac{a_P{}^p \cdot a_Q{}^q \cdots}{a_X{}^x \cdot a_Y{}^y \cdots} \tag{3.9}$$

혹은, 산화체 $pP+qQ+\cdots$를 기호 O, 환원체 $xX+yY+\cdots$를 R로 나타냈을 때의 전자 교환 평형

$$O+ne^- = R \tag{3.10}$$

이라면, 식(3.9)은 다음과 같이 된다.

$$E = E^\circ + \frac{RT}{nF}\ln\frac{a_O}{a_R} \tag{3.11}$$

식(3.9)이나 (3.11)를 Nernst 식이라고 한다. 이것을 다음의 「참고」를 통하여 더 자세히 살펴보자.

• 참고 • Nernst 식 유도

간단히 정리하기 위해 P와 Q를 산화체, X와 Y를 환원체라 하고, 다음의 전자 교환 평형을 생각해 보자.

$$pP+qQ+ne^- = xX+yY \tag{i}$$

P, Q, X, Y는 용액 중(전위$=E_s$)에 존재하고, 한편 전자는 전극의 내부(전위$=E_M$)에 존재한다(그림). 각 성분의 전기화학 퍼텐셜 $\tilde{\mu}_i$는, 정의에 의해 다음과 같이 나타내진다(전자 e^-는 $z=-1$).

$$\tilde{\mu}_P = \mu_P{}^\circ + RT\ln a_P + z_P F E_S$$

$$\tilde{\mu}_Q = \mu_Q{}^\circ + RT\ln a_Q + z_Q F E_S$$

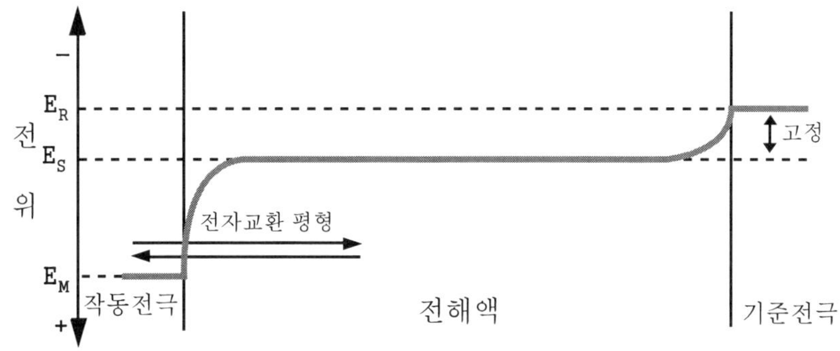

[그림] 전극–전해액 계면에서의 전자교환 평형

$$\tilde{\mu}_e = \mu_e{}^\circ + RT\ln a_e - FE_M = \mu_e{}^\circ - FE_M \qquad (a_e = 1.\ 30\text{페이지 참고})$$
$$\tilde{\mu}_X = \mu_X{}^\circ + RT\ln a_X + z_X FE_S$$
$$\tilde{\mu}_Y = \mu_Y{}^\circ + RT\ln a_Y + z_Y FE_S$$

로 나타내진다. 각각 계수를 걸어 식(3.7)에 넣어 정리하면 다음 식이 된다.

$$F[nE_M - (pz_P + qz_Q - xz_X - yz_Y)E_S]$$
$$= p\mu_P{}^\circ + q\mu_Q{}^\circ - n\mu_e{}^\circ - x\mu_X{}^\circ - y\mu_Y{}^\circ + RT\ln\frac{a_P{}^p \cdot a_Q{}^q}{a_X{}^x \cdot a_Y{}^y} \qquad \text{(ii)}$$

식(i) 양변의 전하는 동일하기 때문에, $pz_P + qz_Q - n = xz_X + yz_Y$, 즉 왼쪽 ( ) 안은 n과 동일하다. 또 오른쪽의 최초의 5개 항은 상수이므로 C로 나타낼 수 있으므로,

$$nF(E_M - E_S) = C + RT\ln\frac{a_P{}^p \cdot a_Q{}^q}{a_X{}^x \cdot a_Y{}^y} \qquad \text{(iii)}$$

가 된다. 그림에서, 기준전극에 대한 전극 전위 E는 $E_M - E_S$ +상수 이므로, 상수 부분을 정리하여 E°로 하면 Nernst 식이 된다.

$$E = E^\circ + \frac{RT}{nF}\ln\frac{{a_P}^p \cdot {a_Q}^q}{{a_X}^x \cdot {a_Y}^y} \qquad \text{(iv)}$$

보통, 용질의 활동도 a에는 몰 농도, 기체의 활동도 a에는 분압을 이용한다(30 페이지). 또, 용매($O_2 + 4H^+ + 4e^- = 2H_2O$의 H_2O)나 고체($Zn^{2+} + 2e^- = Zn$의 Zn)는 본래의 정의(몰분율)를 그대로 사용하여 $a=1$로 하면 된다.

문 위에서 언급된 $n = pz_P + qz_Q - xz_X - yz_Y$의 관계를 다음의 전기화학 평형식 $NO_3^- + 2H^+ + 2e^- = NO_2^- + H_2O$을 사용하여 확인해 보아라.

3.2.2 활동도(농도)과 전위 : 구체적인 예

예를 들어

$$O_2 + 4H^+ + 4e^- = 2H_2O \quad (E^\circ = +1.23\text{V } vs. \text{ SHE}) \qquad (3.12)$$

에 대해 Nernst 식을 써 보자. 산화체 O_2와 H^+ 중에서 O_2의 활동도는 분압 p_{O_2}로, H^+의 활동도는 몰 농도$[H^+]$로 대용한다. 환원체인 물(H_2O)의 활동도를 1로 가정하면 식(3.9)으로부터

$$\begin{aligned} E &= +1.23\text{V} + (RT/4F)\ln(p_{O_2} \cdot [H^+]^4) \\ &= +1.23\text{V} + (2.303RT/4F)\log_{10} p_{O_2} + (2.303RT/F)\log_{10}[H^+] \end{aligned} \qquad (3.13)$$

를 얻을 수 있다($\ln x = 2.303\log_{10} x$, $\log a^b = b\log a$를 사용했다). 산소 분압은 1atm, $2.303RT/F$의 값은 25℃일 때 0.059V가 된다. 또한 $\text{pH} = -\log_{10}[H^+]$이므로 다음의 간단한 식으로 바뀐다.

$$E = (+1.23 - 0.059\text{pH})\text{V } vs. \text{ SHE} \qquad (3.14)$$

여기에서, 물의 전기 분해로 인해 산소가 발생되는 이론상 전위는 pH=7에서는 +0.82V, pH=14에서는 +0.40V *vs.* SHE로 계산된다.

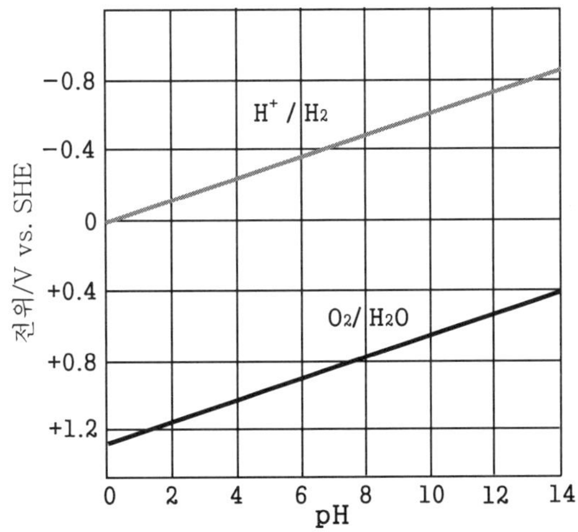

[그림 3.1] 산소 발생 전위와 수소 발생 전위의 pH의존성

수소의 발생

$$2H^{+} + 2e^{-} = H_2 \quad (E^{\circ} = 0.00\text{V } vs. \text{ SHE}) \tag{3.15}$$

도 똑같이 취급하면 수소 분압을 1atm으로서 전위는

$$E = -(0.059\text{pH})\text{V } vs. \text{ SHE} \tag{3.16}$$

가 된다. 식(3.14)와 (3.16)의 값은 pH의 변화에 따라 같은 움직임을 하기 때문에[그림 3.1], 물의 전기 분해에 필요한 이론상의 최소 전압은 pH에 관계없이 1.23V이다(눈에 보일 정도의 전기분해를 유도해 내기 위해서는 좀 더 큰 전압이 필요).

M^{n+}(금속 이온)/M(금속) 계의 전극 전위는,

$$E = E^{\circ} + (2.303RT/nF)\log_{10}[M^{n+}] \tag{3.17}$$

라고 할 수 있기 때문에, M^{n+}의 농도가 한 자릿수 변동하면 $0.059/n$(V)만큼 바뀐다. 1가 금속 이온의 농도가 두 자릿수 바뀌면 전위는 0.12V 움직인다. E° 값만으로 「매질에 대한 이온화 경향」을 정하면 안 되는 이유가 여기에도 있다.

문 2 R=8.314 Jmol⁻K⁻¹로 F=96500 Cmol⁻¹에서, T=298.15 K로 2.303 RT/F가 약 0.059 V가 되는 것을 확인하라.

문 3 식(3.16)을 확인해 보아라.

문 4 $E°$= +0.337V *vs.* SHE인 Cu^{2+}/Cu계의 전극 전위는, $[Cu^{2+}]=10^{-3}M$일 때 얼마가 될까.

(+0.249V *vs.* SHE)

문 5 질산은 수용액에 담근 은전극의 전위가 +0.482V *vs.* Ag/AgCl일 때, 질산은의 몰 농도는 얼마인가. 표 2.1과 그림 2.6을 참고하여 계산해 보아라.

(10^{-2}M)

Tea time 巨人 Nernst

Walther Nernst (1864~1941)의 생애는, 독일과 유럽의 과학이 전성기가 지난 뒤 미국에 그 주역을 양보하는 시기와 겹친다(1901~39년의 노벨상 수상자 126명중 113명까지가 유럽인, 34명이 독일인). 19~23세의 청년기에 베를린, 취리히 등의 대학에서 만난 Hermann von Helmholtz, Svante A. Arrhenius등으로 부터 영향을 받아 물리화학에 뜻을 세우게 된다. 23세 때 Leipzig 대학의 Ostwart 교수의 조수가 되고 부터는 전기화학의 분야에서 많은 실적을 올렸다. 본장의 「Nernst 식」은 그가 25세 때에 이룬 업적이다. 이후 26세부터 41세까지의 Gettingen 대학에서의 연구 생활, 그 후 30년간의 베를린 대학에서의 연구 생활을 통해서 물리학과 화학의 연구에 몰두하여, 이온 평형, 수소 과전압, 전기 모관현상 등의 이론 연구와 응고점 강하에 의한 분자량 측정, 반응속도 측정 등 실험법의 개발에 큰 발자취를 남겼다. 시대가 시대인 만큼 예외 없이 무기에 대한 연구도 하였으며, 학문뿐만이 아니라 실업면의 재능도 있던 것 같았다. 불과 수년 밖에 지속되지 못하였지만 「Nernst 전구」의 특허를 당시(1904년)로서는 파격적인 금액인 백만 마르크에 모회사가 매입한 일화는 유명하다.

Nernst의 최대의 실적은 현재 「열역학의 제3법칙」($T\rightarrow 0$에서 엔트로피 S

→0. 혹은, 절대 0도에 도달할 수 없는 것)의 확립일 것이다. 다만 그 자신은 「엔트로피」라는 단어를 사용하는 것을 의식적으로 피해 독자적인 표현으로 originality를 주장하였다. 이 열역한 제 3 법칙에 대한 정리는 베를린 대학에 부임 직후인 1905년 강의 중에 착상이 일어났다고 하여 베를린 대학의 강당에는 그것을 기념한 명판이 남아 있다. 이러한 열화학의 실적에 대해 1920년도의 노벨 화학상이 수여되었다.

3.3 Nernst 식의 응용

3.3.1 pH의 측정

「pH」는 1909년에 덴마크의 화학자 제이렌센(Sϕrensen)이 제안한 기호로 p는 power (제곱), H는 수소이온농도를 의미한다.

용액의 화학 특히 생체 분자나 착체, 콜로이드 등을 취급하는 실험에서는 pH가 평형이나 반응을 크게 좌우하기 때문에 pH의 측정과 제어는 예전부터 중요한 과제였다. 3.2절에서 살펴 본 바와 같이 전위차를 측정해 Nernst 식에 적용시키면 pH를 알 수 있다. 지금도 pH측정은 간편한 비색법을 제외하고는 거의 이 방법으로 실시한다.

a. 수소전극을 사용하는 방법

표준수소전극(SHE)에 대해서는 [그림 2.4]에서 설명하였다. pH값을 모르는 용액 안에서 백금흑(Platinum black) 전극을 적당한 기준전극에 연결하여 전위차를 측정하면, 식(3.16)과 [그림 2.6]으로부터 pH의 값을 계산할 수 있다. 예를 들어 백금흑의 전위가 −0.536V *vs.* SCE이면 pH=5.0이 된다.

이 방법에는 수소 봄베가 필요하고 전위차가 안정되는데 시간이 걸리는 경우도 있어 실용되지는 않지만, 조작이 단순하고 원리를 쉽게 이해할 수 있기 때문에 학생 실험에는 안성맞춤의 테마일 것이다.

문 6 상기의 측정을 했을 때, pH=3.6이라면, Ag/AgCl 전극에 대해서 백금흑 전극의 전위는 어느 정도나 될까.

(−0.411V *vs.* Ag/AgCl)

b. 유리전극을 사용하는 방법

유리는 보통 절연체이지만 알칼리 금속 산화물을 혼합한 유리는 전도성을 갖게 되기 때문에 표면에서는 수소이온 H^+의 흡착과 해리(해리 평형)가 일어난다. 이러한 유리를 「H^+감응성 유리」라고 하며, 이러한 전극을 유리전극(Glass electrode)이라고 한다. 유리 전극의 동작 원리에는 아직 불명한 부분도 있지만 딘순화 하면 다음과 같이 생각해도 좋다. 표면 가까이의 산화물 MO에 수소이온이 결합(흡착)한 상태를 $MO-H^+$라고 쓰면, 해리 평형은

$$MO-H^+ \rightleftarrows MO+H^+ \qquad (3.18)$$

로 나타낼 수 있고, 평형 상태에서는 다음과 같은 식이 성립된다.

$$\tilde{\mu}(MO-H^+)=\tilde{\mu}(MO)+\tilde{\mu}(H^+) \qquad (3.19)$$

유리 표면의 전위를 E_G, 수용액의 전위를 E_S로 하여, 각 항을 $\tilde{\mu}_i=\mu_i^\circ+RT\ln a_i+z_iFE_i$와 같이 분해하자. 활동도는 $MO-H^+$와 MO는 고체이므로 1로 두고, H^+의 활동도는 몰 농도$[H^+]$로 대용한다. 또 전위는 $MO-H^+$와 MO가 있는 곳이 E_G, H^+가 있는 곳이 E_S이다. 이상으로부터, 92~93페이지의 「참고」와 같이, 수소이온농도$[H^+]$의 수용액에 대해서 유리 표면이 가리키는 전위 $E(=E_G-E_S)$는 다음과 같다(C는 상수).

$$E=C+(RT/F)\ln[H^+]=C-0.059\text{pH} \qquad (3.20)$$

식(3.20)에 의하면, 유리전극-기준전극간의 전위차를 pH값으로 번역해 읽어내는 것이 pH메타와 다름없다. 전극계의 구성과 전위 분포는 [그림 3.2], 유리전극과 기준전극을 일체화한 전극의 구조는 [그림 3.3]과 같이 나타낼 수 있다.

pH메타를 사용하는 실제의 측정에서는, pH를 알고 있는 수용액(표준 완충액)으로 눈금을 교정하고 나서 측정하고자 하는 시료를 측정한다.

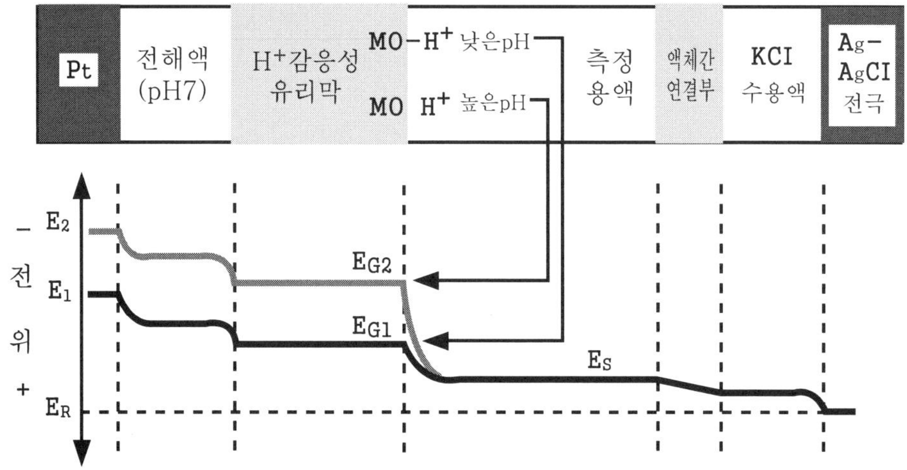

[그림 3.2] 유리전극과 Ag/AgCl전극을 이용한 pH측정원리.
(계면에 존재하는 전기이중층의 두께는 확대 됨)

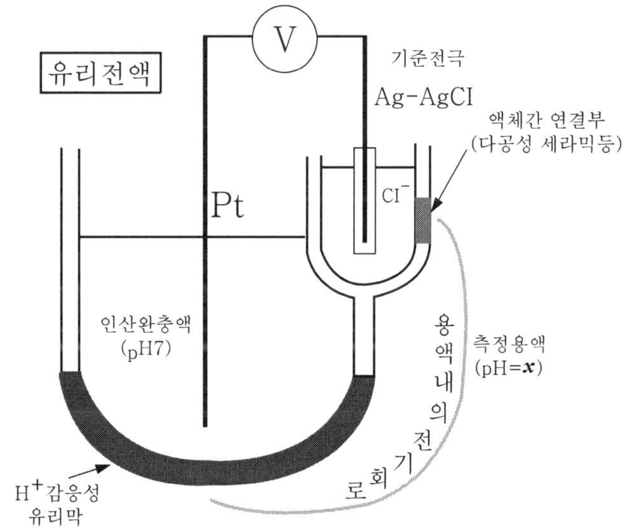

[그림 3.3] 유리전극과 기준전극(Ag/AgCl)을 일체화한 pH전극의 끝 부분.
회로(용액 내는)에는 10^{-12}A 이하의 전류가 흐르고 있다.
H^+감응성 유리막의 두께는 0.lmm 내외에서, 전기 저항은 10^8 정도.

Tea time 「산성식품」이라는 미신

약간 낡은 영양학 책에는 「산성식품」, 「알칼리성 식품」에 대한 내용이 실려있다. 식품 100g를 태워 만든 재를 증류수에 녹인 뒤, 그 용액을 중화 시키는데 필요한 0.1M NaOH 또는 HCl 용액의 체적(mL)이 식품의 산성도 · 알칼리성도라고 한다. 곧 상상할 수 있는 대로, 가열되어 산성 산화물(핵산 유래의 P_4O_{10} 등)을 일으키기 쉬운 식품은 산성식품, 알칼리성 산화물(CaO 등)을 일으키기 쉬운 식품은 알칼리성 식품 이라는 이야기에 지나지 않는다. 그런 분류를 하는 것은 자유이지만, 문제는 「산성식품을 과식하면 혈액이 산성으로 변해 병에 걸리기 쉽다. 또한 알칼리성 식품은 건강에 좋다」라고 하는 속신에 있다.

1921년경 오사카 대학 의학부의 K교수가, 「토끼에 설탕과 같은 무를 계속 먹이면, 혈액이 산성이 되어 뼈에 이상이 생겼다」라고 학회 보고했던 것이 이 속신의 기원이다. 그러나 당시의 pH측정은 간접적인 방법 밖에 없고, 소수점 이하는 신뢰할 수 없었다. 지금의 지식으로는 혈액의 pH는 몇 겹의 완충 기구에 의해 약 7.40의 일정한 값으로 유지되어 7.30~7.25까지 내리면 생사를 헤매는 일도 있다. 애당초 체내에 들어간 식품이 공기 중에서의 연소와 같은 화학변화를 할 리도 없다.

K교수의 보고는 그 후의 학계에서 완전하게 무시되었고, pH메타가 보급되기 시작한 1960년대 이후의 연구 예는 전혀 없지만, 그야말로 「과학같은」 이야기였던 탓에 금세 세상에 퍼졌다는 것이 진상인 것 같다.

문 7 pH측정에서는 시료의 온도에 주의하지 않으면 안 된다. 온도를 올바르게 생각하지 않으면 측정값은 어떻게 달라질까.

문 8 Ag/AgCl 전극을 기준전극으로 하고 유리전극으로 pH를 측정할 때, 유리 전극의 전위는 pH가 높을 때와 낮을 때 어느 쪽이 보다 (+)인가.

(낮을 때)

3.3.2 이온 선택성 전극

난용성인 염(salt)을 물에 넣으면, 염의 표면에서는 양이온이나 음이온의 해리 평형이 생기고 용액에서의 이온 농도가 변하게 되어, 그때까지 유지되어 온 평형이 어긋나게 된다. 따라서 이러한 염의 얇은 판(막)을 전극으로 사용하면, 유리 전극의 경우와 같이 적당한 기준전극과의 전위차로부터 이온 농도를 구해 낼 수 있다. 난용성 염 이외의 특정 이온에 배위되기 쉬운 유기 분자(Crown ether, Valinomycin 등)를 전극 표면에 흡착시켜 사용해도 무난하다.

이러한 전극을 이온 감응성 전극(ion-sensitive electrode)이나 이온 선택성 전극(ion-selective electrode)이라고 부른다. 이온 선택성 전극은 1960년대 초반에 개발된 이래, 혈액이나 소변중의 Na^+, K^+, Ca^{2+}, Cl^-이온의 계측, 하천이나 호수의 수질 감시, 용수 처리 프로세스의 수질 계측 등에 응용이 확대되고 있다.

Ag_2S를 이온 감응막으로 하여 Ag^+와 S^{2-}를 측정하면 [그림 3.4]와 같은 결과가 된다. 이온 농도가 한 자릿수 오르면 막의 전위는 이론상 Ag^+에서는 (+)의 방향으로 59mV, S^{2-}에서는 (−)의 방향으로 약 30mV 움직이게 되겠지만(이것을 Nernst 응답이라고 한다), 실제로는 다양한 원인으로 전위 변화는 이론값보다 작게 된다. 또, 유리전극과 같이 14 자릿수의 이온 농도 변화에 직선적인 응답을 나타내는 이온 선택성 전극은 없고, 대부분은 4~6 자릿수가 측정범위로 된다.

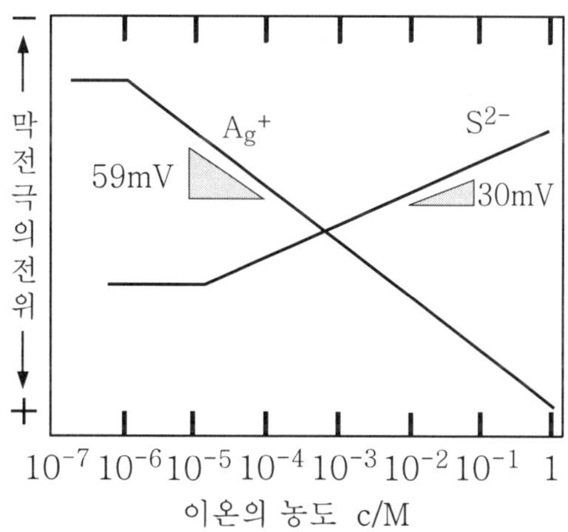

[그림 3.4] 이온 선택성 전극의 응답모델

문 9 LaF_3를 포함한 고체막전극은 농도 10^{-6}~1M의 F^-에 전위 응답한다. $[F^-]=10^{-5}$M일 때에 전위가 +0.123V *vs.* Ag/AgCl였다고 하면, $[F^-]=10^{-2}$M에서의 전위는 어떻게 될까. Nernst 응답을 가정해 계산해 보아라.

(−0.054V *vs.* Ag/AgCl)

3.3.3 $E^{\circ\prime}$값의 결정

산화체(O)와 환원체(R) 사이에 성립되는 평형반응 $O+ne^-=R$의 전극 전위 E는 표준 전극전위(E°)를 사용하면

$$E=E^\circ+(0.059/n)\log_{10}(a_O/a_R) \quad (3.21)$$

라고 할 수 있고, O와 R의 활동도의 비(용질이라면 몰 농도의 비[O]/[R])가 1일 때는 $E=E^\circ$가 된다. 다만, 80 페이지에서 논의된 바와 같이 측정값으로 구해지는 것은 E°가 아니라 겉보기 전위 $E^{\circ\prime}$이며, [O]/[R]의 몰 농도비가 1이 될 때의 전위가 그 값이 된다. 일반적으로 활동도(농도)를 바로(*in situ*) 측정하는 것은 어렵지만, 산화나 환원을 받았을 때에 색이 바뀌는 (흡수스펙트럼이 변화하는) 물질에서는 그리 어려운 일은 아니다. 이러한 분광학적인 측정을 병용하여 전자 교환 반응에 관한 정보를 찾아내는 연구 분야가 분광 전기화학(spectroelectrochemistry)이다.

예를 들면 다음과 같은 실험이 있다. 두 장의 유리판에 백금망을 끼워 틈이 0.1mm정도인 전극(박층전극)을 만들어 작동전극으로 사용한다. 0.1M의 sodium perchlorate($NaClO_4$)를 포함한 Acetonitrile에 rhodamine B(RhB)라는 붉은 색소를 녹인다. 용액을 용기에 넣고, Ag전극(기준전극)과 Pt전극(보조전극)을 담근다. 그리고 작용전극인 박층전극을 수직으로 세우면, 모세관현상으로 액면이 올라온다. 이 세트 전체를 분광광도계의 시료실에 넣고 외부로부터 Potentiostat(52 페이지)를 이용하여 작동전극의 전위를 단계적으로 바꾸면서 RhB의 흡수스펙트럼 변화를 측정해 낼 수 있다[그림 3.5].

RhB는 전기 분해에 의해 산화가 되면 전자 한 개를 뽑아낸 상태(양이온 라디칼) $RhB^{\dot{+}}$ 이 된다. 수분을 충분히 제거한 Acetonitrile 분위기라면 $RhB^{\dot{+}}$ 는 상당히 안정적으로 존재하며, 그 흡수스펙트럼은 원래의 RhB와는 현저하게 다르게 나타날 것이다(색은 황동).

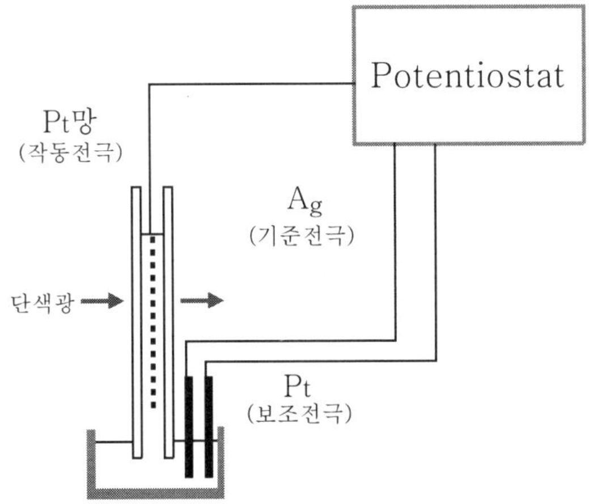

[그림 3.5] 박층 전극을 사용하는 분광 전기화학 측정의 예

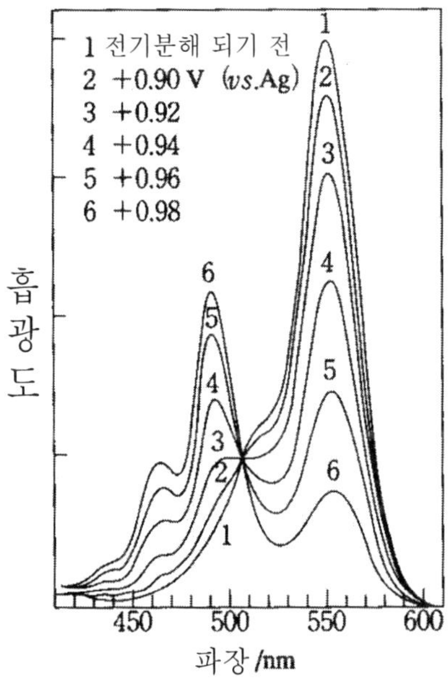

[그림 3.6] Acetonitrile에 녹아있는 RhB 산화과정에 대한 흡수스펙트럼 변화

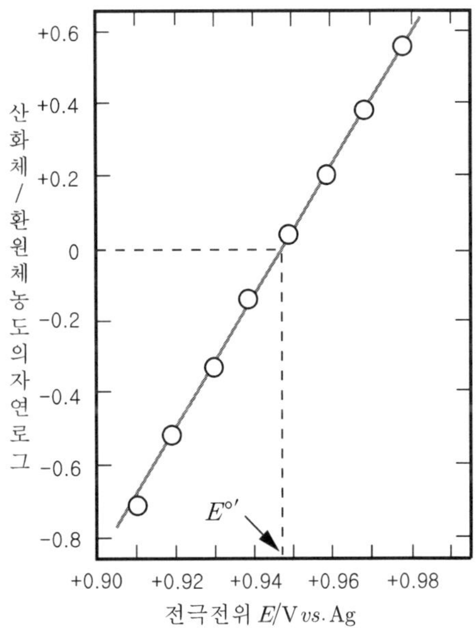

[그림 3.7] 왼쪽 그림의 결과로부터 얻어진 $\log([RhB^{+}]/[RhB]))$와 전극 전위 E와의 관계

이러한 측정 방법으로 [그림 3.6]과 같은 흡수스펙트럼 변화를 얻을 수 있으며, 이 데이터로부터 일정한 전위에서의 농도에 비 $[RhB^{\dot{+}}]/[RhB]$ (즉 $[O]/[R]$)를 알아 낼 수 있다[그림 3.7]. 세로축의 값이 1만큼 바뀔 때의 전위 변화는 전자 한 개에 의한 산화반응의 Nernst 식과 거의 정확하게 일치하며, 그 값은 약 60mV이다. 이상으로부터,

$$RhB^{\dot{+}} + e^- = RhB$$

의 겉보기 전위로서 $E^{\circ\prime} = +0.948\text{V}$ *vs.* Ag를 구해낼 수 있다.

박층 전극을 사용하는 측정은 산화 · 환원되는 물질의 양이 적고, 단시간에 산화체와 환원체가 평형 상태가 되는 이점이 있기 때문에 널리 응용되고 있다. 다만, 이러한 측정으로 겉보기 전위 $E^{\circ\prime}$가 구해질 수 있는 것은 산화체와 환원체 양쪽 모두가 충분히 안정적인 계에 한한다. 전자 전도에 의한 산화나 환원에 즉각적으로 반응하는 물질에 대해서는 $E^{\circ\prime}$을 측정할 수 없다. 예를 들어 RhB도 수용액 조건에서는 산화반응이 끝나자마자 즉시 H_2O와 반응해 버리기 때문에 위의 측정법은 적용할 수 없다.

문 10 위의 측정 데이터로 부터, $E = +1.0\text{V}$ *vs.* Ag로 평형이 된 $RhB-RhB^{\dot{+}}$ 혼합계 안에서 $RhB^{\dot{+}}$가 차지하는 비율(%)을 계산해 보시오.

(89%)

3.3.4 전지의 기전력, 전기 분해에 필요한 전압

물질의 활동도(농도)에 따라 전극 전위가 바뀌면, 전지의 기전력이나 전기 분해에 필요로 하는 전압도 바뀌게 된다. 예를 들어 Zn^{2+}/Zn계와 Cu^{2+}/Cu계에 대해서는

$$Zn^{2+} + 2e^- = Zn \qquad E_{Zn}{}^{\circ} = -0.763\text{V} \ \textit{vs.}\ \text{SHE}$$

$$E_{Zn} = E_{Zn}{}^{\circ} + 0.030\log[Zn^{2+}] \tag{3.22}$$

$$Cu^{2+} + 2e^- = Cu \qquad E_{Cu}{}^{\circ} = -0.337\text{V} \ \textit{vs.}\ \text{SHE}$$

$$E_{Cu} = E_{Cu}{}^{\circ} + 0.030\log[Cu^{2+}] \tag{3.23}$$

이므로, 반응 $Zn+Cu^{2+}+\rightarrow Zn^{2+}+Cu$에 따른 구리-아연 전지(다니엘 전지)의 기전력도, $Zn^{2+}+Cu\rightarrow Zn+Cu^{2+}$가 되기 때문에 전기 분해로 인한 소요 전압도

$$\Delta E = E_{Cu} - E_{Zn} = E_{Cu}^{\circ} - E_{Zn}^{\circ} + 0.030\log([Cu^{2+}]/[Zn^{2+}])$$

$$= 1.100V + 0.030\log([Cu^{2+}]/[Zn^{2+}]) \quad (3.24)$$

라고 표현할 수 있다. 따라서 각 이온의 농도로부터 ΔE를, 반대로 ΔE의 값으로부터 각 이온의 농도비를 계산할 수 있다.

문 11 66 페이지의 [표 2.1]의 데이터로부터, 다음의 값을 계산하라.
(1) $[Fe^{2+}]$=0.20M, $[Fe^{3+}]$=0.0010M인 수용액에 담근 Pt전극의 전위
(2) $[Fe^{2+}]$=0.20M, $[Cl^{-}]$=1.0M일 때, $2Ag+2Cl^{-}+Fe^{2+}\rightarrow 2AgCl+Fe$의 전기분해 반응에 필요한 최소전압

(1) +0.67V, (2) 0.68V

문 12 초기 농도가 $[Zn^{2+}]=[Cu^{2+}]$=1.000M인 구리-아연 전지의 기전력이 방전에 의해 1.040V까지 내려갔다. 이 때, $[Zn^{2+}]$와$[Cu^{2+}]$는 각각 얼마가 되어 있을까.

($[Zn^{2+}]$=1.980M, $[Cu^{2+}]$=0.020M)

문 13 염화구리(II) 용액에 담근 음극의 표면에 구리를 전기적으로 흡착시킨다고 하자. 음극의 전위를 +0.200V로 잠시 유지하고, 흡착이 더 이상 진행되지 않게 되었을 때, 전해액 안의$[Cu^{2+}]$는 얼마가 되어 있을까.

(2.7×10^{-5}M)

3.3.5 원소의 「전위 - pH」

금속 원소인 철을 생각해 보자. 침전물로서 수산화물을 만드는 반응 이외의 다른 특별한 상호작용을 하지 않는 산과 알칼리용액이 있다. 이 용액에 철을 담그고 전해액의 pH와 전위를 변화시키면서 그 반응의 양상을 관찰해 보면, 어떤 전위 또는 어떤 pH에서 철이 화학적으로 안정한지 알 수 있다. 이러한 실험은 방식(Anti-corrosion) 연구에 도움이 된다.

수용액 안에 존재할 수 있는 철의 화학적 형태로는, 단량체 Fe, 이온 형태로

Fe^{2+}와 Fe^{3+} 외에 수산화물 형태의 $Fe(OH)_2$와 $Fe(OH)_3$등이 있다. 이 5개가 안정되게 존재하는 조건을 세로축에 전위, 가로축에 pH를 눈금으로 한 그림으로 나타낸 것이 「전위 - pH」, 또는 이 연구의 개척자인 프랑스인 연구자의 이름을 붙여 Pourbaix diagram이라고 한다.

먼저 결과를 살펴보면, 철의 전위-pH도는 [그림 3.8]과 같이 된다.

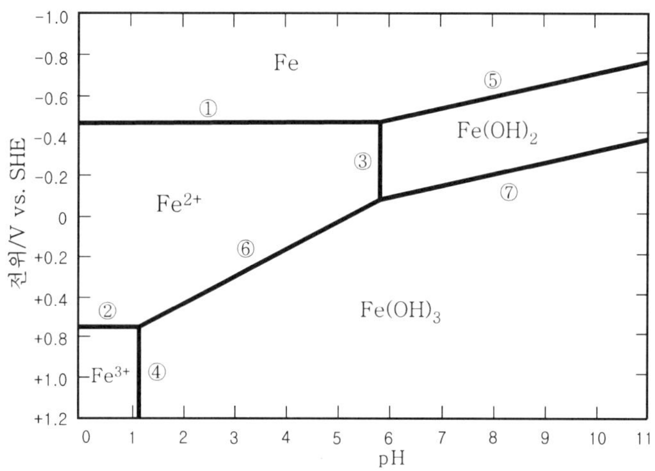

[그림 3.8] 수용액에서 철의 전위와 pH의 관계도

[그림 3.8]은 상당히 복잡하게 보이지만, 철을 포함한 모든 물질의 활동도를 1로 간주하고 2장과 3장의 내용을 종합적으로 고찰해 보면 다음과 같이 그려낼 수가 있다.

①과 ② : 66페이지 [표 2.1]의 데이터에 의해 제거시킬 수 있는 부분은 제거한다. 그리고 77페이지의 [표 2.2]를 이용, Fe^{2+}, Fe^{3+}, OH^-의 표준 몰 생성 Gibbs 자유에너지($\Delta G_f°$)로 부터 $Fe(OH)_2$와 $Fe(OH)_3$의 $\Delta G_f°$ (각각 $-486.5\ kJmol^{-1}$, $-696.5\ kJmol^{-1}$)를 계산해 낸다.

③~⑦은 다음과 같은 이유로 제거할 수 있다.

③ : 계산된 $\Delta G_f°$ 데이터로부터 35~36페이지의 순서에 의해, $Fe(OH)_2 = Fe^{2+} + 2OH^-$의 평형 상수($K$)를 계산하면 $4.85 \times 10^{-17} M^3$으로 계산된다. 이것은 $[OH^-]^2$와 동일하기 때문에, 경계가 되는 pH 값 = 5.84.

④ : 같은 순서에 의해, 경계의 pH 값 = 1.15를 얻는다.

⑤ : 전기화학 평형 $Fe(OH)_2+2H^++2e^-=Fe+2H_2O$를 나타내는 선. 77~79 페이지의 순서에 의해, 표준 전극전위가 $E°=-0.063$ V *vs.* SHE가 된다. 한층 더 Nernst 식을 적용시키면, 활동도가 바뀌는 물질은 H^+뿐이므로,

$$E=-0.063-0.059\text{pH} \tag{3.25}$$

의 식이 된다.

⑥ : 전기화학 평형 $Fe(OH)_3+3H^++e^-=Fe^{2+}+3H_2O$를 나타낸다. (3.25)와 같은 방법으로 다음 식을 얻어 낼 수 있다.

$$E=+0.972-0.177\text{pH} \tag{3.26}$$

⑦ : 전기화학 평형 $Fe(OH)_3+H^++e^-=Fe(OH)_2+H_2O$를 나타낸다. 동일한 계산으로 다음 식을 얻어 낼 수 있다.

$$E=-0.281-0.059\text{pH} \tag{3.27}$$

이상의 ①~⑦의 연결방법에 의해 그래프에 그리면 [그림 3.8]이 된다.

문 14 식(3.26)을 확인해 보아라.

문 15 수용액에서 카드뮴은 Cd, Cd^{2+}, $Cd(OH)_2$의 형태로 존재한다. 66페이지의 $E°$ 값과 표준 몰 생성 Gibbs 자유에너지 $\Delta G_f°$의 값(Cd^{2+} : -77.61 kJmol^{-1}, $Cd(OH)_2$: -473.14 kJmol^{-1})을 기초로 하여 카드뮴의 전위 – pH 관계도를 만들어 보아라.

4장 빛과 전기화학

초속 30만km로 날아다니는 미니 전지들 — 이러한 이미지가 화학에서 빛을 생각할 때의 원점이 된다. 예를 들어 「가시광전지」는 「기전력」이 망간 건전지보다 크며, 맑은 날인 경우 대지 $1cm^2$당 매초 10^{17}개의 「전지」가 쏟아 져 내리고 있다.

태양전지가 사용된 계산기의 작동, 사진의 인화, 포스터의 변색, 햇볕에 그을림, 식물의 광합성 등 빛이 일으키는 현상은 우리 주변에도 많이 있으며, 그 대부분은 전자이동이 계기가 된다. 중학교이나 고등학교에서 광화학(Photochemistry)을 거의 학습하지 못하는 이유는 이러한 전자이동에 의한 「미니 전지」의 이미지를 잡기 어렵기 때문일 것이다.

4.1 빛은 에너지의 입자

4.1.1 전자파와 빛과 광자

전자파는 전기장과 자장이 진동하면서 초속 30만km로 진행한다. 전자파는 [그림 4.1]과 같이 파장이 15 자릿수 이상의 영역을 포함하고 있으며, 그 파장의 크기를 적절하게 구분하여 여러 가지 이름으로 불린다. 400~750nm 파장

범위의 전자파는 사람 눈의 망막을 구성하고 있는 분자를 작용시켜 보이는 감각으로 작용하므로(즉, 눈에 보이므로) 가시광선이라고 한다. 이 망막의 분자는 생물마다 다르기 때문에 「꿀벌의 가시광」과 사람의 가시광은 다르다. 또한 무지개를 일곱 가지 색이라고 보는 습관은 만국 공통이 아니고 「6색」인 나라도 「5색」인 나라도 있다.

빛에는 파장의 성질(간섭이나 회절. 비단벌레의 빛깔은 간섭에 의해 발생한다) 이외에, 광전 효과, 콤프톤 산란(Compton scattering, 충돌해 에너지와 운동량을 교환하는 현상) 등 입자로 보지 않으면 이해하기 어려운 성질도 있다. 입자로 보았을 때의 빛은 광자(photon)의 집합체가 되지만, 다른 종류의 입자가 갖고 있는 「크기」의 개념은 없다.

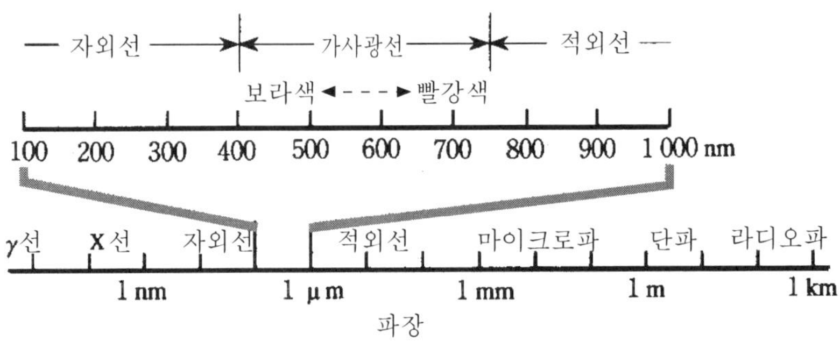

[그림 4.1] 전자파의 파장과 대략적인 구분

파동의 성질과 입자의 성질을 묶은 것이 유명한 아인슈타인의 식

$$\varepsilon_{\mathrm{P}} = h\nu \tag{4.1}$$

이다. ε_{P}는 입자의 개념으로부터 정의된 광자 한 개에 에너지(J), ν는 파장의 개념으로부터 정의된 진동수(s^{-1}), 비례 상수 h(=6.626×10^{-34}Js)는 Planck 상수이다. 진동수 ν는 광속도 c=2.998×10^{8} ms^{-1}을 파장 λ(m)으로 나눈 c/λ와 동일하기 때문에 식(4.1)은 다음과 같이 나타낼 수 있다.

$$\varepsilon_{\mathrm{P}} = hc/\lambda \tag{4.2}$$

Tea time 뉴턴은 옳았다

수리 물리학을 정리해 놓은 『자연철학의 수학적 원리(Philosophiae Naturalis Principia Mathematicae 또는 Principia)』(1687)의 저자인 동시에, 신학자 · 연금술사이기도 하며, 영국 조폐국의 장관, 또 왕립 협회의 회장도 역임한 Issac Newton(1642~1727)은 1704년의 저서 『광학』에서, 당시의 통설에 정면으로 대립되는 다음 두 가지를 주장하였다.

1. 백색광은 빨강, 초록…의 색을 갖고 있는 기본 성분의 집합체로서 이러한 기본 성분은 어떤 조작을 해도 변하지 않는다(즉, 빨강이 파랑으로 되지는 않는다).
2. 빛은 보통의 물질과 비슷한 특성을 갖고 있으며 거의 무한대의 속도로 달리는 무한소의 입자이다.

이 중 1번은 50년 정도 지난 후 인정 되었지만, 2번은 실험적 증거의 보충이 없었던 탓에 완전히 무시되었다. 19세기 후반에 이르러 맥스웰의 전자 이론이 확립 되면서 물리학계는 「빛 = 파동」설로 공감대가 형성되어 버렸다. 그리고 20세기 초기에 양자 역학의 이론과 관측 사실(광전 효과 등)로부터 「빛은 입자이기도 하다」라는 것이 알려 지면서, 200년 전의 뉴턴에 주장이 옳다는 것이 뚜렷해졌다. 뉴턴 자신은 어디까지 확신을 가지고 「빛은 입자다」라고 생각했는지는 모르겠지만.

파장 λ를 nm(10^{-9}m) 단위로 나타내면, 자외선~가시광선의 범위라면 수치가 200~750이 되기 때문에 불필요한 지수를 붙이지 않아도 된다. 게다가 광자 에너지 ε_p를 eV 단위(39 페이지 참고)로 취급하기 위해 상수 h와 c 값을 재정리하면 (4.2)식은

$$\varepsilon_p(\text{eV}) = 1240/\lambda(\text{nm}) \tag{4.3}$$

로 간단하게 정리할 수 있으며, ε_p는 보통 사용하는 파장 영역이라면 1에서 5까지의 숫자로 나타낼 수 있다. 식(4.3)을 기억해 두면 빛에 관계된 현상을 이해하는 데 도움이 된다.

4.1.2 빛을 숫자로 이해한다

광자의 모습을 구체적인 예로 살펴보도록 하자. 예를 들어 출력 2mW의 He-Ne 레이저로부터 나오는 붉은 빛은 파장은 632.8nm이다. 이 레이저 빔에 광자 한 개의 에너지(ε_p)는 1240/632.8=1.96eV로,

$$1\text{eV}=1.602\times10^{-19}\text{J} \tag{4.4}$$

의 관계에 의해 3.14×10^{-19}J가 된다. 2mW=$2\times10^{-3}\text{Js}^{-1}$를 이것으로 나눈 값, 즉 $6.37\times10^{15}\text{s}^{-1}$가 1초간에 나오는 광자의 수와 같다. 이 값을 아보가드로상수로 나누면 $1.06\times10^{-8}\text{mols}^{-1}$이 된다. 광자의 수는 빛 현상의 특성에 의해 측정할 수 있다.

문 1 $\nu=c/\lambda$의 관계로부터 빛을 파장이라고 보았을 때, 가시광선은 진동수 ν (단위 Hz=s^{-1})로 어떠한 범위가 되는지 계산해 보아라.

(4.0×10^{14}~7.5×10^{14} Hz = 400~750 THz)

문 2 가시광의 광자 에너지는 eV단위로 어떠한 범위에 들어갈까. 또 광자 1mol의 에너지를 kJmol^{-1}단위로 나타내면 어떻게 될까.

(1.7~3.1 eV, 160~299 kJmol^{-1})

문 3 정격 출력 2W의 Ar^+ 레이저로부터 나오는 파장 488.0nm의 빛은 약 700mW의 강도를 가진다.

(1) 광자 에너지 ε_p는 eV단위로 얼마인가.

(2) 1초간에 나오는 광자의 수는 얼마인가.

(1)2.54 eV, (2)(1.72×10^{18} s^{-1})

문 4 여름철 한낮에 지표에 닿는 태양광의 에너지 밀도는 약 1kWm^{-2}이고, 그 중 가시광선이 약 45%를 차지한다. 가시광선의 파장을 평균 500nm라고 할 때, 지면 1cm^2에 매초 도달하는 가시광선의 광자수는 얼마나 될까.

(1.1×10^{17} s^{-1})

문 5 파장(cm)의 역수(파수wavenumber라고 한다. 단위 cm^{-1})로 파장을 표현해 낼 수 있다.

(1) 이 때, 파수가 광자 에너지(ε_p)에 비례한다는 것을 확인하라.

(2) 파수 2000cm^{-1}인 적외선의 광자 에너지는 몇 eV인가.

(0.248eV)

4.2 빛의 흡수

4.2.1 분자(원자) 한 개가 광자 한 개를 흡수

빛의 흡수란 물질 안에 있는 전자가 빛에너지를 받아 그 만큼 높은 에너지 상태가 되는 현상을 말한다. 빛을 파장이라고 보면, 진동 전기장이 물질내의 전자를 흔들어 진동수가 정확히 일치했을 때 파의 에너지가 물질로 옮겨지는 이미지가 된다. 한편 입자(광자)라고 생각했을 때에는, 광자가 물질에 충돌해 전자 에너지로 모습을 바꾸어 광자 그 자체는 없어지는 이미지이다. 이 때, 보통 빛의 강도는 한 개의 광자가 한 개의 분자(또는 원자)에 흡수된다. 이것을 아인슈타인의 광화학당량의 법칙(photochemical equivalence law)이라고 부른다.

• 참고 • 광화학 당량 법칙이 성립되는 조건

한낮의 지면에서는 가시광선의 광자 밀도가 약 10^{17} $cm^{-2}s^{-1}$가 된다(문 4). 실험에 사용하는 광원의 힘도 이것에 대체로 가깝다. 분자 한 개의 면적은 10^{-14} cm^2정도이므로, 매초 이 분자에는 약 1,000개의 광자가 부딪치고, 분자는 평균 10^{-3} s에 한 개의 광자를 받는다. 그러나 한 개의 광자를 흡수한 분자는 그 상태의 수명은 10^{-6}s , 짧으면 10^{-10}s이하이므로, 분자가 동시에 두 개의 광자를 흡수하는 확률은 10^{-3}~10^{-7}으로 낮다. 광화학 당량 법칙은 이런 조건에서 성립된다.

빛이 충분히 강해지면, 분자가 두 개의 광자를 흡수하는 확률도 늘어난다. 이것을 2광자 흡수라고 한다.

문 면적이 $10^{-14}cm^2$이고 빛을 흡수한 상태에서의 수명이 10^{-8} s인 분자에 10%의 확률로 2개의 광자가 흡수되게 하려면, 얼마의 강도(cm^{-2} s^{-1}단위의 광자 밀도)를 지닌 빛이 필요한가. 또, 그 빛의 파장이 500nm라면 빛의 강도는 Wcm^{-2}단위로 어느 정도나 될까.

($10^{21} cm^{-2}s^{-1}$ 약 $400Wcm^{-2}$)

4.2.2 기저상태와 여기상태

2장 60 페이지에서 살펴 본 바와 같이, 물질안의 전자들은 일정한 구간의 에너지 준위를 가진다. 우선 분자를 생각해 보자. 광자를 흡수하기 전을 기저상태(ground state)의 분자, 흡수한 후를 여기상태(excited state)의 분자라고 한다. 분자의 전자 에너지 준위 중에 전자가 꽉 찬 준위(기저상태) 한 개와 텅 빈 준위(여기상태) 두 개에만 주목한 빛의 흡수 모델이 [그림 4.2]이다.

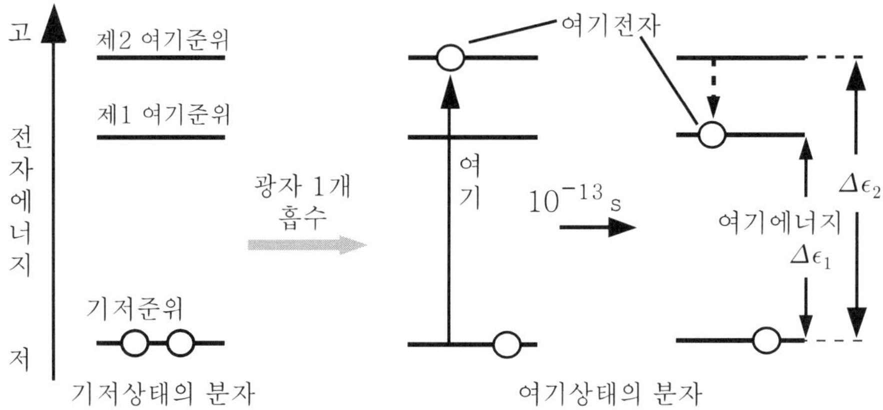

[그림 4.2] 분자에 의한 빛 흡수

광자 에너지(ε_P)가 그림의 $\Delta\varepsilon_1$ (최저 여기 에너지)보다 작으면 광자는 분자를 그냥 통과하게 되며, $\varepsilon_P \geq \Delta\varepsilon_1$인 조건에서 부터 빛이 흡수되기 시작한다. ε_P가 $\Delta\varepsilon_2$ 정도가 되면 전자는 제 2 여기상태까지 오르지만 보통은 10^{-13} s정도의 시간(원자간 진동이 약 1회 일어나는 시간) 내에 제 1 여기상태까지 떨어진다(다음 절에 말하는 전자이동은 모두 이 상태로부터 일어난다고 생각해도 좋다). 기저상태도 여기상태도 에너지의 폭을 가지므로 빛이 흡수되는 효율과 광자 에너지의 관계는 [그림 4.3]과 같이 된다. 이러한 그림을 분자의 흡수스펙트럼이라고 한다.

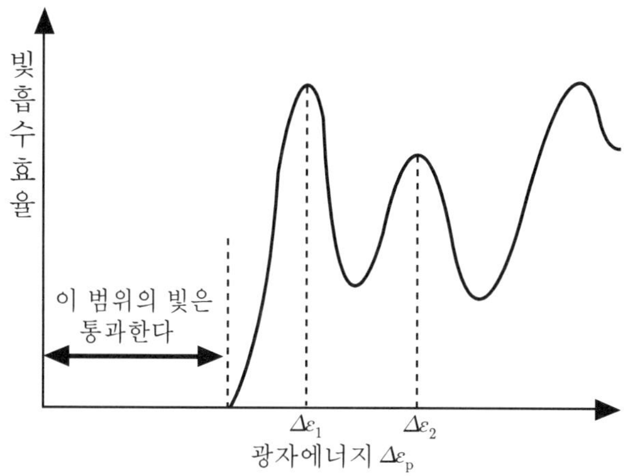

[그림 4.3] 분자의 광자 흡수스펙트럼

Tea time **전자에너지가 일정한 구간의 에너지 준위를 갖고 있지 않으면…**

물질 속에 존재하는 전자는 불연속적인 에너지 준위에 따라 위치하고 있다는 것은 양자론으로부터 정의되고 있지만, 우리의 주변에서도 쉽게 찾아 낼 수 있다. 전자가 어떤 에너지라도 취할 수 있다면, 즉 에너지가 연속적으로 바뀐다면, 자외선으로부터 가시광선을 거쳐 적외선까지 모든 파장(광자 에너지)의 빛을 흡수할 수 있게 된다. 그 결과 만물은 새까맣게 보일 것이다(물론 이때 눈의 기능도 바뀌겠지만). 물건에 색이 있다는 사실이 전자에너지의 불연속성을 묵시적으로 말하고 있는 것이다.

4.3 광여기와 전자이동

4.3.1 여기상태에서 일어나는 것

a. 광화학 변화와 여기상태의 수명

분자 A가 빛을 흡수해 여기 분자 A*가 되었다고 하자. 그리고 A*는 다음과 같은 운명을 거친다(더 자세한 설명은 전문 서적을 참고).

① $A^* \rightarrow A$	에너지를 열로 방출(무방사 천이), 빛으로 방출(형광, 인광), 다른 분자로 전달(에너지 이동)
② $A^* \rightarrow B$	분자 내 결합 파괴, 이성화반응, 전위반응 등
③ $A^* + X \rightarrow Y$	부가 반응
④ $A^* + X \rightarrow A' + X'$	1전자 산화, 1전자 환원, 수소 원자의 교환 등

①~④와 같은 현상을 광화학 반응이라고 한다. [그림 4.2]의 오른쪽과 같은 여기상태의 수명은 10^{-6}~10^{-12}s로 짧고, 기저상태로 돌아오는 반응(①)도, 화학변화(②,③)도, 전자 교환(④)도, 이 시간 내에 일어난다고 생각해도 좋다.

예를 들어 눈의 망막에는, retinol이라는 가늘고 긴 분자가 단백질과 결합된 rhodopsin이라는 분자가 배열되어 있다. retinol은 기저상태에서는 시스형으로 존재 하고 있지만, 광자를 흡수하면 약 10^{-11}s (10ps)로 직선형(트랜스형)의 이성질체로 바뀌게 된다. 이 반응을 출발로 단백질 분자의 구조 변화가 신경세포의 흥분으로 연결되어 뇌는 「물질이 보였다」라고 판단한다.

참고 Lambert-Beer의 식

물질의 몰 농도가 c(M), 두께 l(cm)의 용액층에 강도 I_0의 단색광이 입사되고, 그 중 일부가 흡수되어 투과 강도가 I가 되었다고 하면, Lambert-Beer의 식

$$I = I_0 10^{-\varepsilon cl}$$

이 성립된다. 이 때 $\log_{10}(I_0/I) = \varepsilon cl$를 흡광도(absorbance)라고 하며, 기호 A로 나타낸다. 비례 계수 ε는 파장 λ로 바뀌어, 물질의 빛 흡수 능력을 반영하는 양으로 몰 흡광 계수라고 한다(단위 $M^{-1}cm^{-1}$. 큰 것으로 10^5 내외). A와 파장 λ의 관계가, 분광 광도계로 얻어진 흡수스펙트럼과 같다.

문 $\varepsilon(\lambda) = 5 \times 10^4 M^{-1}cm^{-1}$, $c = 10^{-5}$M, $l = 1$cm일 때, 흡광도 A는 얼마인가. 또, 빛의 흡수율 $(I_0 - I)/I_0$를 $1 - 10^{-A}$로 표현할 수 있다는 것을 증명하고, 그 값(%)을 계산해 보아라.

(A=0.5 흡수율=68%)

b. 양자수율

광화학 반응을 일으켰을 때 변화된 물질의 양은 입자의 성질을 이용한 광자의 형태로 측정될 수 있다. 이때 흡수된 광자 한 개에 의해 변화된 입자의 개수(분자/이온/전자의 개수)로 부터 광화학 변화의 효율을 계산할 수 있으며 이것을 양자수율(quantum yield, ϕ)이라고 한다.

$$\phi = \frac{\text{변화한 입자(분자・이온・전자)의 수}}{\text{물질계가 흡수한 광자의 수}} \leqq 1 \qquad (4.5)$$

양자수율을 측정하려면, 우선 같은 파장이 모인 빛(단색광)을 만들어, ϕ의 값(보통 1.0)을 알 수 있는 태양전지로 부터 전류를 측정하던지, ϕ의 값이 정확하게 측정되어 있는 광화학 반응을 시켜 광자수를 구해 낸다. 후자를 화학 광량측정(chemical actinometry)라고 하며, 각종 이온의 광환원 반응($Fe(C_2O_4)_3^{3-} \rightarrow Fe^{2+}$, 436nm에 ϕ=1.00) 등에 사용된다. 이렇게 해서 광원의 광자수를 결정한 뒤 조사하고 싶은 반응계에 일정시간 이 빛을 쬐어 반응량을 구해내면 된다.

빛에 의해 진행되는 산화/환원 반응의 경우, 「반응량」은 「움직인 전자의 양」으로 환산한다. 예를 들어 물을 산소와 수소로 분해시키는 광반응이라면, 산소 1mol를 전자 4mol로 환산하여 양자수율의 계산한다.

문 6 어떤 물질계에 파장 500nm, 강도 1W의 단색광을 100초간 쪼이면 빛이 완전하게 흡수되어 물의 산화반응이 진행되어 1.00cm^{3}의 산소가 발생된다.

(1) 100초간 계에 흡수된 광자수는 얼마인가.
(2) 온도가 25℃라면, 발생된 산소는 몇 mol인가, 또 분자수는 얼마인가.
(3) 움직인 전자수는 얼마인가.
(4) 이 광반응의 양자수율은 얼마인가.

(1) 2.52×10^{20}개 (2) 4.08×10^{-5}mol, 2.46×10^{19}개
(3) 9.83×10^{19}개 (4) $1.1\times10^{17}s^{-1}$

4.3.2 광 여기와 산화력, 환원력

전자 에너지는 전위라는 표현으로도 통용될 수 있으며, 전위가 낮을수록(음의

값을 갖을수록) 전자 에너지는 높아진다. 따라서 분자의 광 여기는 [그림 4.4]의 이미지로 파악할 수 있다(그림 4.3에서 설명한 바와 같이, 여기상태에 대해서는 제1 여기상태의 전자만 생각해도 된다).

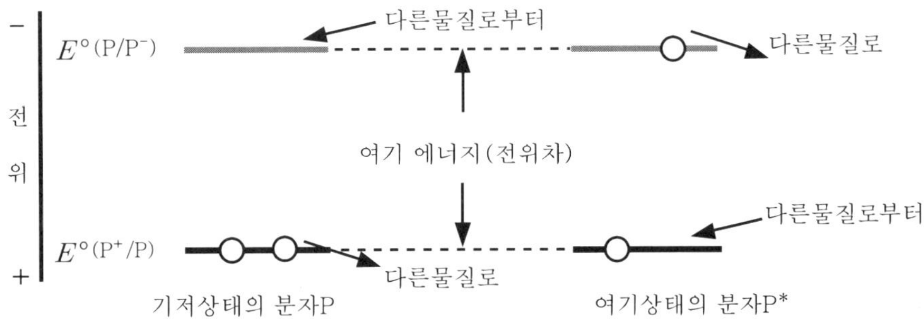

[그림 4.4] 광 여기에 의해 변하는 분자 P의 산화력과 환원력

빛을 흡수하기 전, 분자 P는 전자가 꽉 찬 기저상태의 에너지 준위는 1전자 산화의 표준 전극전위 $E°(P^+/P)$에 해당되고, 여기상태의 에너지 준위는 1전자 환원의 표준 전극전위 $E°(P/P^-)$에 해당한다. 여기상태의 분자 P^*가 되면, 여기 에너지에 해당하는 전위차(여기 에너지가 2.4eV라면 2.4V)만큼, $E°(P^+/P)$는 (−)측의 전위로, $E°(P/P^-)$는 (+)측의 전위로 움직인다. 즉, 분자의 산화력(또는 환원력)도 여기 에너지만큼 강해진다. 가시광선의 광자 에너지는 1.7~3.1eV이므로, 이와 같은 범위에서 여기 에너지를 갖고 있는 물질이 가시광의 빛을 흡수했을 때에 1.7~3.1V의 전압이 걸린 것과 같은 상태가 된다. 4장의 첫머리에서 빛을 「미니 전지의 모임」에 비유한 근거가 여기에 있다.

문 7 어떤 색소 분자 P는, 기저상태에서 $E°(P^+/P) = +1.00V$ *vs.* SHE이고, 빛 흡수의 피크 파장(그림 4.3의 $\Delta\varepsilon_1$에 해당하는 파장)은 620nm라고 한다.

(1) $\Delta\varepsilon_1$을 eV단위로 나타내라.

(2) 여기상태에서 전자 1개 방출 전위 $E°(P^+/P)$는 어느 정도인가.

(3) Pb^{2+}, Ti^{2+}, Fe^{2+}, Zn^{2+}, Mg^{2+}를 포함한 용액에 색소 P를 더해 620nm의 빛을 조사했을 때, 환원될 가능성이 있는 금속 이온은 어떤 것인가. 66페이지의 표 2.1을 참고하여 생각해보라.

(1) 2.00eV, (2) −1.00V *vs.* SHE, (3) Pb^{2+}와 Fe^{2+}와 Zn^{2+}

4.3.3 광전자 이동의 예

광전자 이동이 주역이 되는 현상 가운데 두 가지만 살펴보도록 하자.

a. 사진의 감광

브롬화은(AgBr)의 결정구조로 부터 은이온 (Ag^+)의 일부가 결정격자점으로 부터 떨어져 나가게 되면, 결정구조 안에 텅 빈 공간이 일부 생기게 된다. 이런 상태의 브롬화은에 전자 e^-를 넣어 주게 되면, 다음의 환원 반응에 의해 은원자 Ag가 생긴다.

$$Ag^+ + e^- \rightarrow Ag \tag{4.6}$$

이 은원자는 격자간의 Ag^+이온을 끌어당긴다. 반응(4.6)을 반복하면,

$$Ag^+ \rightarrow Ag_2^+ \rightarrow Ag_3^+ \rightarrow Ag_4^+ \rightarrow \dots \tag{4.7}$$

와 같이 Ag_n^+(은핵)의 성장이 진행된다. Ag_4^+보다 큰 은핵을 갖고 있는 결정입자를 Hydroquinone과 같은 환원제 수용액에 담가 놓으면 입자 전체가 은으로 환원되어 검게 변한다.

AgBr(실제로는 AgI를 조금 혼합한 AgBr)의 미립 결정입자를 분산시킨 에멀션에 빛을 쬐어 전자를 발생, (4.7)반응에 의해 형성된 Ag_n^+를 포함한 입자를 환원(현상)시켜 그림으로 형상하는 것이 사진의 원리이다. Ag원자가 2×10^{10}개 정도 포함된 AgBr입자를 현상시키면 광자→Ag원자의 증폭률은 1억 배가 넘는다.

AgBr 자체에 빛을 쬐어도 전자는 생기지만, 흡수 파장이 자외선 영역이므로 육안으로 보이는 상은 생기지 않는다. 흑백 사진도 칼라 사진도 필름의 에멀션 부분에는 가시광선을 흡수하는 유기 색소(증감제)가 첨가되어 있다. AgBr 표면에 흡착된 증감제가 가시광선에 의해 여기되어, 여기된 전자가 AgBr로 들어가 잠상을 만든다. AgBr은 반도체의 일종으로(56 페이지의 「참고」를 참고), 격자간 Ag^+이온(Ag_i^+)은 금지대 안에 에너지 준위를 가진다. 따라서 잠상의 형성은 [그림 4.5]와 같은 에너지도(전위도)로 나타내진다.

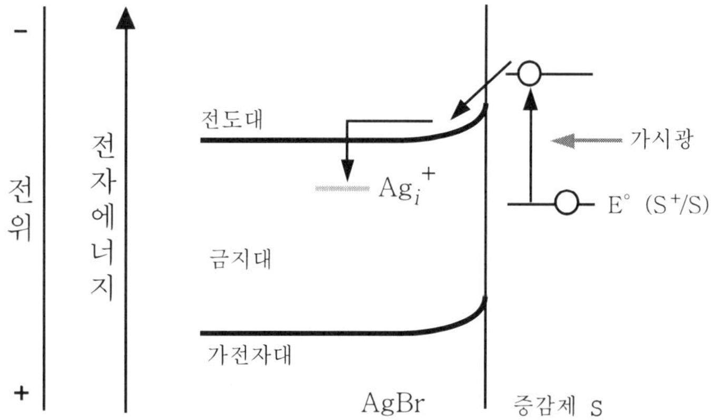

[그림 4.5] 사진 감광의 제1단계에서 일어나는 전자이동

흡수스펙트럼이 거의 같은 색소끼리라도 [그림 4.5]에 나타낸 전자이동의 효율은 1 전자 산화의 표준 전위 $E°(S^+/S)$에 따라 크게 바뀐다. 이러한 반응 메커니즘은 1960~70년대에 전기화학자들에 의해 자세하게 조사되었고, [그림 4.5]와 같은 이미지가 완성되었다(82페이지 참고).

적외선 필름에 사용하는 증감제는 여기 에너지가 작고, 실온 근처에서도 일부는 여기상태가 되어 반응(화학변화)하기 쉽다. 적외선 필름의 보존성이 나쁜 것은 그 때문이다.

문 8	AgBr의 각 격자에 Ag^+이온 1개가 존재하는 결정을 aksr들기 위해서는 약 1.0eV의 에너지가 필요하다. 35~36페이지의 지식에 의하여, Ag^+(격자점에 위치)⇄Ag^+(격자 사이에 위치)를 평형으로 가정하면, 25℃에서는 몇 개의 Ag^+(격자점) 중 한 개가 Ag^+(격자 사이에 위치)으로 되는지 계산해 보아라. 또 그 결과로부터, 1g의 AgBr 안에는 약 몇 개의 Ag^+(격자 사이에 위치)이 포함되어 있을까.
	(약 8×10^{16}개, 4×10^{4}개)

b. 태양전지

전기화학과의 밀착도는 그다지 높지 않지만, 5장에서 광합성을 이해하기 위한 기초로 태양전지의 구조와 효율에 대해 살펴보도록 하자.

(i) 태양 에너지

우선, 태양 에너지의 크기를 [표 4.1]에 나타냈다. 태양이 핵융합으로 만들어진 에너지 가운데, 입체각의 관계로 22억분의 1정도가 지구에 도달한다. 지구 표면에서 반사된 에너지를 제외한 연간 3×10^{24}J의 에너지가 지표면에 도달하게 되며, 이는 세계의 연간 에너지 소비량의 만 배에 해당된다. 그 중에 약 0.001이 식물의 광합성으로 유기 화합물의 화학에너지로 소모되며, 그 유기화합물의 극히 일부가 우리의 식량이 된다.

[표 4.1] 태양 에너지의 크기

태양에너지	1.2×10^{34} Jy^{-1}	
↓ (1/22억)		
지구가 받는 태양에너지	5.5×10^{24} Jy^{-1}	상대값
↓ (거의 반이 반사)		↓
지표+해양면에 도달하는 에너지	3.0×10^{24} Jy^{-1}	(10,300)
↓ (1/1000)		
광합성으로 고정되는 에너지	3.0×10^{21} Jy^{-1}	(10.3)
↓ (1/200)		
식량이 되는 에너지	1.5×10^{19} Jy^{-1}	(0.05)
세계 에너지 소비량	2.9×10^{20} Jy^{-1}	(1.00)
(화석연료 소비량)	2.8×10^{20} Jy^{-1}	(0.95)

문 9 [표 4.1]의 데이터로부터, 전 세계의 57억 명이 식량으로서 섭취하는 에너지는, 한 명이 1일 섭취하는 에너지로 계산하면 몇 kJ인가, 또 몇 kcal인가.

(7200kJ=1700kcal)

(ii) 태양 에너지의 밀도

직사광으로 태양빛을 받는 지면의 에너지 밀도는 거의 정확히 $1kWm^{-2}$이지만, 밤낮 · 청우 · 계절 등을 고려한 평균값은 이 값의 몇 분의 1정도가 된다. 온대 지역에서 측정된 값은 127~162 Wm^{-2}이고 적도 바로 아래라면 300 Wm^{-2} 정도 된다.

문 10 대한민국 전 국토(면적 9만 9천 km^2)가 받는 태양광 에너지는 세계 에너지 소비량의 몇 배에 해당할까.

(1.6배)

(iii) 태양광의 스펙트럼 분포

태양광은 [그림 4.6]과 같은 스펙트럼 분포를 가진다. 빛 에너지 변환에 관계되는 곡선 C의 경우, 에너지 비율로 자외선(파장 400nm이하)이 약 3%, 가시광선이 약 45%, 적외선(750 nm이상)이 약 52%를 차지한다. 대기권을 통과할 때 없어지는 부분(스펙트럼상의 잘린 자국)은 대부분이 수증기에 의해 흡수된 것이지만, 290nm이하의 빔은 수증기가 아니고 성층권의 오존 O_3에 의해 흡수된다.

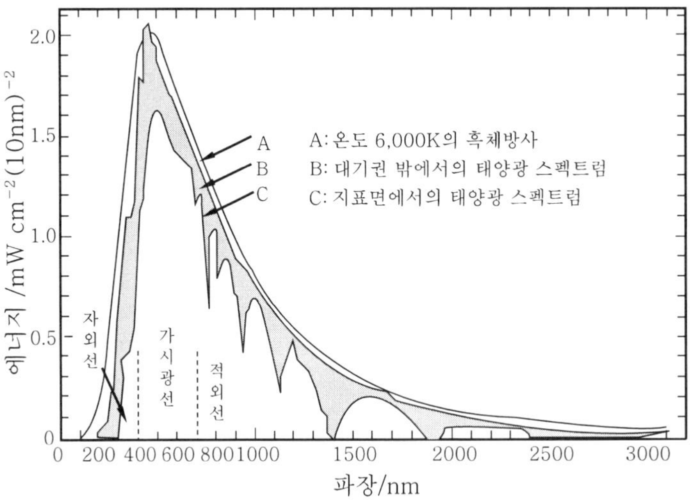

[그림 4.6] 태양 에너지의 스펙트럼 분포

(iv) 태양전지의 원리

전자가 움직이는 n형 반도체와 정공이 움직이는 p형 반도체를 접합(p-n접합)하면, 전체가 안정이 되려고 전자의 일부가 n형으로부터 p형으로 흘러 들어가게 되며, 평형이 되었을 때에는 계면에 전위의 구배가 생기게 된다. 접합 부분에서 빛이 흡수되면 전도대에 생긴 전자와 가전자대에 생긴 정공이 전기장에 도움을 받아 역방향으로 움직여 전류로서 흐르게 된다. 이것이 태양전지(광전지)의 동작 원리와 같다. p-n접합의 사소한 이야기는 생략하고, 아래에서는 빛 에너지 변환의 효율만을 생각하자.

(v) 태양 에너지 변환효율

금지대 폭이 ε_g인 반도체에 에너지 ε_P의 광자가 한 개 도달 하였다고 하자. $\varepsilon_P < \varepsilon_g$라면 광자는 반도체를 빠져 나가고(A), $\varepsilon_p = \varepsilon_g$라면 전자 한 개가 정확히 전도대의 바닥까지 오른다(B). 광자 에너지가 한층 더 커서 ε_g를 넘으면, 전자는 순간적으로, 전도대까지 올라갈 수 있지만, 분자의 경우와 같이(110~111 페이지) 곧바로 전도대의 바닥까지 떨어지기 때문에 에너지 차($\varepsilon_P - \varepsilon_g$)는 의미가 없어져 버린다(C). 이와 같이, 반도체가 빛을 흡수했을 경우 광자 에너지 중 ε_g만 유효 이용할 수 있게 된다.

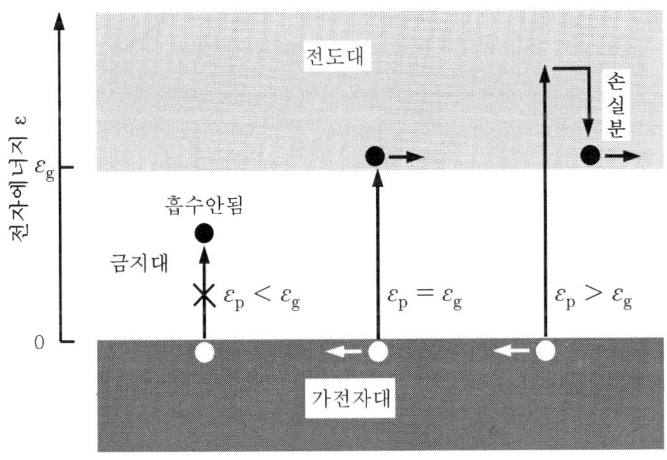

[그림 4.7] 반도체의 빛 흡수와 금지대폭 ε_g, 광자 에너지 ε_P의 관계

[그림 4.6]과 [그림 4.7]을 비교해 보면, ε_g(흡수스펙트럼 에너지) 이상의 광자를 완전하게 흡수하고, 흡수된 에너지가 모두 전기 에너지로 변환되는 이상적인 반도체에 대한 태양광 에너지의 변환효율은 흡수스펙트럼 에너지(ε_g)를 가로축으로 하여 [그림 4.8]과 같이 나타낼 수 있다. 변환효율은 ε_g=1.35eV에서 약 31%로 최대값이 된다. 현재 판매되고 있는 태양전지의 재료 중 99%이상을 차지하고 있는 실리콘의 흡수 스펙트럼의 에너지 영역은 ε_g=1.1eV이므로 빛 흡수 특성 면에서도 최적의 조건에 가깝다. 계산기나 시계에 사용되는 아몰퍼스(amorphous) 실리콘을 사용한 경우에는 빛의 흡수도 전자-정공대의 분리도 완전하게는 일어나지 않기 때문에 태양 에너지 변환효율은 8~10%의 수준에 머무른다. 또한 [그림 4.8]은, 반도체의 태양전지뿐만 아니라, 분자를 사용하는 태양 에너지 변환계(예를 들어 다음 장의 광합성계)에도 그 논리가 적용된다.

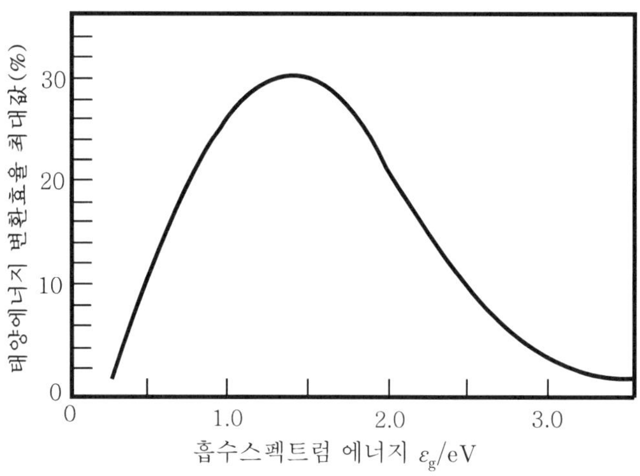

[그림 4.8] 흡수스펙트럼 에너지와 태양 에너지의 변환효율

문 11 105~108페이지의 내용을 참고하여, 다음의 경우에 태양 에너지 변환효율의 최대값이 몇 %가 되는지, [그림 4.8]로부터 읽어내 보자.
(1) 파장 690nm이하를 완전 흡수하는 물질을 사용할 때
(2) 자외선만 완전 흡수하는 물질을 사용할 때

(1)약 24%, (2)약 3%

Tea time 태양전지는 깨끗한가?

발전중의 태양전지는 분명 이산화탄소는 발생하지 않지만 그것만으로 깨끗하다고 생각해선 안 된다. 태양전지는 석유 에너지를 사용하여 만들고, 그 과정에서 이산화탄소가 발생되기 때문이다. 태양 전지의 수명(약 10년) 동안의 총 발전량이 이 석유에너지보다 훨씬 크다면 확실히 깨끗하다고 해도 좋고, 유망한 대체 에너지가 될 수 있을 것이다. 그러나 (계산을 하는 사람의 입장에 따라 다르지만) 소비 에너지 이상의 발전은 무리라는 의견도 많다. 태양광 발전을 추진하고 있는 기관이 발표한 2000년에 발전량이 현행의 화력 · 원자력 발전 총량의 불과 0.08%라는 사실도 그것을 뒷받침하고 있는지도 모른다.

태양전지의 이용 분야는 당분간은 계산기 등 소형 전력을 필요로 하는 생활기기에 한정될 수밖에 없지 않을까. 일반적인 건전지도, 건전지 4개에 해당하는 에너지를 가정용 전력으로 환산해 보면 10원 정도의 에너지밖에 되지 않는다. 결국, 편리하기 때문에 이만큼 보급된 것이라는 이유 밖에 다른 것은 없는 듯하다.

5장 광합성 -천연 광전기화학 프로세스

하나님이 가라사대 빛이 있으라 하시매 빛이 있었고 그 빛이 하나님이 보시기에 좋았더라.

구약 성서 『창세기』서두에 실린 이 한 마디는 만물 창조의 첫날을 나타낸다. 신은 2일째에 하늘을, 3일째에 육지와 바다와 식물을, 4일째에 태양과 달을, 5일째에 물고기와 새를, 마지막 6일째에는 육지의 동물들과 인간을 만드셨다고 한다.

크리스트교에 인연이 없는 몸으로서는, 4일째의 작품이 태양이라면 첫날의 「빛」은 도대체 무엇이었는지 골똘히 생각하게 되지만, 역시 그것이야말로 태양이었던 것은 아닐까. 태양→식물→동물→인간의 순서가 아니면 이야기의 사리가 맞지 않는다. 우선 식물이 태어난 덕분에 라고 하기보다도 광합성 구조 덕분에 다양한 생물계가 완성되었다. 그리고 광합성의 원점에는 빛 에너지의 도움으로 진행되는 전자이동이 있다. 이 장에서는 광합성을 전기화학의 눈으로 파악해 식물이 얼마나의 효율적으로 태양 에너지를 변환하고 있는지에 대해 살펴보도록 하자.

5.1 광합성의 개요

우선, 광합성의 전체상을 간략하게 생각해 보자.

5.1.1 생물사와 광합성

지구가 태어난 지 46억년이 된다. 늦어도 35억 년 전에는 남조식물이 바다에 살았던 것 같다. 남조식물(Blue-green algae)은 단세포의 식물성 플랑크톤으로 육상 식물과 같이 산소를 발생하는 광합성을 한다. 이 식물에 의해 생성된 산소가 천천히 대기에 모여 상층부에서 일부가 오존이 되었다. 4억 년 전에 자외선을 약하게 하는 오존층이 만들어 지면서 겨우 육상에도 생물이 살게 되었다. 그리고 우연히 상륙한 녹조식물의 일종이 진화·분화하여 지금의 식물군으로, 물고기가 양서류·파충류를 거쳐 다양한 동물군으로 분화되었다. 즉 35억 년 전의 광합성 생물의 출현이 지구의 생물사에 일획을 그었다고 할 수 있다(그림 5.1).

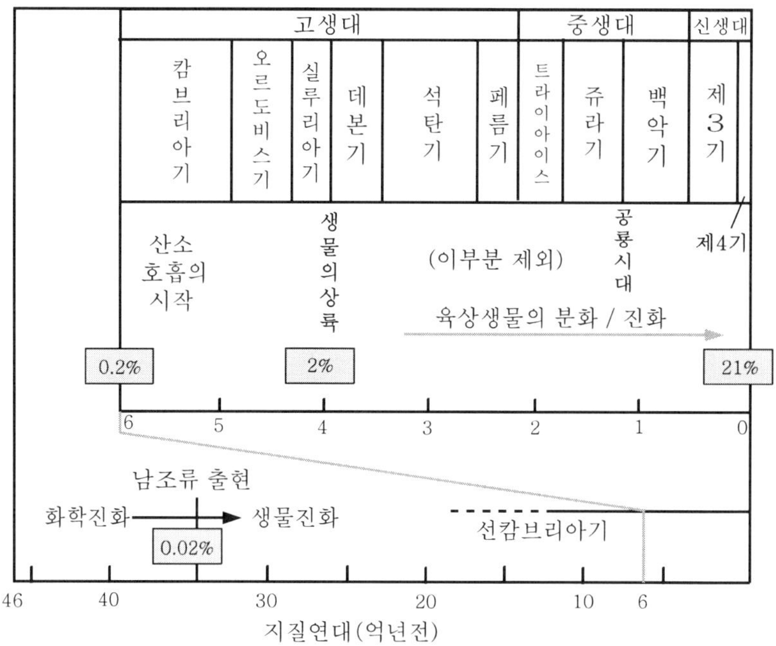

[그림 5.1] 지구 역사와 광합성 (▭ 안은 대기 중 O_2농도의 추정값)

문 1 46억년을 1년으로 축소시키면 생물의 육상 진출(4억 년 전), 인류 탄생(100만 년 전), 가솔린 자동차의 출현(1885년)은 각각 어느 정도의 시점에서 발생된 사건인가.

(11월 30일, 12월 31일 22시 6분, 12월 31일 23시 59분 59초)

5.1.2 인간 사회와 광합성

생물권에는 생산자와 기생자가 있다. 생산자는 식물뿐이고 사람을 포함한 모든 동물은 식물의 광합성 산물(고에너지의 유기물)을 횡령해 겨우 살아가는 존재에 지나지 않는다. 식탁 위를 바라보고 조금만 생각하면 알 수 있듯이 음식 가운데 직·간접적 광합성 산물이 아닌 것은 물과 식염뿐이다.

산업 사회를 움직이는 에너지도 거의 95%를 화석연료가 차지한다(나머지 5%는 수력과 원자력). 매장량은 석유로 환산하면 약 200조 톤이라고 한다(실제로 채굴할 수 있는 것은 그 10% 정도일까). 화석연료를 태워 나오는 에너지는 태고의 식물이 광합성으로 저장해 둔 태양 에너지와 다름없다.

문 2 석유 1kg를 태웠을 때의 $\Delta G°$가 -4.2×10^4kJ이라고 하면, 115페이지 [표 4.1]의 데이터를 사용하여 다음 (1)과 (2)를 계산해 보아라.

(1) 3억 년 전부터 1억 년 전까지 지구가 받은 태양 에너지가 모두 화석연료(석유 매장량 200조톤)로만 변환되었다면, 2억 년간 평균 태양 에너지 변환효율은 얼마였는가.

(2) 지금 인류가 화석연료를 소비하고 있는 속도는 태고의 생산 속도의 몇 배인가.

(약 3×10^{-9}=3억분의 1)(약 4만배)

5.1.3 글로벌인 탄소순환과 광합성

지구에서는 연간 약 1,000억 톤의 탄소가 광합성에 의해 유기물로 바뀐다. 이산화탄소의 량으로 환산하면 질량비가 CO_2/C=44/12이므로, 약 3,700억 톤이 되며 이는 대기 중 이산화탄소량의 약 1/7에 해당한다. 확실히 「지구에서 최대 화학 합성 프로세스」이다. 산업혁명 이전에는 같은 양의 이산화탄소가 생물의 부패와 호흡으로 대기로 되돌아가기 때문에 CO_2에 대한 물질수지가 거의 정확히 일치하였다. 그러나 현재 화석연료의 연소를 통해서 연간 거의 200억 톤(자연 방출량의 5%)의 이산화탄소가 대기로 방출되고 있기 때문에 그 영향을 걱정하는 사람이 많다.

5.1.4 지구 전체로 본 광합성의 변환효율

지구 표면에서 일어나는 광합성에 소요되는 태양 에너지의 변환효율은 사막 등 불모지도 면적에 포함하면 겨우 0.1%밖에 되지 않는다[표 4.1]. 식물이 존재하고 있는 부분만 보면 어떻게 될까. 세계의 육지 가운데 삼림 · 목초지 · 경지가 약 66%를 차지한다. 그 밖에도 조금의 녹지는 있으므로 육지 70%가 식물로 감싸져 광합성을 하고 있다고 생각해도 좋다. 또 유기물(biomass)의 생산량을 육지 : 해양의 비율로 살펴보면 2 : 1이라고 한다. 이상의 데이터로부터 육상 식물 전체의 평균으로 태양 에너지 변환효율은 0.3%가 된다.

문 3 상기의 0.3%를 확인하여 보아라. 또, 해양(지구 표면의 70%)에서 식물이 실시하는 광합성의 태양 에너지 변환효율은 평균 몇 %인가.

(약 0.05%)

5.2 광합성의 장소, 일어나는 반응

광합성 생물에는 박테리아부터 고등 식물까지 다양한 종류가 있다. 그 중 난조류 · 해초류 · 육상 식물은 물을 산화시켜 산소를 발생하는 공통 요소를 갖고 있다. 지금부터는 이런 산소 발생형 광합성만을 생각하도록 한다.

5.2.1 엽록체와 틸라코이드

광합성의 프로세스는, 세포질에 있는 수 마이크론의 과립, 엽록체(chloroplast) 안에서 진행된다[그림 5.2]. 엽록체 내부에는 1,000개정도의 불규칙하게 겹겹이 쌓인 원반형의 막조직이 발달되어 있다. 이 원반형 막 조직을 틸라코이드(thylakoid)라고 한다. 틸라코이드의 막(그림 5.2 중, 파선의 사각으로 둘러싼 부분)은 두께 5~6nm으로 생체막의 기본 단위라고도 할 수 있는 지방질 2분자막으로 되어 있다. 그리고 광합성을 진행시키는 기능 분자의 대부분이, 이 틸라코이드막 안에 들어 있다.

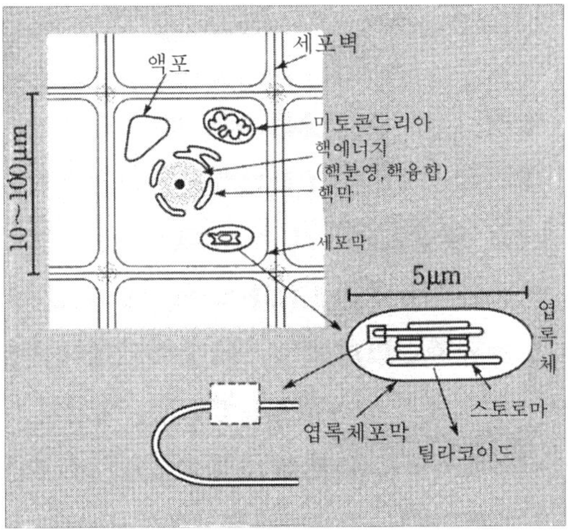

[그림 5.2] 광합성이 일어나는 장소(세포→엽록체→틸라코이드막의 확대)

5.2.2 명반응

틸라코이드막에 기능 분자가 어떻게 배열되어 있으며, 빛 흡수 뒤 무엇이 일어나는지는 아직 정확하게 밝혀지지는 않았지만, 일단 [그림 5.3]의 이미지로 생각되고 있다. 여러 가지 기호나 숫자는 단지 「단순하지 않다」것을 전하기 위해서 써 넣은 것이므로 무시해도 상관없다.

초기 과정은 명반응으로 불리며 4 종류의 단백질 복합체의 공동 작업으로 진행된다. 그 중 「광화학계 I 복합체」와 「광화학계 II 복합체」가 여기 전자의 생성→전자이동의 개시(전하 분리)를 담당한다. 지금부터는 「광화학계」를 단순히 「계」라고하자. 태양의 빛에너지는 [그림 5.3]의 기능 단위 당 600분자 정도 들어 있는 클로로필류(안테나 색소)가 우선 흡수한다. 이 에너지는 두 곳의 「반응 중심」으로 모아지게 되고(흰색 화살표), 그 반응 중심을 여기 시킨다. 계 I의 반응 중심을 P700, 계 II의 반응 중심을 P680로 약칭하지만, 어느 쪽도 분자 수준의 태생은 아직 밝혀 지지 않고 있다. 반응 중심의 여기 전자가 다양한 분자의 사이를 차례로 흘러 말단에서 산화 반응과 환원 반응이 진행된다.

계 II말단에서는 틸라코이드막 안쪽의 수용액에서 H_2O로부터 전자가 빠져나가(물이 산화되고) 산소 분자 O_2와 수소이온 H^+로 방출된다.

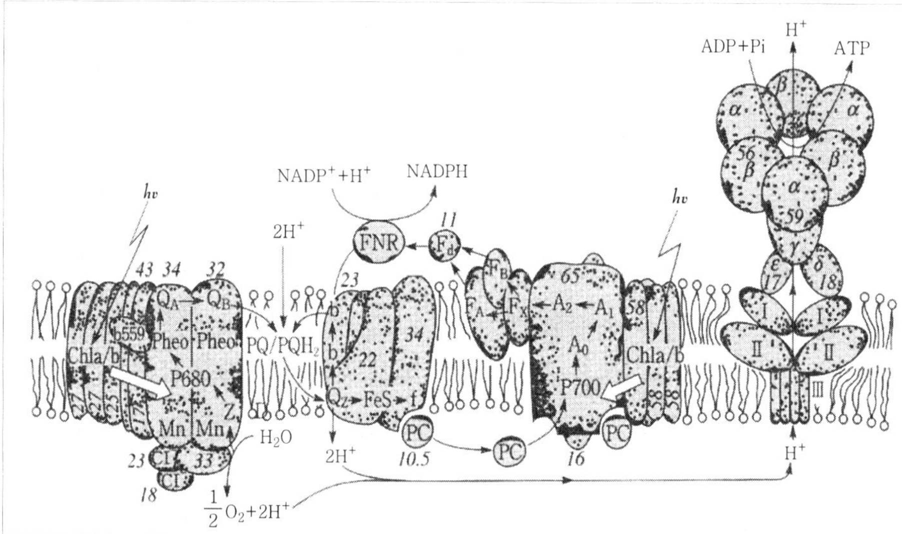

광화학계 II 복합체　　　　광화학계 I 복합체　　　　ATP 합성 효소 계

[그림 5.3] 틸라코이드막 분자의 배치와 광여기로 진행되는 전자 · 물질의 흐름
(위가 주머니의 외부, 아래가 내부. 자갈과 같이 보이는 것이 하나하나의 단백질로 각각 기능 분자가 들어가 있다. 이탤릭 숫자는 각 단백질의 분자량을 1,000으로 나눈 값)

한편, 계 I말단에서는 외측의 수용액 중에서 $NADP^+$(nicotinamide adenine dinucleotide phosphate의 산화형)로 전자가 옮겨간다($NADP^+$가 NADPH로 환원된다). $NADP^+$분자 가운데, 산화/환원에 관계하지 않는 부분을 정리하여 R로 나타내고 환원되는 부분만 그리면 다음의 식과 같이 된다. 이 반응은 지구상에서 가장 중요한 환원 반응이라고 해도 좋을 것이다.

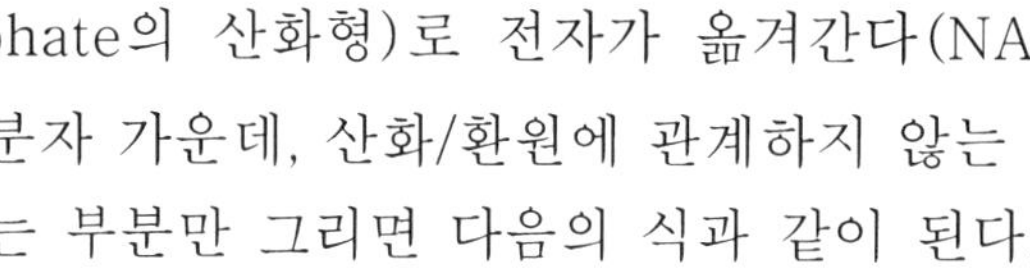

(5.1)

반응(5.1)이 일어나면, 틸라코이드 외액의 H^+이 줄어들게 된다. 또 계 II로부터 계 I로의 전자가 전달되어, 키논(plastoquinon, PQ)이 외액의 H^+를 내액 쪽으로 옮긴다. 계 II의 산소 발생에서는 내액의 H^+가 증가한다. 이렇게 해서 틸

라코이드막의 내외에 H^+의 농도차가 생겨 그것을 구동력으로 한 효소계(ATP 합성계)로 ADP (아데노신 2인산)로부터 ATP (아데노신 3인산)가 합성된다. 광합성이 활발하게 진행되고 있을 때 수용액 pH는 내액이 약 5, 외액이 약 8로 측정되고 있다. 즉 틸라코이드막은 약 1,000배의 H^+농도차를 지지하고 있는 것이다.

문 4 녹색 잎 무게의 약 1/1,000은 클로로필(분자량 : 약 1,000)이 차지한다. [그림 5.3]의 기능 단위 당 600분자의 클로로필이 존재한다면, 녹엽 1mg는 이 기능 단위를 몇 개 포함하게 될까.

(약 10^{12}개)

5.2.3 암반응

명반응의 산물 중에서 중요한 것은 NADPH와 ATP이다(계 II에서 나오는 산소는 광합성 기관에 있어서는 유해한 부산물). NADPH는 강한 환원제로서 작용하고, 「생명체의 에너지」라는 별명을 갖고 있는 ATP는 고에너지 분자로서 작용한다. 이 두 개의 생성물이 틸라코이드 외액 안에서 진행되는 수십 단계의 효소 반응계(칼빈회로)로 이송되어 이산화탄소를 유기물로 환원하는 에너지원이 된다. 이 단계는 빛을 사용하지 않기 때문에 암반응(dark reaction)이라고 한다.

5.3 광합성의 태양 에너지 변환효율

공간 이미지적으로 형상화 한 [그림 5.3]을 전자 교환에 작용하는 다양한 분자의 전극 전위를 기초로 해 다시 그리면 [그림 5.4]가 된다. 수소이온 H^+가 참가하는 전기화학적 평형에 대해서는 Nernst 식(3장)에서 표준 전위를 pH=7로 보정하고 있다.

전자 교환의 각 단계 반응에 걸리는 시간은 「20ns」와 같이 표기하였다. 최초의 전자이동(예를 들어 그림의 P680*→Pheo$a$)은 피코초(10^{-12}s) 수준의 초고속 과정이다. [그림 5.4]는 그 모습으로부터 보통 「Z scheme」이라고 하며 에너지 변환효율의 기초가 된다.

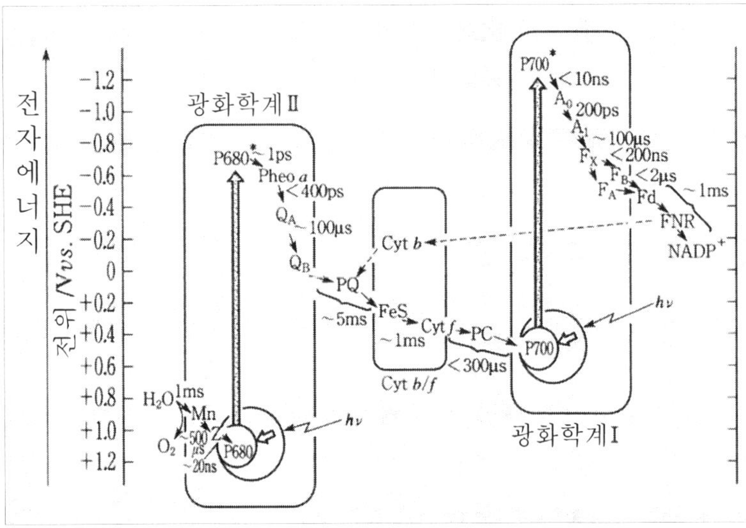

[그림 5.4] 명반응(그림 5.4)을 전자 에너지(전위) 변화로 표현한 Z scheme

문 5	[그림 5.4]의 각 단계 중에서 가장 느린 단계(PQ에 의한 전자 교환. 5 ms에 1회)가 전체의 속도를 결정한다. 문 4의 결과를 포함하여 광합성 기관이 100% 가동하고 있을 때 1g의 녹엽으로부터는 1시간에 상온상압으로 약 몇 mL의 산소가 나오게 될까.
	(약 7mL)

5.3.1 초기 과정의 변환효율

우선, [그림 5.4]의 산화 말단으로부터 환원 말단까지 전자가 움직일 수 있는 전위차를 계산한다. pH=7에서의 평형 전위는 $NADP^+$의 환원이 −0.30V *vs.* SHE, 물의 산화가 +0.82V *vs.* SHE이므로 양쪽 모두 4전자 반응으로 진행된다면 다음과 같이 된다.

$$2NADP^+ + 2H^+ + 4e^- \rightarrow 2NADPH \qquad (-0.30V) \qquad (5.2)$$

$$2H_2O \rightarrow 4H^+ + O_2 + 4e^- \qquad (+0.82V) \qquad (5.3)$$

또, 틸라코이드막 내외에 생긴 H^+농도차를 사용하는 ATP 합성은

$$\mathrm{ADP} + \mathrm{H_3PO_4} \rightarrow \mathrm{ATP} + \mathrm{H_2O}$$

$$\Delta G^\circ = +31\mathrm{kJmol^{-1}} = +0.32\mathrm{eV\ molecule^{-1}} \tag{5.4}$$

로 나타낼 수 있으며, 이 반응은 이동하는 전자 4개당 약 3회 일어난다.

그런데, 위에서 설명한 바와 같이 반응 (5.2)은 pH=8의 수용액 안에서, 반응 (5.3)은 pH=5의 수용액 안에서 일어난다고 생각되기 때문에, Nernst 식에서 이를 보정하면 전위는 각각 −0.33V, +0.93V (*vs.* SHE)된다. 즉, 전자는 합계 0.93−(−0.33)=1.26V의 전위차에 거슬려 (−)전위 쪽으로 옮겨져 전자 1개당 1.26 eV의 에너지 축적이 일어나기 때문에, 4개의 전자가 5.04 eV를 축적하게 된다.

또, 4전자 당 반응(5.4)가 3회 일어나면, 에너지 축적량은 0.96 eV이다. 이렇게 해서, 합계 5.04+0.96=6.0 eV가 생성물에 저축된다.

그 다음, 입력 에너지를 생각해 보자. 안테나 색소계(빛에너지를 흡수하여 반응 중심 색소로 에너지를 전달하는 색소)는 파장이 690nm이하(광자 에너지 ε_P로 1.8 eV이상)의 빛을 흡수한다. 즉. 흡수스펙트럼 에너지 ε_g가 1.8 eV이다. 690nm의 단색광을 쪼였을 때, [그림 5.4]로부터 계산해 보면 전자 한 개를 유도해 내는데 두 개의 광자에 흡수가 필요하기 때문에, 전자 4개당 8개의 광자(1.8×4=14.4 eV의 에너지)가 필요하다. 즉, 690 nm의 단색광에 대한 에너지 변환효율은 6.0÷14.4=0.42(42%)가 된다.

그런데 118 페이지의 [그림 4.8]과 문 11에서, ε_g=1.8 eV일 때 태양 에너지 변환효율의 최대값은 약 24%였다. 이것은 흡수 후의 에너지 손실이 전혀 없는 경우의 값이므로 실제로는 흡수 후에 0.42배가 되어 버리기 때문에, 실제의 태양 에너지 변환효율은 24%로 0.42를 곱해 약10%까지 떨어진다.

문 6 식(5.2)에서 $NADP^+$/NADPH계의 E°를 계산해 보아라.

(−0.09 *vs.* SHE)

5.3.2 전체반응의 변환효율

대표적인 광합성 산물인 글루코오스($C_6H_{12}O_6$)에 대한 전체 반응식은 다음과 같이 나타낼 수 있다 (발생하는 산소는 모두 물로부터 유래한다는 것을 의미하는 뜻으로 굵은 글씨로 표시했다).

$$6CO_2 + 12H_2O \rightarrow C_6H_{12}O_6 + 6H_2O + 6O_2$$

$$\Delta G^\circ = +2{,}880 \mathrm{kJ\,mol^{-1}} \quad (5.5)$$

식(2.37)에서 알 수 있듯이, 이것은 글루코오스 1mol 당 24 전자가 움직이는 반응이므로, 반응에 관여되는 전체 광자의 수는 48개로 흡수 영역의 에너지(ε_g)가 1.8 eV라면 입력 에너지의 합계는 1.8×48×96.5=8,340 kJmol^{-1}이 된다. 따라서 690nm의 단색광에 대한 에너지 변환효율은 2,880÷8,340=0.35(35%)이 된다.

태양광 에너지 변환효율은, 앞에서와 같은 24%로 0.35를 곱하면 0.083. 즉 광합성의 태양 에너지 변환효율은 이 8%를 절대로 넘을 수 없다.

• 참고 • 물을 산화하는 힘은 어디서 오는가?

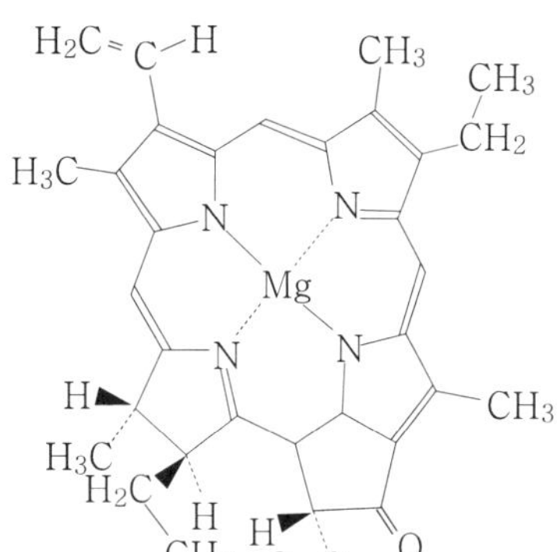

물풀에 빛을 쬐면 산소가 나온다. 중학교의 과학 시간에 하는 실험이지만, 그 근원적인 메커니즘은 아직 모른다. 계II반응 중심에 대한 다른 이름인 P680은 짧은 섬광을 쪼였을 때 680nm로 흡광도에 의해 자국이 생기기 때문에 붙여졌다. 클로로필 *a*(Chl *a*. 왼쪽그림)은 1전자 산화반응을 일으키리라고 판단되어 대부분의 관련 서적들에는 Chl *a*가 P680의 소재 분자라고 쓰여 있지만, 정말로 그럴까.

pH = 5인 조건에서 물의 산화평형 전위는 +0.93V *vs.* SHE이다. 평형 전위에서 전자 교환은 진행되지 않는다(그렇기 때문에 [그림 5.4]와 같이, 전자이동의 각 단계에는 상당한 단차가 있다). 가령, 작은 양이지만 0.2V가 여분으로 필요하다면, +1.1V 이상의 전위(산화력)로 전자를 뽑아내는 장소가 없으면 안 된다. 그러나 Chl $a^{+\cdot}$/Chl *a*계의 표준 전위는 +0.80V이므로, Chl $a^{+\cdot}$의 산화력은 +0.80V보다 강하게는 될 수 없다. 추가적으로 필요한 0.3V(에너지로 0.3 eV=29 kJmol^{-1})를 자연적으로 유도해 내기에는 매우 큰 값이다. 반응에 필요한 에너지는 반응이 일어나는 과정과는 무관하기 때문에, 만일 Chl *a* 분자가 P680의 소재라면 상당히 특수한 환경에 있어 Chl $a^{+\cdot}$의 전자 수용 전위가 +1.1V를 넘기든지, 미지의 자유에너지 공급 루트가 있거나 하겠지만, 현재까지 알려진 바가 없다.

5.3.3 유효 변환효율

5.3.2에서 얻은 8%라는 값은, 식물(광합성 기관)이 파장 690nm이하의 빛을 완전하게 흡수한다고 가정했을 경우의 값이었다. 대부분의 식물은 녹색식물(이는 가시광선 중 초록의 성분(500 nm전후)이 반사 · 투과됨을 의미)이기 때문에 완전 흡수의 가정은 올바르지 않다. 흡수되지 않는 빛이 가시광선의 10~20%를 차지한다고 하면, 이것으로 우선 변환효율의 최대값이 6~7% 수준까지 떨어진다.

게다가, 식물은 오로지 유기물 생산에만 모든 에너지를 사용하는 것이 아니라, 신진대사에도 에너지를 사용해야만 살아남을 수가 있다. 따라서 고정된 화학에너지의 약 반을 식물의 「생활」에 사용된다고 보면 유기물 생산을 위해 사용되는 빛 에너지의 변환효율은 3%정도에 불과하게 된다.

5.3.4 변환효율과 바이오매스의 생산량

태양 에너지 변환효율이 커지게 되면 유기물(biomass)의 생산도 그 만큼 많아지게 된다. 이 두 항목의 관계를 살펴보도록 하자.

온대 기후지역의 1년 동안에 기상변동을 종합하여 평균적인 태양광 에너지밀도를 산출해 보면 약 145Wm^{-2}정도라고 한다. 이것을 1m^{2}의 지표면이 1년간 받는 에너지의 총량으로 환산하면 약 4.57×10^6 kJm^{-2}y^{-1}가 된다.

바이오매스 생산량을 계산하기 위해 식물체를 셀룰로오스라고 하자. 셀룰로오스는 글루코오스의 집합체이므로 식(5.5)의 $\Delta G°$가 사용된다. 만일 태양 에너지의 1%가 광합성에 의해 셀룰로오스의 화학에너지로 바뀐다면, 연간 $1m^2$ 당 바이오매스 생산량은 2.86 $kgm^{-2}y^{-1}$로 계산된다. 이 값을 사용하여 태양 에너지 변환효율과 바이오매스 생산량의 관계를 정리해 보면 [표 5.1]과 같이 된다.

[표 5.1] 온대 기후지역에서의 태양 에너지 변환효율과 바이오매스 생산량

(단위 : kg $m^{-2}y^{-1}$)

바이오매스	태양광에너지 변환효율				
	0.1%	0.5%	1.0%	2.0%	3.0%
식물체의 건중량	0.3	1.4	2.9	5.7	8.6
탄소로의 환산	0.1	0.6	1.1	2.3	3.4
CO_2로의 환산	0.4	2.1	4.2	8.4	12.6

문 7 위의 값(2.86 $kgm^{-2}y^{-1}$)을 확인해 보아라.

5.3.5 Field data와의 비교

벼농사는 대단히 손이 많이 가는 관리 재배이므로 태양 에너지 변환효율도 최고의 부류에 들어가지만, 그런데도 1%가 넘지 않는다. 일본의 경우, 1ha당 연간 쌀 수확량(약 6.2t)은 0.62 $kgm^{-2}y^{-1}$라고 한다. 쌀의 수분 함유량은 15% 내외이므로 완전 건조 상태라면 0.54 $kgm^{-2}y^{-1}$. 줄기와 잎도 광합성 산물이며, 건조 상태의 중량은 쌀의 생산 중량과 거의 같다고 한다. 그러면 바이오매스의 합계는 약 1.1 $kgm^{-2}y^{-1}$가 된다. 한편, 태양광을 받고 있는 기간은 약 5개월간이므로 2.86 $kgm^{-2}y^{-1}$에 5/12를 곱한 1.3 kgm^{-2}가 변환효율 1%로 기대되는 5개월간의 수확량이라고 할 수 있다. 즉 벼농사의 태양 에너지 변환효율은 $1.1 \div 1.3 = 0.85\%$이며, 2모작을 해도 연중의 효율이 이 정도라고 할 수 있다.

식물의 광합성 활동은 계절에 따라 바뀐다. 같은 지역 일지라도, 생육이 빠른 여름의 2, 3개월만의 변환효율을 측정하면 벼나 옥수수는 2% 정도까지 올라간다.

열대우림 지역이나 산호초 지역에서는, 바이오매스의 생산량이 6 $kgm^{-2}y^{-1}$ 정도 되지만, [표 5.1]을 참고하여 태양광 밀도가 일본의 두 배라고 계산을 해도 변환효율은 1% 정도에 지나지 않는다. 10 $kgm^{-2}y^{-1}$내외의 측정값도 있기

때문에 2% 정도까지는 될 수도 있겠지만, 3%를 넘는 실험값은 존재하지 않는다. 또한, 126 페이지에서 살펴본 바와 같이 육상 식물 전체에 대한 평균적인 태양 에너지 변환효율은 1%를 크게 밑도는 0.3% 정도이다.

따라서 2~3%라는 변환효율은 광합성의 구조와 식물의 생리와 태양광 스펙트럼으로부터 결정될 수 있는 상한 값이다. 그러므로 육상 식물이든 물에 사는 해초류나 식물플랑크톤이든 아무리 쾌적한 온도 · 영양 환경 하에서 존재 한다 하더라도, 또는 이산화탄소 농도를 아무리 올려 본다 해도 이 값을 웃도는 것은 있을 수 없다(이산화탄소 농도에 대해서는 대기 중의 값 370ppm보다 2배 정도 높은 값으로 했을 때 20% 정도 광합성 속도가 상승 한다는 실험결과가 있다. 물론 상승하였다고 해도 2%에는 미치지 않았다).

문 8 열대 산호초가 $10\text{kgm}^{-2}\text{y}^{-1}$의 바이오매스를 생산한다는 관측보고가 있다. 열대 지방의 태양광 평균밀도를 300Wm^{-2}라고 하면 태양에너지 변환효율은 몇 %인가.

(1.7%)

Tea time 벼농사의 에너지 수지

쌀은 광합성의 산물로 산화 반응의 ΔG(1kg 당 −17,000kJ)가 우리의 활력이 된다. 논으로 내리 쬐여진 태양 에너지의 약 1%를 활용한다고는 하지만 그렇게 단순한 이야기는 아니다. 수확까지는 기계, 비료, 자재, 농약 등을 사용하고 사람의 손도 필요하다. 이 모든 항목을 에너지로 환산하여 일정 면적에 투입한 이런 인위 에너지의 합계를 분모, 수확한 쌀의 화학에너지를 분자로 한 값(산출 투입비)이 1보다 크면 에너지의 면에서도 건전하다고 할 수 있다. 현실은 어떨까.

오래된 자료이지만, 다음의 표를 살펴보자.

	1950년	1960년	1970년	1974년
산출에너지	48.5	66.5	72.4	77.1
투입에너지	38.3	80.8	157.4	197.0
산출투입비	1.27	0.82	0.46	0.38

(에너지의 단위 : GJha^{-1})

에너지 수지가 건전했던 것은 1955년경까지. 74년에도 40%에 불과함을 알 수 있다. 이후 20년간 산출 에너지(단위면적의 수량)는 30~40% 늘었지만, 투입 에너지 쪽은 농촌에서 자란 나의 느낌으로는 아마 2배는 되었을 것이다. 그러면 현시점의 산출 투입비는 0.2~0.1 정도로 떨어진 것은 아닌가. 0.1이라면 10을 쏟아 넣어 1밖에 수확할 수 없다는 이야기다. 인위적 에너지의 근원은 모두 석유이므로 석유로 쌀을 만들고 있다는 계산이 된다. 식량 자급률 30%대의 문명국만이 가능한 참상이라고 할 수 있다. 온실 야채라면 상황은 훨씬 심하다.

그렇다고 해서 석유나 석탄을 먹을 수는 없는 것이기 때문에 「하이테크 농업」이라는 소리를 들을 때마다 놀라게 되는 것은 어쩌면 당연한 일.

문 모두의 숫자와 표의 수치로부터 1974년 시점에서 1ha 당 쌀의 수량은 약 몇 t였는지 계산해 보아라.

(4.5t)

정리

광합성을 전자 에너지나 전위를 기준으로 하여 정리할 수 있는 부분만을 소개하였다. 전 세계에서 수많은 연구원들이 고도화 된 기기를 사용하여 연구하고 있지만, 132 페이지 「참고」의 이야기를 비롯해 분자 수준의 연구까지는 아직도 모르는 것투성이이다.

태양전지의 변환효율은 계산기에 사용되고 있는 아몰퍼스 실리콘인 경우 8~10%, 연구 단계인 결정 실리콘이라면 20%를 넘는 수준이다. 그에 비해 광합성의 태양 에너지 변환효율은 이론상 최대값은 8%, 필드의 최고 기록이 2~3%, 육상 식물 전체 평균이라면 겨우 0.3%에 지나지 않는다. 의외로 낮은 수치에 놀란 사람도 있겠지만, 「기술은 자연을 추월했다」라고 쉽게 생각해선 안 된다. 4장의 말미에도 말했던 대로, 태양전지는 진짜로 에너지를 생산할 수 있는 디바이스인지 의심스럽기 때문이다. 변환효율이 1%이든 0.3%이든 식물은 태고부터 변함없이 무상의 태양광 에너지만을 사용하는 진정한 물질 생산을 지속적으로 해 온 덕분에, 모든 동물이 식량으로 또 산업의 에너지원으로도 활용되었다.

화석연료가 없어지는 미래를 예견해 보았을 때, 표본으로 해야 할 것은 역시 광합성뿐이지 않을까.

광합성 시스템에서 「양자수율 100%」인 부분이 있다. 안테나 색소의 빛 흡수를 비롯해 [그림 5.3]이나 [그림 5.4]의 산화 말단으로부터 환원 말단으로 전자가 흘러가고, 복잡한 암반응이 완료할 때까지 수십 단계에 이르는 분자간의 에너지 전달 · 전자 전달반응에 관여한 전자의 개수에는 손실이 거의 없다(흡수된 광자 한 개가 거의 확실히 전자 한 개를 움직인다). 기능성 분자를 각각 품고 있는 거대한 단백질 분자의 튼튼한 집합체에서만 일어날 수 있는 기적의 세계라고 해도 좋다. 인공계라면 색소 분자와 전자 수용 분자를 녹인 비커내의 용액에 빛을 쬐어 한 단계의 전자이동을 일으키는 것조차 50%의 양자수율로 진행하면 좋다고 하는데.

문 9 광자흡수로부터 시작되는 20 단계의 전자 교환반응이 각각 확률 80%로 진행된다고 할 때, 전체 반응의 양자 수율은 얼마나 될까.

(약 1%)

Tea time CO_2 대책은 있을 수 있을까?

지구온난화를 어떻게든 방지해 보려는 발상으로, 「CO_2의 고정법」이 여러 형태로 제안되고 있다. 과연 묘안은 있는 것일까.

우선, 우리가 만들어 내고 있는 CO_2의 양을 올바르게 인식해 보자. 일본에서만 연간에 발생되는 CO_2량은 약 10억 톤(전 세계 생산량의 5%)으로, 철과 시멘트의 연간 생산량의 10배에 달하며, 한사람이 1일 20kg (중 호흡으로 내는 것은 1kg)을 생산해 내고 있다는 결론이다. 국토 면적으로 단순히 나누어 보면 2.7 $kgm^{-2}y^{-1}$가 된다.

식물의 광합성을 이용해 고정하는 것은 어떨까. 일본은 삼림(66.5%)+경지(12.4%)+목초지(1.7%)로 약 81%가 식물로 덮여있고, 나머지의 대부분은 택지라고 생각해도 좋다. 한편, 태양 에너지 변환효율이 0.5%인 식물이 고정할 수 있는 CO_2량은 [표 5.1]로 부터 2 $kgm^{-2}y^{-1}$임을 알 수 있다. 이상의 데이터들을 종합하여 생각해 보면 현실성이 거의 없다. 즉. 수천 년 사는 식물을 황무지에 심어 배출량의 0.1% 정도를 처리시키는 정도라면 이해가 될 수 있을까.

CO_2를 전기분해에 의해 환원시키면 에틸렌(C_2H_4)이나 에테인올(C_2H_5OH)이 생긴다. 그러나 계산 해 보면, 현재의 총발전량을 전부 이 반응에 쏟아 넣어도 CO_2 배출량의 겨우 10% 밖에 처리할 수 없다. 그리고 어쨌든 전기 분해 고정량보다 훨씬 많은 CO_2가 발전소로 부터 나오기 때문에 전기를 사용하는 것은 의미가 없다. 태양전지를 전원으로 사용 한다고 해도, 태양전지가 완성될 때까지 발생된 CO_2량 보다 더 많은 CO_2를 태양전지의 수명 내에 고정할 수 있다고는 생각하기 어렵다. 또한 제조 가격을 최저가로 계산 한다고 해도 CO_2 방출량의 10%를 환원시키려면 연간 국가 예산의 몇 배나 되는 금액을 태양전지 생산에 쏟아 넣지 않으면 안 된다.

현재로서는 어떠한 행동을 취하든지 계산상으로는 반드시 CO_2가 늘어날 것이다. 만일 CO_2를 늘리지 않는 방법이 있었다고 해도 어쨌든 상대가 너무 크다. 당장 「전원을 내린다」는 것은 무리이지만, 에너지 절약이나 발전 효율의 향상으로 CO_2 배출량을 줄일 수밖에 없지 않을까.

덧붙여 근본적으로 CO_2가 정말로 「지구 온난화」를 일으키는 주범인지에 대한 의문도 있다. 지구의 평균 온도는 대기가 없으면 −18℃인데 실제로는 +15℃이므로 그 차이인 33℃만큼 따뜻하다. 대기에는 평균 약 2%의 수증기가 있으며(CO_2 농도의 약 50배), 적외선을 흡수하는 힘도 수증기 쪽이 훨씬 강하다. 적외선을 흡수하는 기체가 CO_2 이외에도 있다는 것을 생각하면, 33℃ 중 CO_2의 기여도는 아마도 0.5℃정도도 되지 않기 때문에 CO_2 농도가 지금의 2배(750 ppm)가 되어도 그다지 크게 변하지는 않을지도 모른다.

문 $1km^2$의 연못에 태양에너지의 변환효율이 0.5%인 해초를 심어 CO_2를 고정시킨다고 할 때, 연간 방출량(10억 t)의 몇 %를 고정시킬 수 있을까.

(50만분의 1)

제 2 부 속도론

제I부의 평형론은 에너지론(energetics)이라고 할 수 있으며, 주로 靜的인 세계(statics)의 이야기였다. 속도론(kinetics)에서는 動的인 세계(dynamics)에 대해 다루게 된다.

평형론에서 「진행될 것이다」라고 확실하게 정의한다고 해도, 그 반응이 끝나기 까지는 천년이 걸리는 반응이라면, 진행되지 않는 것과 다름없다. 그렇다면 반응 속도는 무엇이 결정하는 것일까?

우선, 반응의 영역이나 경로가 화학반응(6장)과 전기화학 반응(7장)에서 어떻게 진행되는지에 대해 살펴보자. 그리고 8장과 9장에서는 반응의 속도를 생각해 보도록 하겠다.

「식염수를 전기 분해하면 양극(산화전극, anode)으로부터 무엇이 나오겠는가?」라는 질문에는 모두 망설임 없이 「염소」라고 대답할 것이다. 평형론에서는 염소 발생($E°$=+1.36V *vs.* SHE)보다도 산소 발생(pH=7로 E=+0.82V) 쪽이 훨씬 진행되기 쉬울 것인데, 농도나 과전압에 의해 보통은 염소가 나와 버린다. 이와 같이 간단한 현상에 있어서도 그 나름대로의 깊은 속사정을 갖고 있기 마련이다.

마지막 10장에서는, 전극 표면의 원자 배열에 크게 영향을 받는 전기화학 반응에 대한 몇 가지의 예가 소개된다.

가끔은 종이와 연필(과 계산기)을 활용하여 계산해 보기 바란다. 물리화학은 「이해한다」「수학적으로 풀어 낼 수 있다」「값이 대체로 맞는다」라는 삼박자가 일치해야 지만 비로소 아는 것이 되니까.

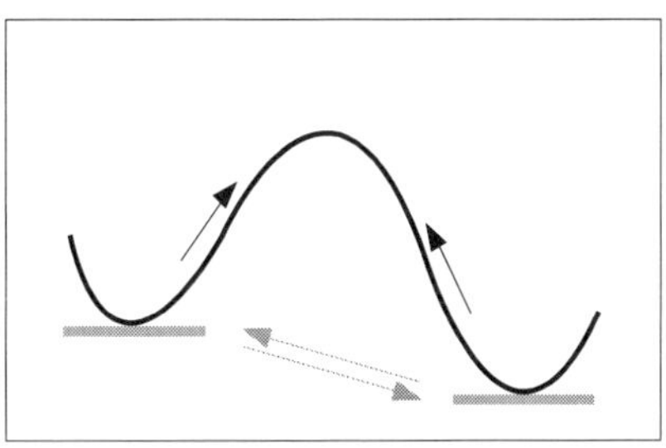

6장 화학반응의 경로

제I부의 마지막에 소개한 광합성의 명반응은, 정반응의 전자이동이 극히 빠르게 진행되는 한편, 역반응의 전자이동이 매우 느리기 때문에 양자수율 100%라는 경이적인 효율을 실현시킬 수 있게 된 것이다(반복하지만, 그래도 태양광 에너지 변환효율은 8%를 넘지 않는다. 또, 분자 수준의 구조는 아직 잘 모른다). 그렇다면, 전자이동의 빠름·느림은 무엇이 결정하는 것일까.

전자이동에도 화학반응에도 다양한 종류가 있다. 어떤 것은 용액 안에서 일어나고, 어떤 것은 전극의 표면에서 일어난다. 반응의 속도는 반응이 어떤 경로를 통해 진행되느냐에 따라 바뀐다. 반응의 종류는 매우 다양하기 때문에 진행되는 방법도 무수히 많을 것 같은 생각이 들지만, 다행히 그렇지만은 않다. 반응의 진행방법은 몇 개의 간단한 원리로 정리할 수 있다. 우선, 그 부분에 대해 천천히 생각해 나가자.

6.1 빠르다고 좋은 것은 아니다

6.1.1 다이아몬드의 불가사의

누구나 가질 수 있는 것은 아니지만, 누구나 알고 있는 물질로 다이아몬드가 있다. 화학적으로 표현하면 탄소 원자가 sp^3 혼성 궤도로 빼곡히 결합된 단결정이다. 상온상압의 조건에서 가장 안정인 난량제는 흑연(graphite)으로, 이 두 물질 사이에는

$$\text{흑연} \rightleftarrows \text{다이아몬드} \qquad \Delta G^\circ = +2.90\ \text{kJmol}^{-1} \tag{6.1}$$

의 평형 관계가 있다(이 ΔG°는, 다이아몬드의 표준 몰 생성 Gibbs 자유에너지 ΔG_f°와 같다. 27페이지 참고). 1g을 기준으로 그 차이를 환산해 보면 240J(물 3.2g의 온도를 1도만큼 올리는 에너지)에 지나지 않는다. 흑연과 다이아몬드의 차이가 단지 이 정도라는 것은 의외일 것이다.

평형론적으로 생각해 보면 극히 적은 에너지만으로 흑연 1g을 5 캐럿의 다이아몬드로 변신시킬 수 있어야 하지만 실제로 그런 일은 일어나지 않는다. 흑연은 흑연, 다이아몬드는 다이아몬드로서 각각 안정인 모습으로 존재하고 있기 때문이다.

문 1 열역학의 기본식($\Delta G^\circ = -RT\ln K$)을 이용하여, 25℃ (298.15 K)로 평형 상태가 된 단체 탄소의 조성(흑연 : 다이아몬드의 질량비)을 계산해 보아라.

(3.2 : 1)

6.1.2 화학변화와 등산

지금 산을 오르고 있다고 생각해 보자. 좌우는 깎아지른 듯이 솟아 있는 절벽으로 둘려 있고, 저 멀리 앞으로 고개가 보이고 있다. 고개에 도착한 뒤는 내리막길이 된다. 고개에서 잠시 멈추어 주변을 둘러보면, 좌우는 절벽, 앞뒤는 양쪽 다 내리막길. 이런 고개와 같은 점을 수학에서는 말의 말안장과 같다하여 안장점(saddle point)이라고 한다(그림 6.1). 약간 엄밀하게 살펴보면 좌우 방향으로 최소값, 전후방향으로는 최대값을 갖고 있는 점이 안장점이다.

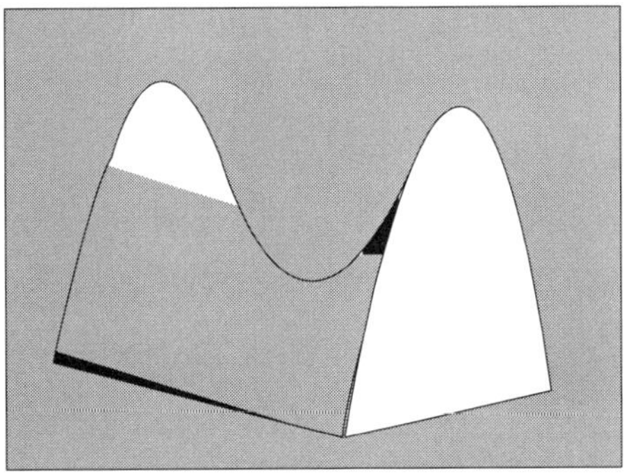

[그림 6.1] 안장점(saddle point)의 모습

6.2 절의 이야기를 잠시 인용하면, 화학반응의 경로는 이러한 등산이라고 생각하면 알기 쉽다. 반응물(예를 들어 흑연)로부터 출발해 생성물(다이아몬드)에 가려면, 우선 충분한 에너지를 사용하여 고개까지 힘겹게 도달하게 되면, 다음의 최종 목적지까지는 사용한 에너지를 발산시키며 내려간다 라는 순서를 밟는다. 생성물과 반응물의 에너지차이($\Delta G°$)만큼 반응계에 주어도 반응은 진행되지 않으며, 고개를 넘을 수 있는 에너지가 우선 주어 져야 한다. 이러한 에너지를 활성화 에너지라고 한다.

실제 등산에서는 내리막길에서 에너지를 이득을 보거나 하지는 않는다. 어떤 길이라도 에너지를 소비하는 마찰 현상이 있기 때문이다. 원자 · 분자의 세계에는 마찰이 없기 때문에 비탈을 내려오게 되면 반드시 에너지를 회복할 수 있다.

6.1.3 평형론과 속도론

제I부의 평형론만으로 다이아몬드를 보게 되면 다이아몬드는 결코 안정인 물질(상태)이라고는 할 수 없다. 무한하게 긴 시간이 흐르면 흑연 : 다이아몬드 = 3.2 : 1의 혼합물(평형상태)이 된다. 그러나 그 시간은 문자 그대로 무한대에 가까워 천년이나 1만년 정도로는 아마도 아무런 변화도 보이지 않는다. 이런 상태를 「속도론적으로 안정인 상태」라고 부른다. 활성화 에너지의 높은 벽이 지켜지고 있기 때문에 존재할 수 있는 상태로서, 「준안정」인 상태라고도 한다. 겨울 눈 경치도 기온이 3℃정도라면, 정말로 안정인 상태는 아니지만(평형을 향해 변화를 계속하는 동적인 세계지만), 변화가 느리기 때문에 변하지 않는 경치로 보인다.

자연계의 물질도 인공의 물질도 대부분은 「속도론적으로 안정」한 상태로 유지되고 있기 때문에 비로소 존재할 수 있다. 그렇지 않으면 즉 $\Delta G^\circ < 0$의 변화가 순간에 진행되어 버린다면 공기 중에서는 철도 석유도 나무도 종이도 안정성을 잃어버리게 되고, 물론 생명도 존재할 수 없어, 우주는 죽음의 세계가 되어 버린다.

문 2 같은 보석 중에도, 루비나 사파이어는 실제로 안정된 물질이다. 주성분과 $\Delta G_f{}^\circ$ 값을 조사해 안정적인 이유를 생각해 보자.

6.2 에너지의 산을 올라가고 내려온다

6.2.1 반응 지도

화학반응의 경로를 어떻게 나타내면 좋은지, 또 활성화 에너지의 크기를 어떻게 정해지는 것인지 — 이 두 가지 질문에 대한 정답을 살펴보도록 하자.

우선, 단순한 화학반응을 하나 생각해 보자. 한 개의 수소 분자 H_2에 중수소 원자 D가 부딪치는 반응으로 수소 원자 H와 HD분자가 생긴다고 한다. 중수소 원자는 수소 분자의 H-H축의 연장선 방향으로부터 날아온다고 하자.

$$\text{H-H+D} \rightarrow \text{H+H-D} \tag{6.2}$$

이러한 반응의 경로를 어떻게 나타내면 좋을까. H-H결합이 끊어져 새롭게 H-D결합이 생기는 것이므로 반응의 진보 상태는 시간과 함께 바뀌는 H-H 간의 거리와 H-D간의 거리로 나타낼 수 있다. 세로축을 H-D간의 거리, 가로축을 H-H간의 거리로 하여 경시적으로 변하는 에너지 값은 등고선으로 표현한 것이 [그림 6.2]이다. 이때 「에너지」란 수소 원자 두 개와 중수소 원자 한 개로 완성된 물질계가 가지고 있는 에너지(Potential energy)를 말한다. [그림 6.2]의 모습은 등산에서 사용하는 지도와 아주 비슷하다고 할 수 있다.

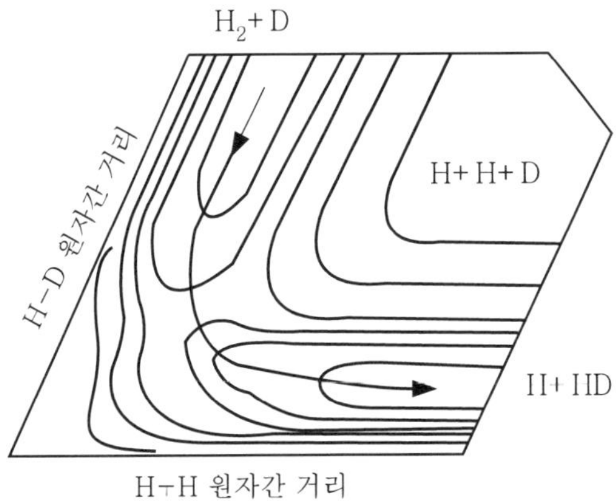

[그림 6.2] 반응 H_2+D → H+HD의 진행 경로와 에너지 등고선

반응이 시작되기 전(이것을 시작 상태라고 하자), H–H간의 거리는 수소 분자 H_2가 안정에 존재할 때의 값이며, 한편 이 때의 H···D간의 거리는 거의 무한하게 멀었다. 중수소 원자 D가 가까워 옴에 따라 반응계 상태를 나타내는 점은 [그림 6.2] 안에서 조금씩 내려온다. D와 H_2가 가까워지면, D···H간의 결합이 서서히 완성되고 H···H간의 결합이 약해지기 때문에 반응계 상태는 차츰 오른쪽으로 변화되어 가게 된다. 이윽고, D–H간에 견실한 결합이 생기고 H···H의 결합이 끊어진다. 그 후, 수소 원자 H가 쫓겨나 HD분자로부터 멀어져 가기 때문에, 반응계 상태는 곧바로 오른쪽(종료 상태)으로 향한다. 세로축의 값은 물론 HD분자의 안정인 결합 거리에 도착한다.

6.2.2 활성화 에너지 상태를 넘기려면···

반응(6.2)의 논리는 [그림 6.2] 안에서 에너지의 골짜기를 더듬고 가고 있다. 잘 살펴보면 도중에 안장점이 있어, 그것이 반응(6.2)의 활성화 상태와 다름없다. 활성화 상태에서는 중수소 원자 한 개와 수소 원자 두 개가 결합(삼중심의 결합)을 만든다. 형태로 부자연스러운 결합이므로, 이 때 반응계의 에너지는 시작 상태와 종료 상태 그 어느 쪽보다 높다(불안정). 반응이 완결하려면 활성화 상태가 고비를 넘길 만큼의 에너지를 필요로 하고, 이 에너지는 입자의 열운동

에너지로부터 공급된다. 즉, 수소 분자 H_2에 부딪쳐 오는 중수소 원자 D의 운동 에너지가 활성화 에너지보다 클 때 비로소 반응이 시작된다.

「고개를 넘는 원동력」이 되는 입자의 열운동의 모습을 다음의 「참고」와 Tea time의 내용에서 정리해 두자. 화학반응을 이해하기 위해서는 열운동의 이미지를 잡는 것이 그 첫걸음이 된다고 할 수 있다.

참고 **볼츠만의 법칙과 에너지 등분배법칙**

원자 · 분자 · 전자 등의 입자가 적당한 기준점으로부터 측정되어 ε라는 에너지를 갖게 되는 확률은 $\exp(-\varepsilon/kT)$에 비례한다(k는 볼츠만 상수로 기체 상수(R)을 아보가드로 상수(N_A)로 나눈 값($1.38\times10^{-23}\,JK^{-1}$)이다). 이것이 볼츠만의 법칙이고, $\exp(-\varepsilon/kT)$를 볼츠만 인자(Boltzmann factor)라고 한다.

질량 m인 입자가 속도 v_x로 x축 방향으로 직선 운동을 할 때 $(1/2)mv_x^2$라는 운동 에너지를 갖게 된다. v_x가 $-\infty$으로부터 $+\infty$까지 바뀔 수 있고, 운동 에너지 $\varepsilon=(1/2)mv_x^2$의 평균값을 적분으로 구하면, m의 크기에 관계없이 $(1/2)kT$가 된다. 분자의 회전에너지나 진동에너지도 상수 a와 변수 q를 이용하여 aq^2형태로 나타낼 수 있지만, a의 크기나 q의 종류가 어떻게 달라지더라도 평균값은 $(1/2)kT$가 된다(209~210페이지 참고).

이상의 내용을 정리하면, 「온도가 T일 때, 입자의 열운동(회전 · 진동 · 병진)은 하나의 자유도에 대해 $(1/2)kT$, 1mol 당이라면 $(1/2)RT$의 에너지가 균등하게 분배된다」. 이것을 에너지의 균등 분배법칙이라고 하며, 입자의 마이크로적인 운동과 온도의 관계를 생각할 때의 기초가 된다. 예를 들어 병진운동의 자유도는 3(x, y, z성분)이므로, 기체에서도 액체에서도 용질에서도 1 mol이라면, 병진 운동의 에너지는 $(3/2)RT$라는 크기를 가진다.

문 볼츠만 인자는 몰 당 에너지가 G라면 $\exp(-G/kT)$라고 할 수 있다. 25℃일 때, $G=0\ kJmol^{-1}$ 상태가 실현되는 확률을 1로 해서 $G=50\ kJmol^{-1}$이라는 상태의 실현 확률을 계산하라.

(1.7×10^{-9})

Tea time 기체분자들의 모습

공기든 수용액이든 내부는 조용한 세계라고 생각할지도 모르지만 매우 소란스러운 세계라는 것을 다음의 고찰로부터 알 수 있다.

우선 헬륨과 같은 단원자 분자를 생각하자. 단원자 분자의 운동은 병진 운동밖에 없다. 평균 속도가 v라면, 평균 운동 에너지는 $(1/2)mv^2$이므로, 에너지 균등 분배법칙(Equipartition of Energy)을 이용하여 $(1/2)mv^2=(3/2)kT$로 표현할 수 있다. 이 식에 $m=6.64\times10^{-27}$ kg, $k=1.38\times10^{-23}$ JK^{-1}, $T=298.15$K를 대입하면, $v=1360$ ms^{-1}을 얻어 낼 수 있다(이것은 진정한 평균 속도는 아니고 「제곱 평균 속도의 제곱근」으로부터 유래 된 것이지만, 오차가 작기 때문에 평균 속도로 간주한다). 다른 기체에 대해서도 동일한 계산을 하면 다음의 표와 같은 결과가 된다.

[표] 25℃, 1atm에서의 기체분자의 평균속도 $v(ms^{-1})$

H_2	1920
H_2O	640
N_2	520
O_2	480
CO_2	410

수소의 속도는 총으로부터 발사된 탄환의 스피드에 가깝지만, 원자세계의 「소란스러움」의 원인은 그것뿐만이 아니다. 분자에는 크기가 있으므로 날아다니면서 다른 분자와 부딪히게 된다. 충돌부터 충돌까지 평균적으로 분자가 진행되는 거리를 평균 자유행정(Mean Free Path)이라고 하며, 이는 기체의 밀도를 알면 계산할 수 있다. 예를 들어 25℃, 1atm의 질소라면 평균자유행정은 6.5×10^{-8}m에 지나지 않는다.

즉 질소 분자는 초속 520m로 날면서 6.5×10^{-8}m 마다 다른 분자와 부딪친다. 그러면 1초간 부딪치는 회수는 80억 회에 달한다. 분자들은 부딪칠 때마다 방향을 바꾸어 에너지를 교환하고 있다. 이것이 기체의 본모습이다.

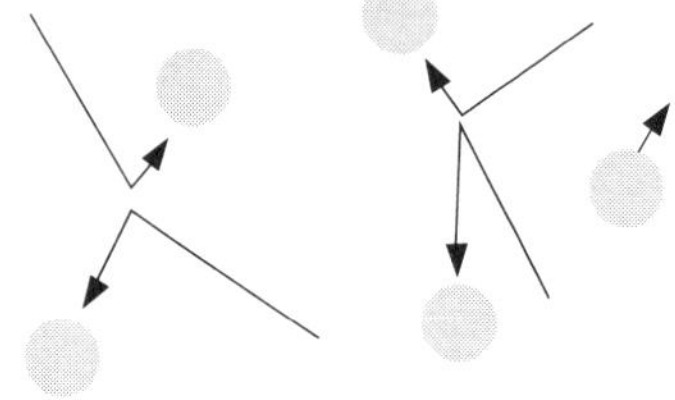

지금의 이야기는 기체뿐만 아니리 수용액에도 적용되는 논리이다(밀도가 큰 만큼 기체 안보다 충돌의 빈도가 훨씬 높다). 이러한 광란 속에서 큰 에너지를 얻은 분자가 활성화 에너지의 고개를 넘어 화학구조를 변화해 간다.

문 위의 표에 나온 평균 속도와 분자량의 관계로 부터, 수용액 안에서 설탕(분자량 342) 분자의 평균속도를 계산하라.

(약 150ms^{-1})

문 3 물질 1mol 중 불과 한 개의 입자만이 활성화 상태의 「고개」에 간신히 도착할 수 있다면 이 반응은 일어나지 않는다. 「참고」에서 살펴 본 볼츠만 인자에 주목하여 「고개」의 높이가 몇 kJmol^{-1}이상일 때 그러한 상황이 될지 계산해 보아라. 온도는 25℃로 한다.

(136 kJmol^{-1}이상)

6.3 반응 좌표와 퍼텐셜 곡선에 의한 고찰

6.3.1 반응 경로의 평면 표시

[그림 6.2]에서는 반응의 경로를 삼차원의 형태로 나타냈다. 이런 방법은 그리는 것도 읽어내는 것도 그다지 쉽지는 않다. 그래서 반응 진행 과정을 평면상에 그려 보려고 한다. 반응경로, 즉 [그림 6.2]의 L자형으로 구부러진 부분을 똑바로 늘여 놓은 방향을 가로축으로 하고 이를 반응좌표(reaction coordinate)라고 부르자. 세로축은 반응계의 퍼텐샬 에너지(Potential energy)라고 한다(용수철과 탄성 에너지의 관계로 연상해도 좋다). 이런 식으로 정리하여 반응 경로를 [그림 6.3]과 같이 나타내면 반응에 대한 해석을 한층 더 다양하게 해낼 수 있다.

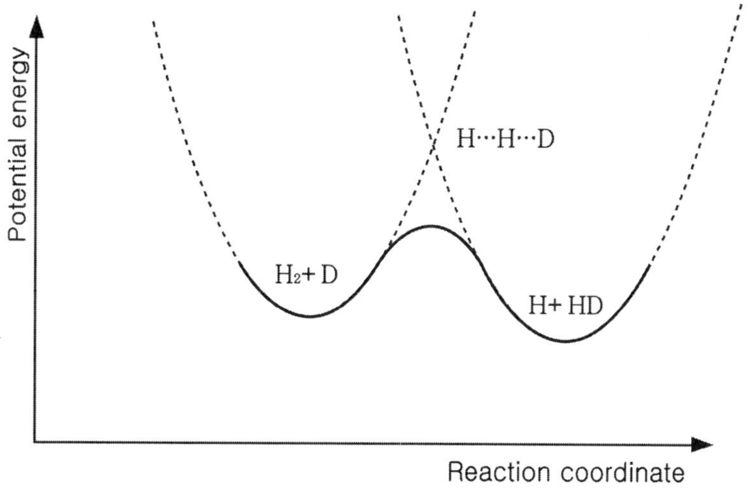

[그림 6.3] 평면에 그린 [그림 6.2]의 반응 경로

6.3.2 퍼텐셜 곡선의 형태

[그림 6.3]에서는 반응의 시작 상태(왼쪽)와 종료 상태(오른쪽)의 퍼텐샬 에너지 곡선이 모두 포물선 형태를 취하고 있다. 그 배경에는 H_2분자나 HD분자의 결합 에너지 특성이 내포되어 있다. 원자간 결합 에너지가 용수철의 탄성 에너지와 같이 좁은 범위 내에서만 변형이 일어난다면, 결합 거리가 Δx만큼 바뀌면 $(\Delta x)^2$의 형태로 바뀐다. 즉 물질계의 퍼텐샬 에너지가 반응 좌표의 2차 함수가 되기 때문이다.

결합 거리와 내부 에너지의 관계를 항상 포물선으로 그려야만 하는 것은 아니다. 특히, 결합이 크게 늘어나거나 줄어들게 되면 포물선형의 그래프와는 매우 차이가 나게 된다.(결합 에너지가 비선형성으로 나타나게 된다). 그러므로 [그림 6.3]은 어디까지나 하나의 근사값의 형태라고 할 수 있지만, 그 나름대로 도움이 되므로 자주 사용되는 형태의 그래프이다.

6.3.3 활성화 상태와 활성화 에너지

반응을 고려할 때 에너지는 매우 중요하며 [그림 6.4]와 같이 정리할 수 있다. 반응이 완료할 때까지 물질계에 흡수되거나 배출된 에너지 차이는 평형론에서 말하는 자유에너지의 변화가 되며, 반응물(시작 상태)과 생성물(종료 상태)의 최소점에서의 자유에너지 차이가 바로 그 값이 된다. 시작 상태의 자유에너지가 종료 상대보다 높으면 발열(발에르곤) 빈응, 억이라면 흡열(흡에르곤) 반응이 된다. 시작 상태와 종료 상태의 최소점은 반응에 관여된 원자 전체가 평형에 있을 때이므로, 수많은 원자가 참가하는 일반적인 반응에서는 「다차원 공간의 1점」이 되지만 본 내용의 범위에서는 이차원의 이미지로 설명 하도록 하겠다.

시작 상태의 에너지 곡선과 종료 상태의 에너지 곡선이 만나는 교점이 그 반응의 활성화 상태에 해당한다. [그림 6.4]를 통해 반응에 대한 논리를 정리해 보자. 반응하는 물질계는 처음 시작 상태의 에너지 곡면 안을 움직이고, 활성화 상태를 거쳐 종료 상태의 에너지 곡면으로 점프하고 나서 생성물로 옮겨 간다.

반응의 활성화 에너지는, 시작 상태의 에너지 최소값과 활성화 상태의 에너지의 차이가 된다. 활성화 상태에서 일단 저장된 에너지는 반응계가 종료 상태의 퍼텐셜 곡선으로 옮겨지면서 종료 상태의 최소점을 향해 미끄러지면서 다시 발산되게 된다.

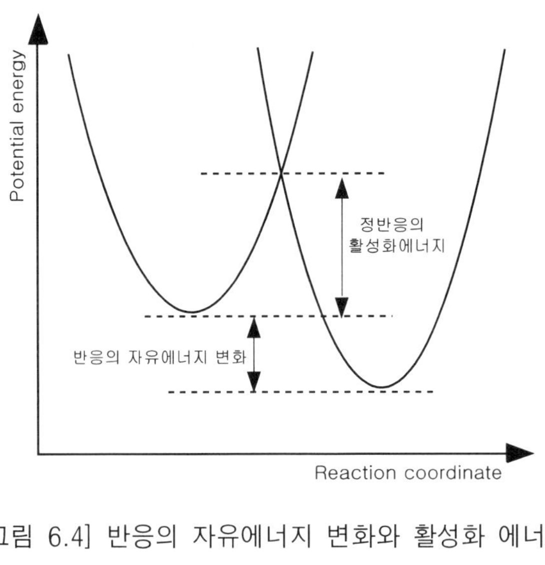

[그림 6.4] 반응의 자유에너지 변화와 활성화 에너지

6.4 평형 = 조용한 폭풍

6.4.1 평형 상태의 모습

비이커 안에서 일어나는 화학반응은 반응(6.2)와 같이 두 개의 분자가 단 한 번만 충돌하고 끝나는 것은 아니다. 용액 안에서는 10^{20}개라든지 10^{23}개의 분자나 이온이 북적거리고 있으며 반응 물질이나 생성 물질이 서로 부딪치면서 반응을 반복한다.

가역 반응이라면 결국 용액 안은 평형 상태가 되어 녹아 있는 물질의 종류도 농도도 변하지 않게 된다. 그럼 마이크로적로 봐도 일체 변화가 없는 것이냐 하면 *Tea time*에서 설명했던 대로 그것은 크게 틀리며 분자들은 어지럽게 변화를 계속하고 있는 것이다.

예를 들어 Fe^{2+}와 Fe^{3+}가 녹아 있는 용액을 생각하자. Fe^{2+}의 전자가 Fe^{3+}로 이동하면, Fe^{2+}는 Fe^{3+}로, Fe^{3+}는 Fe^{2+}로 변신한다. 그러나 그렇게 되어도 Fe^{2+}와 Fe^{3+}의 농도에 대한 차이는 변함없기 때문에 외관상으로는 아무런 변화도 일어나지 않은 것이 된다. 논리적으로뿐만 아니라, 사실 그러한 식으로 Fe^{2+}와 Fe^{3+}의 사이에 끊임없이 전자의 교환이 진행되고 있다는 것은 실험적으로도 확인 되고 있다.

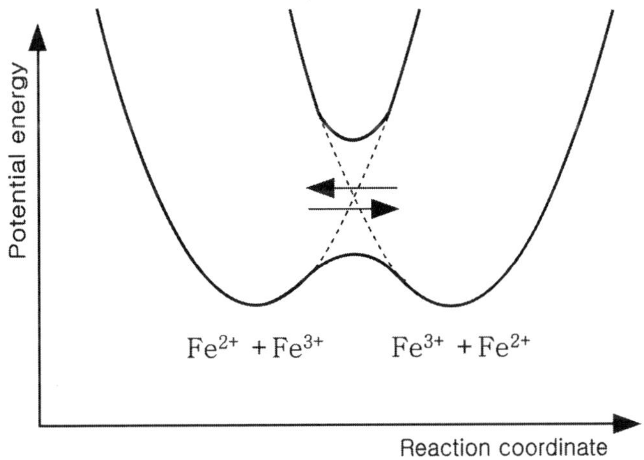

[그림 6.5] 반응 좌표로 본 마이크로적인 균형

6.4.2 퍼텐셜 그래프로 본 평형

Fe^{2+}/Fe^{3+}의 가역 반응계가 평형 상태에 있을 때, 반응 좌표와 자유에너지(Potential energy)의 관계는 [그림 6.5]와 같이 나타낼 수 있다. 오른쪽 방향의 변화를 정반응, 왼쪽방향의 변화를 역반응이라고 부르자. 반응이 어느 쪽으로 진행되어도 시작 상태($Fe^{2+}+Fe^{3+}$)와 종료 상태($Fe^{3+}+Fe^{2+}$)는 같기 때문에 사유에너시에는 변함없다. 이 때 활성화 에너지(고개의 높이)는 시작 상태로부터 봐도 종료 상태로부터 봐도 같기 때문에 정반응과 역반응은 속도가 동일하다. 이와 같이 마이크로적인 변화가 정확히 맞아떨어지는 것이 가역 반응계의 평형 상태이다.

일부분에 대해서는 이미 살펴보았지만, 반응속도와 에너지의 관계를 다시 한 번 검토해 보자. 반응속도는 활성화 에너지의 벽을 넘는(고개에 간신히 도착하는) 분자의 수에 비례한다. 그리고 이 수는 143페이지의 「참고」에서 소개한 볼츠만 인자에 비례한다. 따라서 활성화 에너지가 G^*라면, 온도가 T일 때의 반응속도상수 k는, k_0를 상수로서

$$k = k_0 \exp(-G^*/RT) \tag{6.3}$$

와 같이 나타낼 수 있다. 이것을 아레니우스 관계식(Arrhenius Equation)이라고 한다.

문 4	활성화 에너지 G^*가 50, 100 $kJmol^{-1}$일 때, 온도를 25℃로부터 35℃로 올리면, 반응속도는 각각 몇 배가 될까.
	(1.9배, 3.7배)

6.5 에너지 차이와 반응속도

평형 상태에서는 반응이 진행되어도 반응계의 자유에너지에는 변함이 없었다. 그러면 퍼텐셜 곡선의 형태는 바꾸지 않고 다른 한쪽의 퍼텐셜 곡선만을 상하로 움직이면 어떻게 될까. [그림 6.6]을 보면서 생각해 보자.

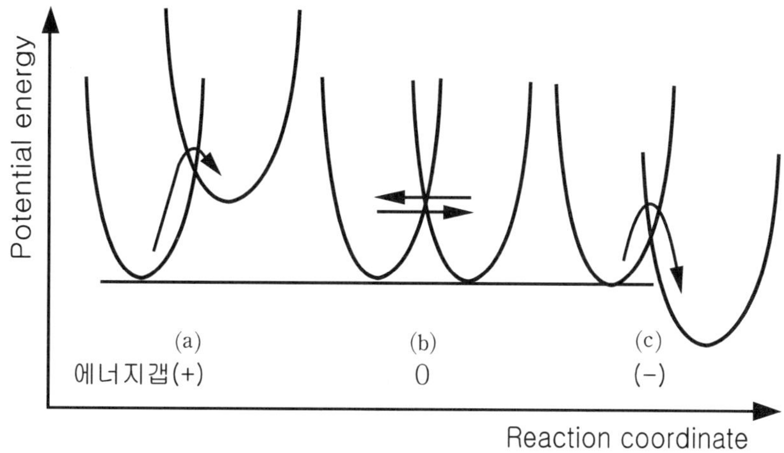

[그림 6.6] 반응에너지 차이와 활성화 에너지의 관계
(a) 흡열 반응, (b) 평형 상태. (c) 발열 반응

[그림 6.6]의 (b)가 평형 상태를 나타낸다. 반응물(시작 상태)의 퍼텐셜 곡선은 그대로 두고 생성물(종료 상태)의 퍼텐셜 곡선을 내리게 되면, 반응이 진행됨에 따라 물질계가 방출하는 에너지는 늘어나게 된다(b→c). 이러한 상태를 반응의 발열성이 커진다고 한다. 한편 위로 움직이게 되면 반응물이 흡수하는 에너지가 커지게 되므로 흡열 반응의 상태로 변하게 된다(b→a). 덧붙여 지금 사용한 「발열」, 「흡열」의 용어는, 엔탈피 변화 $\Delta H°$가 아니라, 물론 Gibbs 자유에너지 변화 $\Delta G°$의 부호를 기초로 하고 있다(제I부 25페이지 참고).

그림 6.6에서와 같이 평형 상태로부터 벗어나게 되면 시작 상태로부터 본 활성화 에너지와 종료 상태로부터 본 활성화 에너지에 차이가 생기게 된다(또는 활성화 에너지가 비대칭이 된다 라고도 한다). 반응의 흡열성이 늘면(b→a), 시작 상태로부터 본 활성화 에너지 쪽이 커지기 때문에 정반응의 속도가 역반응의 속도보다 작아진다. 한편 반응의 발열성이 증가하면(b→c), 상황은 거꾸로 되어 정반응의 속도가 커진다.

즉, 반응물과 생성물의 자유에너지 차이가 변하게 되면 활성화 에너지가 비대칭이 되어 반응속도가 바뀌게 된다. 이 자유에너지의 차이를 반응에너지의 차이라고 하며 (+)나 (−)의 부호를 붙여 나타낸다.

용액 안에서 두 종류의 분자가 전자를 교환하는 경우라면 반응에너지 차이는, 제I부에서 설명한 분자의 표준 전극전위로부터 간단하게 구해진다. 보다 (−)인 표준 전위를 갖고 있는 분자로부터, 보다 (+)의 표준 전위를 갖고 있는 분자로 전자가 옮겨갈 때 반응은 발열적으로 일어나며, 그 때 반응에너지 차이는 음의 값이 된다. 즉, 표준 전위의 차이가 넓어지는 만큼 활성화 에너지는 내려가고 반응속도가 증가한다고 예상할 수 있다.

7장 전극 반응

일반적으로 화학반응이나 전자이동은 활성화 에너지의 언덕을 넘었을 때에 처음으로 진행된다. 그러한 이미지를 6장에서는 용액 내 반응에 대해 그려 보았다. 7장에서는 금속(전극)과 용액의 계면에서 일어나는 전자 교환, 즉 전극 반응에 대해 생각해 보자. 또한 속도상수나 전류에 대한 내용도 조금 섞어 8장에서 다루게 될 활성화 에너지와의 연계성을 살펴보게 될 것이며, 물질 이동에 대한 내용도 살펴봄으로서 9장과의 관련성에 대해서도 살펴보게 될 것이다.

용액 내 반응의 전자이동에서는 활성화 에너지에 변화를 주기 위해서는 물질의 조합 자체를 바꾸지 않으면 안 된다. 한편 전기화학 반응계(전극 반응계)에서는 전극 전위를 움직이는 것만으로 에너지 차이가 발생하며, 나아가서는 활성화 에너지나 전자이동의 속도가 자유자재로 바뀐다. 이러한 점을 이용하여 8장에서는 활성화 에너지의 본질에 접근해 보도록 하자.

7.1 진공으로 튀어나오는 전자

7.1.1 열전자 방출

전기 화학계의 이야기에 앞서, 금속으로부터 진공으로 전자가 튀어 나오는 현상에 대하여 살펴보도록 하자(그림 7.1). 금속 내 전자의 에너지는 페르미 준위 ε_F보다 아래에 있다. 진공에 비해 일함수 Φ(≒ ε_F)만큼 안정하다고 해도 괜찮다. 금속의 일함수는 적어도 2eV(약 200 kJmol^{-1}) 정도이기 때문에(제I부 54 페이지 참고), 전자가 자연스럽게 튀어나오지는 않는다. 그러나 온도를 충분히 올리면 열운동 에너지가 커져 일정한 확률로 진공으로 튀어나온다. 이것을 열전자 방출(Thermonic electron emission or Hot electron emission)이라고 한다. 열에너지 대신에 빛에너지를 사용해도 좋다(광전자 방출(Photo electron emission)).

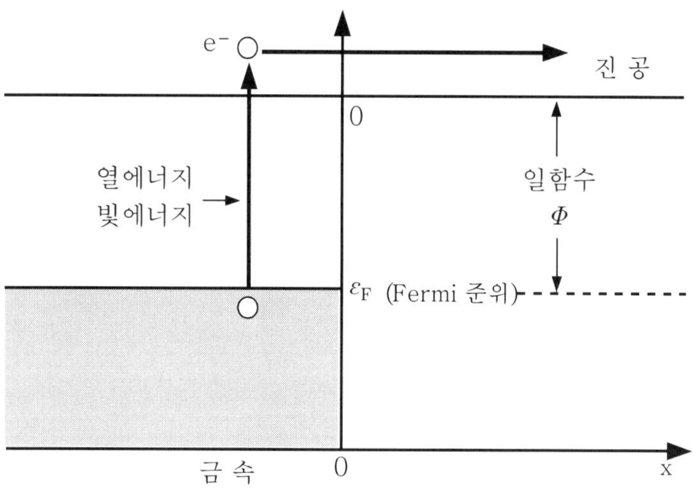

[그림 7.1] 일함수 Φ이상의 에너지를 받으면 금속에서 진공으로 전자가 튀어 나온다

문 1 mol^{-1}= −4 eV *vs.* vacuum의 금속을 몇 K로 가열하면 페르미 준위에 있는 한 개의 전자가 확률 10^{-8}로 진공 속으로 뛰어나오는지 볼츠만의 법칙으로부터 계산해 보아라. 또, 광전 효과를 일으키려면 파장이 몇 nm이하의 자외선을 쪼이면 좋은가.

(2500K, 310nm)

7.1.2 전기장 속에서의 전자 방출

온도가 낮아도 금속의 표면 부근에 강한 전기장이 있으면 전자는 그 힘을 이용하여 진공으로 튀어나온다. 이 현상은 [그림 7.2]를 사용하여 다음과 같이 설명할 수 있다.

금속의 표면에 존재하는 전자에는 거울상 힘(image Force)이라는 인력이 작용하며 그 만큼 에너지가 내려가게 된다. 거울상 힘에 대한 자세한 설명은 본 교재의 범위를 벗어나지만 기본전하(전자 전하의 절대값)를 q, 표면으로부터의 거리를 x로 하면 안정화 에너지는 $-q^2/4x$라고 할 수 있다. 여기서, 금속이 (−)값, 진공이 (+)값이 되도록 단위길이 당 V라는 힘의 전기장을 걸었다고 하자. 그 때 거리 x의 장소에서 전자가 갖고 있는 안정화 에너지는 $-qVx$가 된다.

이 두 종류의 에너지항의 합을 $f(x)$로 하면

$$f(x) = -q^2/4x - qVx \tag{7.1}$$

가 되어, 최대점 ($f'(x)=0$인 점)은 진공으로부터 $\sqrt{q^3V}$만큼 에너지가 낮기 때문에 전자가 튀어 나오기 쉬워진다.

문 2 최대점의 에너지가 $-\sqrt{q^3V}$가 되는 것을 확인해 보아라.

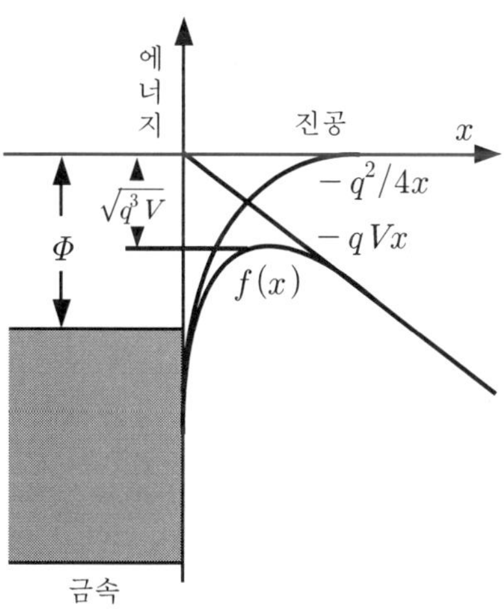

[그림 7.2] 전압이 걸리면, 전자는 진공으로 튀어나오기 쉬워진다

전기장이 한층 더 강해지면 퍼텐샬 에너지의 최대점이 내려갈 뿐만 아니라 퍼텐셜의 벽도 얇아진다. 그렇기 때문에 양자 역학에서 말하는 터널 효과(Tunneling effect)에 의해 전자가 벽을 빠져나가 진공으로 나가는 확률도 늘어난다.

7.2 금속-용질분자 사이의 전자이동 : 평형 상태

7.2.1 진공중과 용액중의 차이

[그림 7.2]의 상태에서 진공을 용액으로 바꾸면 전극과 용액의 계면이 형성된다. 이 때 전극으로부터 용액 속으로 전자가 빠져 나가는 모습을 [그림 7.2]와 비교하면서 생각해 보자.

[그림 7.2]에서는 빠져 나온 전자는 (+)의 운동 에너지를 갖고 그 값은 연속이라고 생각해도 좋다. 그러나 전극과 용액의 계면에서는 그렇게는 안 된다. 용액 안에서 전자는 고립적으로 존재할 수 없기 때문에, [그림 7.3]과 같이 전자를 받는 분자나 이온의 종류(및 용매 분자의 분포 상태)에 따라 정해지는 퍼텐셜이 용액 중의 전자이동에 주요 관문으로 작용하게 된다. 이 퍼텐셜의 상태에서 전자의 에너지 준위는 불규칙적으로 존재하게 된다. 게다가 이러한 에너지 준위는 분자 골격에 의해 진행된 열운동만큼 변화된 폭을 갖게 된다.

[그림 7.2]에서도 [그림 7.3]에서도 금속(전극)의 표면 부근에 걸려 있는 전기장이 전자이동을 진행시키는 방향은 같지만, 튀어나온 전자의 에너지 상태에는 이와 같이 큰 차이가 있다(서론 참고).

7.2.2 용액계와 전극의 차이

6장에서 살펴 본 것처럼, 용액 중에서 일어나는 화학반응의 속도는 온도가 높을수록 크고, 온도와 반응속도는 아레니우스 관계식($k = k_0 \exp(-G^*/RT)$)으로 설명 할 수 있다(6장 152페이지). 이러한 설명이 가능하게 된 근원에는 볼츠만 법칙과 활성화 에너지 고개에 도착할 수 있는 확률이 반응 전체의 효율을 결정한다는 논리가 있기 때문이다 .

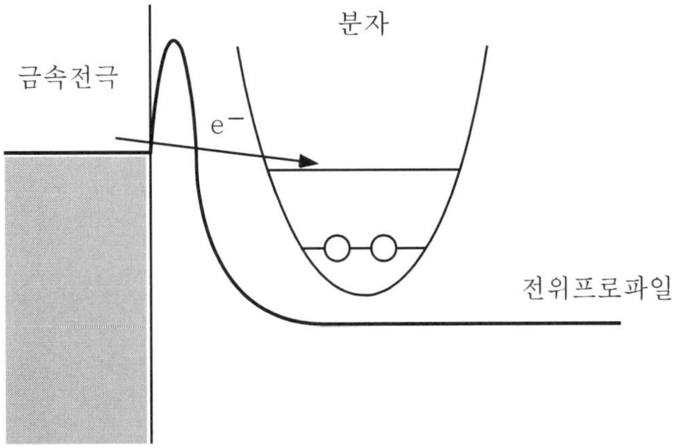

[그림 7.3] 전극으로부터 용액속의 분자로 옮겨가는 전자

물론 [그림 7.3]과 같이 계면에서의 전자이동도 온도가 높을수록 진행되기 쉽다. 그러나 전극계에서는 전극의 전위를 조작하는 것만으로 열에너지 등은 문제가 되지 않을 정도로 큰 폭으로 그것도 간단하게 전자이동의 속도를 바꿀 수 있다. 이것이 전극 시스템의 최대 특징이라고 말할 수 있다.

7.2.3 평형 상태와 교환 전류

제I부의 2장에서 자세하게 살펴본 바와 같이, 산화/환원 쌍을 포함한 용액에 전극을 담구고, 그 전위를 표준 전극전위로 설정해 두면, 산화 반응(anode reaction)과 환원 반응(cathode reaction)의 속도가 같아지게 됨으로 순수한 전류는 흐르지 않게 된다. 즉 전극-용액계면은 평형 상태에 있게 된다. 이것을 반응 좌표와 퍼텐셜 곡선으로 생각하면 6장의 [그림 6.5]에서 설명한 것처럼 양 방향의 활성화 에너지가 같기 때문이다.

이때 겉보기 전류는 제로이지만 전극-용액계면에서는 끊임없이 전자의 교환이 일어나고 있다. 이러한 평형 상태의 전류를 교환 전류(exchange current)라고 한다. 교환 전류의 크기는 산화/환원 반응물의 종류에 따라, 또 같은 산화/환원 반응물에서도 전극의 재료에 따라 크게 바뀐다. 교환 전류가 크면 그만큼 전자이동이 빠르다고 할 수 있다.

참고 분자의 전자 에너지 준위가 폭을 갖고 있는 원인

분자를 양자화학 계산을 하면 분자 각각의 전자 에너지 준위는 한 개의 선으로서 나타나지만, 실제 측정 데이터에서는 상당한 폭을 갖게 된다는 내용은 제I부의 58 페이지와 108 페이지에서도 살펴보았지만 이유는 설명하지 않았다. 이러한 현상은 다음 장의 이야기에도 크게 관련되기 때문에 여기서 살펴보도록 하자.

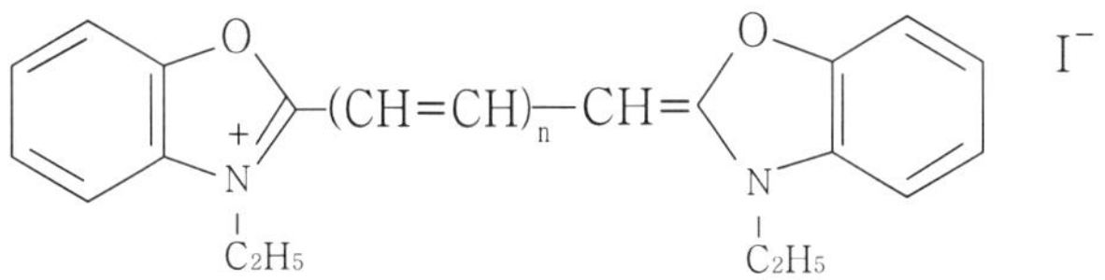

위의 화합물은 사진의 증감제로 사용하는 Cyanine dye이다. 이중 결합과 단결합이 교대로 연결되어 있어 왼쪽의 질소 원자 N으로부터 오른쪽의 질소 원자 N까지 자유롭게 왕래하는 π전자의 에너지 준위가 가시광선의 흡수를 가져온다. 포텐셜 우물(potential well)에 기초하여 양자화학 계산을 정리하면, n이 증가할수록, 즉 π전자가 움직일 수 있는 범위가 넓을수록, 에너지 준위의 간격이 좁아져 흡수 파장이 길어진다. 즉 에너지 준위는 분자의 길이에 따라 변하게 된다.

n값이 일정한 분자를 생각해 보자. 분자의 골격은 1초간 10^{13}회(10조회)정도 진동하고 있다. 진동을 하게 되면 극히 적은 량이지만 분자의 길이도 신축된다. 그러므로 전자의 에너지 준위는 절대 영도가 아닌 한 어느 평균값의 주변에서 멈추지 않고 변하고 있기 때문에 흡수스펙트럼이 폭을 갖게 되는 것이다.

문 흡수 피크 높이의 절반이 되는 부분의 값을 절반폭(half-width at half maximum)이라고 한다. 피크 파장이 500nm, 절반폭이 10nm라면 에너지의 움직임은 약 몇 eV라고 할 수 있을까.

(0.05 eV)

7.3 계면 전자이동

7.3.1 전극 반응을 퍼텐셜 곡선으로 고찰

전극-용액계면에서 진행되는 전자이동(전극 반응)을 6장에서 소개했듯이 반응 좌표에 따른 퍼텐셜 곡선으로 생각하면 어떻게 될까.

그렇게 하기 위해서는 우선 「전극 반응의 반응 좌표란 도대체 무엇인가?」가 문제가 되지만, 이것은 그렇게 간단하지 않기 때문에 8장에서 천천히 생각해 보기로 하자. 우선은 어쨌든 「전자이동의 경로」라는 것이 있다고 생각해 주면 좋겠다.

퍼텐셜 곡선은 시작 상태 · 종료 상태 모두 6장과 같이 포물선으로 그릴 수 있는 것으로 한다. 이렇게 하여 전극 반응의 경로를 [그림 7.4]의 이미지로 생각해 보자.

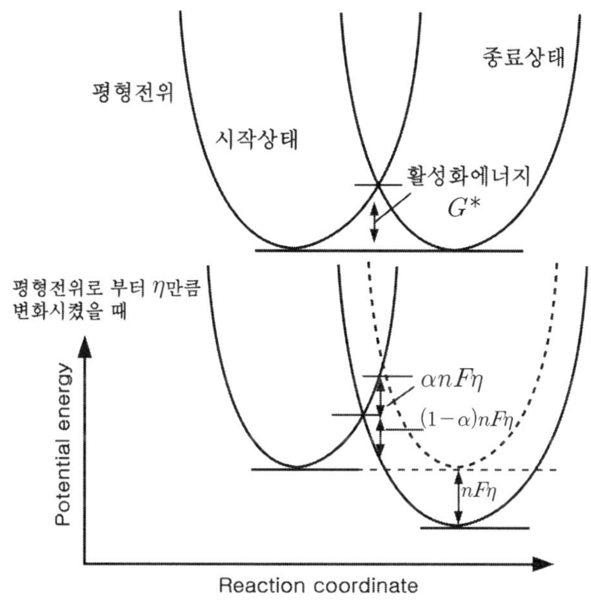

[그림 7.4] 퍼텐셜 곡선과 전극 반응 (α와 $1-\alpha$를 바꾸어 고찰한 예도 있음)

예를 들어, 백금 전극에서 다음과 같은 전자교환반응이 일어난다고 가정해 보자.

$$Fe^{2+} = Fe^{3+} + e^- \qquad (7.2)$$

이 반응에서 시작 상태의 퍼텐셜 곡선은 「백금 전극과 용액중의 Fe^{2+}」, 종료 상태의 퍼텐셜 곡선은 「백금 전극과 용액중의 Fe^{3+}」라고 생각하면 된다. 전극 반응이 진행되면 산화/환원 계는 시작 상태의 곡선으로부터 종료 상태의 곡선으로 옮겨 간다. Fe^{3+}/Fe^{2+}의 예에서는 용액중의 Fe^{2+}가 백금 전극 상에서 Fe^{3+}으로 산화(전기 분해에 의한 산화)된다.

7.3.2 전위를 변화시키면…

퍼텐샬 에너지는 전위로 환산시킬 수 있으며, [그림 7.4]에서 살펴보면 전위가 위일수록 (−), 아래일수록 (+)으로 되어 있다. 전극의 전위를 용액중의 산화/환원 쌍의 표준 전극전위 (평형 전위)로부터 η 볼트만큼 변화시키면, 종료 상태의 포물선이 상하 방향으로 $nF\eta$만큼 움직이게 된다. 평형론적으로는 시작 상태와 종료 상태의 전기화학 퍼텐셜에 $nF\eta$만큼의 차이가 생긴다고 표현해도 괜찮다.

전위의 변화가 (+)의 방향이라면, 종료 상태의 곡선은 아래로 $nF\eta$만큼 낮아지게 된다. 이로서 정반응과 역반응에 대한 활성화 에너지의 크기에 차이가 생겨 마이크로적으로 균형이 어긋나게 된다. 그 결과, 실제 반응이 한 방향으로 진행되게 된다.

평형론적으로 생각하면 다음과 같이 말할 수 있다. 전위가 평형 전위로부터 어긋나면, 어긋난 만큼의 수준에 맞추어 전극 부근의 산화체와 환원체의 농도가 바뀐다. 전위가 (+)방향으로 바뀌게 되면, Nernst 식으로부터 산화체의 농도가 높아지지 않으면 안 되기 때문에 산화 전류 (anode current)가 흐르게 된다. 즉 산화체와 환원체의 농도비는 새로운 전위에 맞추어 지게 되며 Nernst 식에서 정해지는 값까지 계속 바뀌게 된다. 평형론으로는 이런 식으로 변화의 방향은 예측할 수 있어도 변화의 속도에 대해서는 아무것도 말할 수 없다.

7.3.3 전자이동의 속도와 전류

우선, 전극의 표면 부근에 있는 물질(산화체와 환원체)의 농도는 언제나 일정하다고 하자(그렇지 않을 때는 이야기가 바뀌게 된다. 이러한 내용에 대해서는 7.4절에서 다루기로 한다). 전류라는 것은 단위시간에 흐르는 전자의 양으로,

즉 반응속도에 비례한다. 그 때문에 계면에서 진행되는 전자이동의 속도는 전류의 크기로부터 계산해 낼 수 있다.

7.3.4 전류의 크기를 결정하는 요인

흐르는 전류의 크기 I는, 전극의 면적 A(단위 cm^2), 전자이동의 속도상수 k, 전극 부근의 반응 물질의 농도 c($molcm^{-3}$)로 정리할 수 있다. k는 정방향(k_+)와 역방향(k_-) 로 나누어 생각할 수 있다. [그림 7.4]의 경우라면, k_+는 산화 반응을 k_-는 환원 반응을 나타낸다. 산화되는 환원체의 농도를 c_R, 환원되는 산화체의 농도를 c_O로 하자. 그리고 산화 반응의 속도는 k_+c_R, 환원 반응의 속도는 k_-c_O라고 하자. 전류 I는 전극 면적, 전자이동 속도, 반응 물질의 농도 중 어느 것과도 비례한다. 이상의 내용으로부터 관례대로 산화 전류의 부호를 (+)로 하면 다음과 같은 식을 얻을 수 있다.

$$I = nFA(k_+c_R - k_-c_O) \tag{7.3}$$

여기서 n은 반응 물질 한 개가 교환하는 전자의 수, F는 패러데이 상수를 나타낸다. 더불어 전기화학에서는 전기 분해 셀이나 전극이 보통 cm 크기이므로, 위와 같이 농도나 면적도 m이 아니고 cm 기준의 단위로 나타내는 것이 많다.

반응에 관여하는 전극의 면적A가 $1cm^2$인 경우의 전류I를 전류 밀도(current density)라고 하며 i로 나타낸다.

전위의 변화량 η는, 식(7.3) 안에 나타나있지 않지만 속도상수 k_+와 k_-의 크기를 좌우하는 (−)값의 변수로서 숨어 있다.

c_R이나 c_O는 변하지 않으며 상수의 값으로 다룰 수 있으며 그 값들은 $c_R = c_O = c$로 가정하자. 전위가 산화/환원계의 평형 전위와 동일할 때 정반응과 역반응의 활성화 에너지는 같기 때문에,

$$k_+ = k_- = k_{eq} = k_0 \exp(-G^*/RT) \tag{7.4}$$

라고 할 수 있다. 이 때 식(7.3)은 $i = nF(k_{eq}c - k_{eq}c) = 0$이므로 순수한 전류 밀

도가 0이 된다. 물론 산화 전류와 환원 전류가 정확히 일치하기 때문에 그 크기(7.2절에서 소개한 교환 전류 밀도)를 i_0라 하면,

$$i_0 = nFk_{eq}c = nFck_0 \exp(-G^*/RT) \tag{7.5}$$

가 성립된다.

참고 **전극 반응의 속도상수 단위**

전극 반응의 전자이동 속도상수 k의 단위를 X로 하여 식(7.3)에 적용시켜 보자. 전자수 n은 차원을 갖지 않기 때문에, 다음의 관계가 성립된다.

$$[\mathrm{Cs^{-1}}] = [\mathrm{Cmol^{-1}}]\,[\mathrm{cm^2}]\,[\mathrm{X}]\,[\mathrm{molcm^{-3}}]$$

여기에서, k의 단위는 $\mathrm{cms^{-1}}$라고 알 수 있다. 즉 전자이동의 속도상수는 마라톤 선수의 스피드와 같은 차원의 양인 것이다.

문 $n=1$, $k_{eq}=10^{-3}\mathrm{cms^{-1}}$, $c=10^{-6}\mathrm{molcm^{-3}}$일 때, 교환 전류 밀도 i_0의 크기는 몇 $\mathrm{Acm^{-2}}$가 될까

($9.7\times10^{-5}\mathrm{Acm^{-2}}$)

7.3.5 전류와 전위의 관계 : Butler-Volmer 식

그러면, 전극 전위를 바꾸면 전자이동의 반응속도가 어떻게 될지를 생각해보자. [그림 7.4]를 한 번 더 차분히 살펴보도록 하자. 평형 전위로부터 η볼트만큼 낮추면 활성화 에너지가 비대칭이 된다. [그림 7.4]에서는 시작 상태로부터 본 활성화 에너지가 종료 상태로부터 본 활성화 에너지보다 작아져 있다.

평형 상태에서의 활성화 에너지를 G^*로 하고, η만큼 전위를 움직였을 때 정반응과 역반응의 활성화 에너지가 각각 얼마나 바뀌게 되는지 알게 되면, 식(7.3)의 k_+와 k_-의 변화를 알 수 있기 때문에 순수한 전류를 계산할 수 있다. 활성화 에너지의 변화량은 다음의 「참고」를 통해 살펴보도록 하자.

참고 전위에 의한 활성화 에너지의 변화

평형 상태에서 활성화 에너지가 G^*가 되는 두 개의 포물선 $y_1 = 4G^* x^2$와 $y_2 = 4G^*(x-1)^2$를 생각하자. y_1을 시작 상태, y_2를 종료 상태라고 본다. 교점 $(x_0,\ y_0) = (0.5,\ G^*)$이 활성화 상태를 나타낸다.

종료 상태의 포물선이 $nF\eta$만큼 낮아지게 되면, y_2는 $4G^*(x-1)^2 - nF\eta$로 바뀐다. 이것과 y_1의 교점은, 간단한 계산으로

$$(0.5 - nF\eta/8G^*,\ G^* - \alpha nF\eta)$$

라는 것을 알 수 있다. 다만 $\alpha = 0.5 - nF\eta/16G^*$. 이 때 정반응의 활성화 에너지는 $G^* - \alpha nF\eta$, 역반응의 활성화 에너지는 $G^* + (1-\alpha)nF\eta$로 변하게 된다.

α는 활성화 상태가 시작 상태와 종료 상태 중 어느 쪽에 가까운가를 나타내는 양으로, 비대칭 파라미터라고 한다. 평형 상태에서는 0.5이며, 평형으로부터 벗어나 반응의 발열성이 증가할수록 그 값은 작아진다.

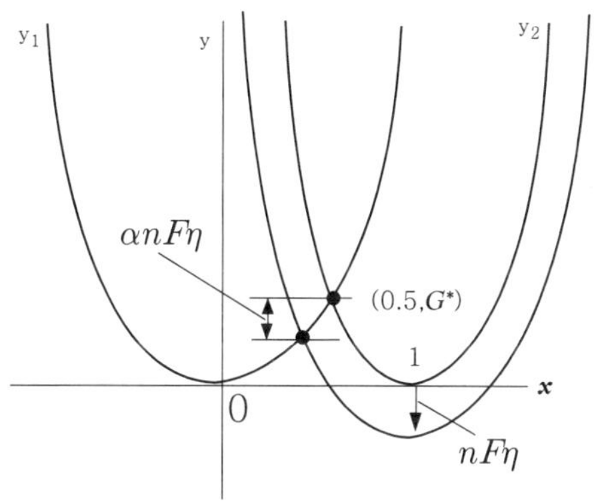

반응의 자유에너지 변화(에너지 차이)가 $-4G^*$가 되면, 활성화 에너지가 0이 되어 반응은 활성화 상태를 통과하지 않고 진행된다. 에너지 차이가 더 큰 (−)값으로 되면, 다시 활성화 상태가 나타나는 기묘한 일이 일어난다. 이 부분에 대한 내용은 전문서적을 참고하기 바란다. 7장에서 다루게 되는 현상들은 α가 0.5에 가까울 때, 즉 평형 상태에서만 성립된다.

「참고」의 결과를 사용하면, 전위와 전류밀도(i)의 관계를 나타내는 식을 만들 수 있다. 전위가 평형 전위로부터 η만큼 벗어났을 때, 원래 G^*였던 활성화 에너지가 산화 반응에서는 $G^* - \alpha nF\eta$로, 환원 반응에서는 $G^* + (1-\alpha)nF\eta$로 바뀌므로 아레니우스 관계식으로부터 반응속도상수 k_+와 k_-는 각각 다음과 같이 변화하게 된다.

$$\begin{aligned} k_+ &= k_0 \exp(\alpha nF\eta/RT)\exp(-G^*/RT) \\ &= k_{eq}\exp(\alpha nF\eta/RT) \end{aligned} \tag{7.6}$$

$$\begin{aligned} k_- &= k_0 \exp(-(1-\alpha)nF\eta/RT)\exp(-G^*/RT) \\ &= k_{eq}\exp(-(1-\alpha)nF\eta/RT) \end{aligned} \tag{7.7}$$

이것을, $A = 1\,cm^2$, $c_R = c_O = c$의 조건 하에서 식(7.3)에 대입하게 되면 다음 식을 얻을 수 있다.

$$\begin{aligned} i &= nFc\,k_{eq}[\exp(\alpha nF\eta/RT)\exp(-(1-\alpha)nF\eta/RT)] \\ &- i_0[\exp(\alpha nF\eta/RT) - \exp(-(1-\alpha)nF\eta/RT)] \end{aligned} \tag{7.8}$$

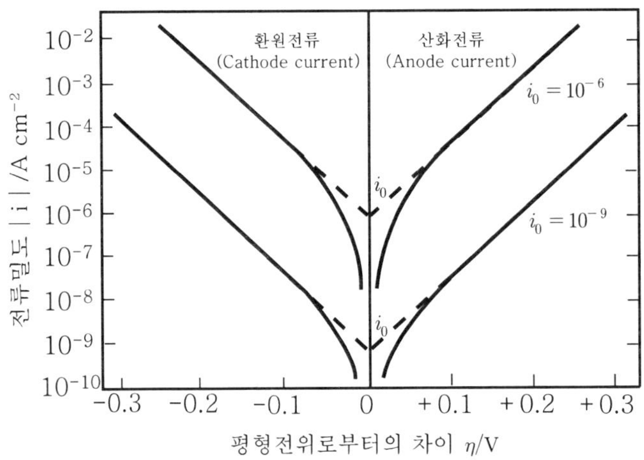

[그림 7.5] 평형으로부터의 전위 변화량 η와 전류 밀도 i의 관계.
($\alpha = 0.5$, $n = 2$, $i_0 = 10^{-6}\,Acm^{-2}$ 및 $10^{-9}\,Acm^{-2}$의 조건)

식(7.8)을 Butler-Volmer의 식이라고 한다. 식(7.8)에 의거하여 η에 대해서 산화 전류와 환원 전류를 그려 보면 [그림 7.5]와 같이 된다.

문 3 x가 작으면, $e^x=1+x$, $e^{-x}=1-x$로 근사해도 좋다. η가 작은 곳에서는 식(7.8)를 $i=i_0(nF/RT)\eta$로 근사할 수 있다는 것을 확인해 보아라.

7.3.6 Tafel의 관계

실제 측정되는 전류는 식(7.8)과 같이 양극(산화전극, anode)전류와 음극(환원전극, cathode)전류의 합(절대값을 생각하면 차이)이 되지만, 평형으로부터 벗어난 부분, 즉 η가 적당히 클 때에는 어느 한쪽만이라고 봐도 상관없다. 그 때 전류는 η의 지수함수가 되어, $\log i$가 η에 대해서 직선적으로 바뀐다(그림 7.4 참고). 이것을 Tafel의 관계(Tafel relationship)라고 한다. 예를 들어 η가(+)의 큰 값이라면, 식(7.8)의 양극 전류 성분만이 적용된 Tafel의 관계를 나타내게 된다. T = 298.15 K에서는 (ln 10)$\times RT/F$가 0.059V가 되는 사실(3장)을 사용하여 자연로그를 상용로그로 바꾸면, 식(7.9)은

$$\ln i = \ln i_0 + \alpha nF\eta/RT \tag{7.9}$$

이라고 할 수 있다.

$$\log_{10} i = \log_{10} i_0 + \alpha n\eta/0.059 \tag{7.10}$$

Tafel의 관계를 그래프로 그려 평형 전위(η=0)까지 늘리면 교환 전류 밀도 i_0의 크기를 알 수 있다. 교환 전류는 평형 상태에서 정반응과 역반응의 양방향으로 같은 크기로 흐르고 있는 전류이므로 직접적인 측정은 할 수 없지만, 평형 상태에서의 전자이동의 속도를 말하는 중요한 파라미터이다.

이런 전자이동의 속도가 분자나 용매의 어떤 성질과 관계가 있는지 그리고 활성화 에너지의 크기가 어떻게 정해질지가 다음 장에서 다루게 될 내용이 된다.

문 4 식(7.8)에서, $\alpha=0.5$, $n=1$일 때, 음극 전류 밀도가 양극 전류 밀도의 0.1% 이하가 되는 것은 n이 어떤 값일 때인가.

($\eta \geq +0.18$V)

7.3.7 과전압

지금까지 「평형 전위로부터의 변화량」이라고 부른 η는 과전압(overpotential)이라고도 한다. 과전압은 서론에서도 언급 했듯이, 어떤 크기의 전류 밀도 i를 흘리기 위해서 필요로 하는 여분의 전기 에너지를 반영한 양이라고 말할 수 있다.

예를 들어 물의 전기 분해를 생각해 볼 때, 산소나 수소의 발생 정도가 눈으로 보일 정도로 하기 위해서는 대체로 $0.1 mAcm^{-2}(10^{-4} Acm^{-2})$ 이상의 전류 밀도가 필요하게 된다. 만일 [그림 7.5]가 물의 전기 분해에 들어맞는다고 하면, $i_0 = 10^{-9} Acm^{-2}$의 경우라면 과전압의 크기가 산화 반응 · 환원 반응 모두 약 0.3V이므로 표준 전극전위 $E°$로부터 예상되는 최소 전압 1.23V에 과전압의 합(0.6V)을 더한 1.83V의 전압을 걸지 않으면 기체 발생은 보이지 않는다. $i_0 = 10^{-6} Acm^{-2}$라면 소요 전압은 약 1.5V가 된다.

이와 같이, 과전압의 크기는 주로 교환 전류 밀도 i_0의 크기로 정해진다. 식 (7.5)에서 i_0의 값을 좌우하는 것은 활성화 에너지 G^*이다. 식 (7.5)에서는 전자 교환의 활성화 에너지 밖에 생각하지 않았다. 그러나 전극 반응은 반응 물질의 흡착, 전자 교환, 결합의 개열, 표면 확산, 새로운 결합의 형성, 생성물의 탈착 등 복잡한 단위반응을 거쳐 진행되며 각각의 항목에 따른 활성화 에너지가 있다. 이 모든 것을 종합한 활성화 에너지가 교환 전류 밀도 i_0의 크기를, 나아가서는 전기 분해의 과전압을 결정하게 된다.

[표 7.1] 물의 전기 분해에 관계된 과전압
(i=0.1mAcm^{-2}일 때)

수 소 발 생		산 소 발 생	
전극	과전압의 절대값	전극	과전압의 절대값
Pt	0.03V	RuO_2	0.1V
Fe	0.3	Fe	0.3
Cu	0.4	Ni	0.4
Zn	0.8	흑연	0.4
Hg	0.9	Ag	0.4
Pb	1.0	Pt	0.6

같은 전기 분해 반응에서도, 흡착 / 탈착의 난이도, 표면 확산의 속도, 전자 교환의 속도 등이 전극의 소재에 따라 바뀌기 때문에 과전압의 양상도 변하게 된다. [표 7.1]은 수용액의 전기 분해에 대해 0.1 mAcm^{-2}의 전류 밀도를 흘리는데 필요한 과전압이 예를 들었다. 전극에 따라 매우 차이가 있는 것을 알 수 있다.

문 5 두 개의 Fe전극을 이용해 0.1mAcm^{-2}의 전류 밀도로 물을 전기 분해하려면 약 몇 볼트의 전압을 필요로 할까.

(1.8V)

문 6 수소 발생의 교환 전류 밀도 i_0(단위 Acm^{-2})로 Pt(10^{-3}), Fe(3×10^{-6}), Cu(4×10^{-7}), Zn(10^{-8}), Ph(10^{-9})라는 측정값이 있다. $\log i_0$와 과전압(표 7.1)의 관계를 그래프로 그려 살펴보자.

문 7 어떤 전극에서는 전류 밀도 1mAcm^{-2}일 때의 과전압이 산소 발생에 대해 0.75V, 염소 발생에 대해 0.12V가 된다. pH=7인 식염수를 이 전류 밀도로 전기 분해했을 경우, 식염의 몰 농도가 어떤 값이면 양극에서 산소 발생이 염소 발생을 넘어 설 수 있을까.

(3.4×10^{-2}M 이하)

7.4 전자이동과 물질 수송의 관계

7.4.1 전류는 얼마든지 커질 수 있을까?

전극의 전위는 전원 스위치 하나로 수 볼트의 범위가 간단하게 바뀐다. [그림 7.5]로부터도, 혹은 식(7.8)으로부터도 과전압 η를 아주 조금 바꾸면 전류가 크게 늘 것 같은 느낌도 든다. 예를 들어 $\alpha=0.5$일 때, η가 0.1V만큼 커지면 전류의 값은 $n=1$이라면 약 7배, $n=2$라면 50배로 늘지 않으면 안 된다. 1V 바꾸면 전류의 값은 8~16 자릿수의 증가가 된다. 상식적으로 생각해 보면 그럴리 없고, 실제로 측정해도 그렇게는 안 된다. 어디가 이상한 것일까.

식(7.8)은 「전극 표면에서는 반응 물질의 농도가 언제나 일정」하다는 조건에서 유도된 식이다. 바꿔 말하면 「아무리 큰 전류를 흘려도, 반응 물질의 표면 농도는 변함없는」상황을 생각하고 있다. 여기에 문제가 있다.

7.4.2 물질 수송과 전류

전류가 흐르기 위해서는 반응 물질이 전극 표면까지 오지 않으면 안 된다. 즉 반응 물질의 수송이 필요하다. 전류의 크기는 계면에서의 전자 교환의 속도와 물질 수송의 속도 가운데 늦은 쪽의 속도로 정해져 버린다(그림 7.6 참고).

순간적으로라도 전류가 커지게 되면, 즉 반응속도가 커지게 되면, 전극 가까이에 있는 반응 물질의 량이 점점 줄어들게 되기 때문에 전류의 량이 감소하게 된다. 전자 교환이 빠르면 빠를수록 이러한 브레이크가 걸리기 쉽다.

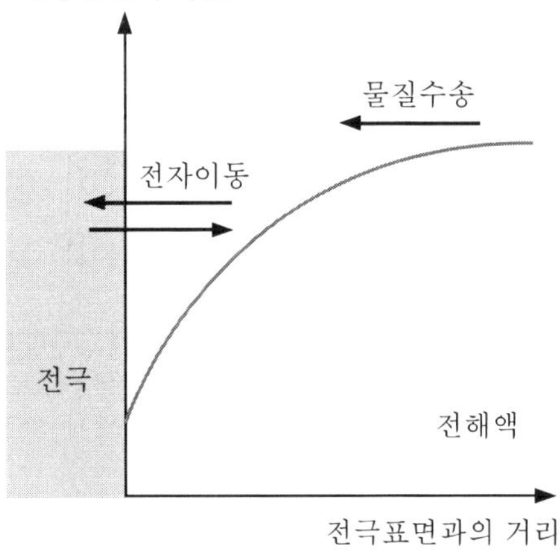

[그림 7.6] 전자이동과 물질 수송

7.4.3 확산

전류의 크기는 반응 물질이 전극 표면까지 운반되어 오는 속도(물질 수송의 속도)를 넘을 수가 없다. 물질의 운반은 확산이라는 현상에 의해 진행된다.

확산으로 단위시간, 단위면적 당 옮겨지는 물질의 양을 유속이라고 하며, 기호 J로 나타낸다(단위 $\mathrm{molcm^{-2}s^{-1}}$). 유속 J는 물질의 농도 구배 $\mathrm{d}c/\mathrm{d}x$ (단위 $\mathrm{molcm^{-3}cm^{-1}=molcm^{-4}}$)에 비례하며, 이때의 비례 상수를 확산 계수 D (단위 $\mathrm{cm^2s^{-1}}$)라고 부른다. 이상의 내용을 정리하면 다음과 같은 식으로 나타낼 수 있다(Ficks의 제1법칙. J는 벡터의 성질을 갖고 있으므로 부호가 붙는다).

$$J = -D(\mathrm{d}c/\mathrm{d}x) \quad (7.11)$$

식(7.11)을 사용하면, 예를 들어 용액중의 반응 물질의 농도가 10^{-3}M(1mM)일 때, 물질 수송 속도(즉, 전기 분해 전류의 상한 값)가 어느 정도 될지를 계산낼 수 있다. 우선 확산 계수 D는 수용액중의 분자나 이온이라면 거의 $10^{-5}\mathrm{cm}^2\mathrm{s}^{-1}$라고 봐도 좋다. 다음으로 농도 구배인데 전극 표면으로부터 대개 1μm의 거리(이것을 확산층의 두께라고 한다)에서 약 10^{-3}M의 농도차가 생긴다고 생각하고 단위를 맞추면 $10^{-2}\mathrm{molcm}^{-4}$가 된다. 이상으로부터 유속 J는 약 $10^{-7}\mathrm{molcm}^{-2}\mathrm{s}^{-1}$, 즉 전극 표면의 1cm^2 당 매초 10^{-7}mol의 반응 물질이 부딪쳐 온다는 것을 알 수 있다.

그러면, 패러데이 상수 F는 $10^5\mathrm{Cmol}^{-1}$이므로 전류 밀도는

$$10^5\mathrm{Cmol}^{-1} \times 10^{-7}\mathrm{molcm}^{-2}\mathrm{s}^{-1} = 10\mathrm{mAcm}^{-2} \quad (7.12)$$

가 된다. 즉 상기의 전기 분해 조건이라면, 과전압을 아무리 올려도 전류 밀도는 $10\mathrm{mAcm}^{-2}$ ($10^{-2}\mathrm{Acm}^{-2}$)를 넘지 않는다.

반응 물질의 농도가 10^{-3}M (1mM)보다 크고, 또 확산층의 두께가 1μm보다 얇아지면 전류 밀도도 오르지만, $1\mathrm{Acm}^{-2}$이상으로는 좀처럼 되지 않는다.

문 8 전극에서 진행되는 전자 교환의 속도상수 k를 측정하고 싶다고 하자. k가 클 때와 작을 때 중 어느 쪽이 측정하기 쉬울까.

(작을 때)

참고 확산의 속도

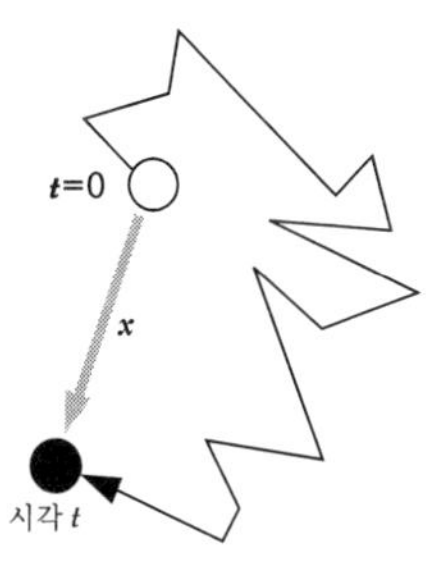

서론에서 소개했던 대로, 물질내의 분자나 이온은 끊임없이 열역학적 운동을 하면서 자리를 바꾸고 있다. 그 때문에 일어나는 입자의 움직임이 확산으로, 확산의 속도는 확산 계수 D의 값으로부터 추측할 수 있다. 확산의 이론에 의하면, $t(s)$라는 시간 내에 입자가 움직이는 평균 거리 x(cm)는 $\sqrt{4Dt}$가 된다.

D의 값은 표에 나타나 있는 것과 같이 물질(계)에 따라 크게 다르다. 본서에서 주로 대상으로 하는 수용액중의 분자나 이온(또는 물)의 D는 실온에서 $(1\sim2)\times10^{-5}cm^2s^{-1}$이므로 1초간 움직이는 평균거리는 $(6\sim9)\times10^{-3}cm$ (약 10^5nm). 서론에서도 살펴 본 바와 같이, 이것은 전기 이중층의 두께의 수만 배에 달한다.

고체 중의 원자나 이온의 D는 훨씬 작다. 예를 들어 NaCl 결정 중의 Na^+의 D값은 600℃의 고온에서도 $1.2\times10^{-10}cm^2s^{-1}$이므로, 1mm 움직이는데 240일 정도 걸리는 계산이 된다.

확산은 균일한 매질 안에서도 끊임없이 일어나고 있다. 고등학교 화학교과서에서는 황산구리의 용해 등을 소재로 하여 「농도 분포를 일정하게 하는 현상」만이 확산인 것과 같이 표현한 책이 많지만, 확산이라는 현상은 그렇게 좁은 것이 아니다.

[표] 확산 계수의 예

입자	매질	온도/℃	D/cm^2s^{-1}
NH_3	Air	25	0.23
O_2	Air	25	0.21
C_2H_5OH	Air	25	0.12
H_2O	H_2O	25	2.3×10^{-5}
Hg	Hg	25	1.6×10^{-5}
KCl	H_2O	25	1.9×10^{-5}
Ag^+	$AgI(\beta)$	25	1.0×10^{-11}
Cu	Cu	700	3.7×10^{-10}
Na^+	NaCl	600	1.2×10^{-10}
O^{2-}	ZrO_2	1000	2.4×10^{-12}
Pb^{2+}	$PbCl_2$	200	3.3×10^{-16}

문 표의 데이터로부터, 다음의 내용을 계산해 보아라.

(1) 조용한 공기 중에서 O_2분자가 1시간에 확산하는 평균 거리

(2) 200℃의 $PbCl_2$결정 중에서 Pb^{2+}이온이 1mm만큼 확산하는데 걸리는 평균 시간

(1)55cm (2)24만년

8장 활성화 에너지의 정체

반응 좌표든 퍼텐셜 곡선이든 지금까지는 「어쨌든 그러한 것이 있다」라는 전제로 이야기를 해 왔다. 전자이동이나 화학변화를 살아있는 분자와 이온, 그리고 그 주위의 용매 분자가 배우가 되어 용매중이나 전극 표면을 무대로 해서 진행되는 드라마라고 하면, 활성화 상태를 넘을 수 있는지 없는지의 갈림길이 드라마 진행의 열쇠를 된다고 할 수 있다. 활성화 상태에서 입자들은 어떤 구조를 취하고 입자들이 갖고 있는 전자는 어떤 에너지 상태가 되는 것일까. 그 부분을 여기에서 생각하자.

분자나 이온 안에 있는 전자의 에너지 상태는, 고전 물리학만으로는 이해할 수 없고, 전자를 파동으로 볼 수 있는 눈이 필요하게 된다. 그렇기 때문에 양자론에 대한 생각이 필요로 하게 되지만, 양자론에 친숙함이 적은 사람은 분위기를 느끼는 것만으로 충분하다.

8.1 전자의 교환 : 두 가지 형태

8.1.1 「단순한?」 반응과 「고급?」 반응

묽은 황산에 두 개의 백금 전극을 넣고 1.5~1.6V이상의 전압을 걸어 주면 물이 산소와 수소로 나누어지게 된다는 전기 분해는 중학교에서도 배운다. 그러나 Tetrabutyl ammonium perchlorate($(C_4II_9)_4N^+ClO_4^-$ (TBAP))가 녹아있는 Acetonitrile에서 9,10-diphenyl anthracene(DPA)을 전기분해에 의해 산화시키는 반응은 중학교에서도 고등학교에서도 나오지 않는다. 물의 전기 분해는 단순한 반응이고, 9,10-diphenyl anthracene(DPA)의 전기분해에 의한 산화는 고급 반응으로 보일지도 모르지만 사실은 정반대이다.

8.1.2 약한 상호작용의 전자이동

물의 전기 분해 반응과 Acetonitrile과 같은 비수용매(nonaquous solvent)에 녹아 있는 DPA의 전기분해에 의한 산화반응은 반응의 진행방법이 매우 다르다. 전기분해에 의한 DPA 산화반응은 다음의 반응식에서 표기한 것과 같이 전자 하나만 이동하게 됨으로서 끝난다. DPA 분자가 전자를 한 개 잃어 양이온 라디칼 $DPA^{\dot{+}}$로 변할 뿐 분자의 골격 자체에는 변함없다.

CH_3CN Acetonitrile

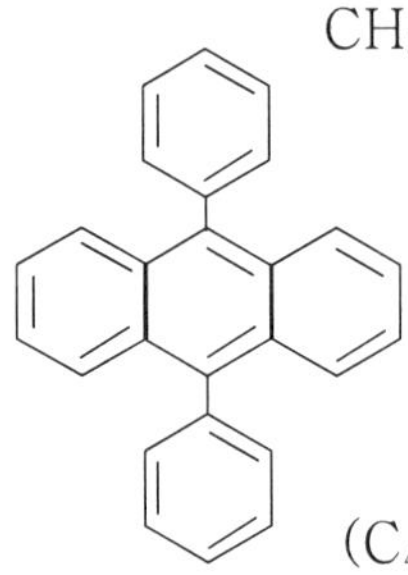

9,10-diphenyl anthracene

$(C_4H_9)_4N^+ ClO_4^-$ Tetrabutyl ammonium in Perchloric acid

[그림 8.1] 「고급?」분자들

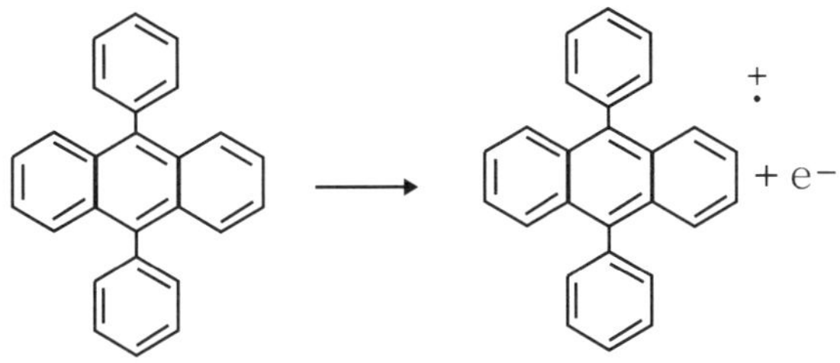

(8.1)

분자 구조는 복잡하다고 해도 반응(8.1)은 그 이상으로 분해할 수 없는 반응(단위반응)이다. 이러한 반응, 즉 원자의 재편성을 동반하지 않는 전자이동을 「전극 표면과 약한 상호작용을 유지하면서 진행되는 외권반응(outer-sphere reaction)」이라고 한다. 그 때 전극은 전자가 출입하는 문에 지나지 않는다. 이런 단위반응은 반응 좌표에서 두 개의 퍼텐셜 곡선만으로 해석할 수 있다.

상호작용이 「약하다」라는 것은 분자나 이온이 전극 표면에 흡착되지 않은 상태에서 전극과 전자를 교환하는 상황을 말한다. 또 「외권」반응이란, 분자 그 자체의 내부(내권)에서 결합의 재편성이 일어나지 않고, 분자를 둘러싸는 부분(외권)에 있는 용매 분자의 방향이 바뀌는 것만으로 진행되는 반응이다.

8.1.3 강한 상호작용의 전자이동

a. 물의 전기 분해

한편, 물의 전기 분해에서는 양극으로부터 산소(O_2), 음극으로부터 수소(H_2)가 발생된다. 산소 한 분자가 만들어 지기 위해서는 네 개의 전자가, 또 수소 분자 한 개가 만들어 지기 위해서는 두 개의 전자가 움직이지 않으면 안 된다. 산소의 발생은 아주 복잡한 반응이므로(10장 참고) 보다 간단한 수소 발생만을 생각해 보자.

우선 용매인 H_2O 분자에 전자가 이동함으로서 수소 원자 H가 생긴다. H가 수소 분자 H_2로 되려면 전극 표면 부근에서 두 개의 H원자가 서로 부딪쳐 화학결합을 해야 한다. 그 진행방법이 전극의 재료에 따라 크게 바뀐다.

전체 반응은 다음과 같다.

$$2H_2O + 2e^- \rightarrow H_2 + 2OH^- \quad (8.2)$$

실로 단순할 것 같은 반응이지만 50년 정도의 연구 역사를 갖고 있는 이 반응도 반응 전체에 대한 메커니즘은 아직 명확하게 밝혀지지 않고 있다. 전자이동이 진행됨에 따라 결합이 형성되거나 끊어지면서, 분자 골격이 시시각각과 변하는 점에서 어려움이 있다.

b. 단위반응 과정과 활성화 상태

반응(8.2)는 상당히 많은 단위반응 과정을 포함한다. 다양한 중간 상태(반응중간체)의 형성과 소멸이 반복적으로 일어난다. 그렇기 때문에 시작 상태와 종료 상태가 하나씩의 퍼텐셜 곡선으로 나타내지는 이미지는 도저히 성립되지 않는다. 반응 좌표 속에서는 도중에 거쳐 가게 되는 단위반응 마다 퍼텐셜 곡선이 포함되어 있기 때문에, 높낮이가 다른 여러 가지 활성화 상태가 생긴다.

퍼텐셜 곡선이 최소가 되는 곳은 각각의 반응 중간체를 나타낸다. 반응 중간체의 수명은 대부분 짧고 농도도 낮기 때문에 중간체의 화학 구조를 밝혀내는 것은 상당히 어렵다.

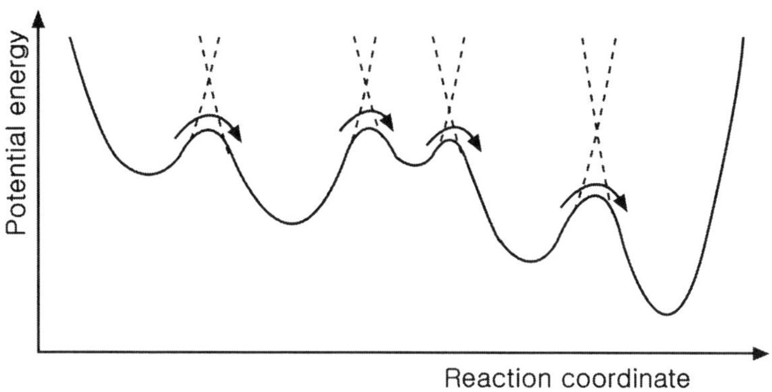

[그림 8.2] 단위반응이 몇 개 포함되어 있는 전자이동 반응의 퍼텐셜 곡선

c. 전극 표면의 역할

물을 전기 분해하였을 때 수소 발생이나 산소 발생은 전극의 종류에 따라 반응속도가 수십 배 이상 차이가 나게 된다. 그 주된 원인으로는 표면에 생기는 중간체의 구조나 전위, 나아가서는 도중에 나타나는 활성화 에너지가 전극의 재료에 달라지기 때문이다. 전극 표면에 어떤 식으로 중간체가 흡착하게 되는가 하

는 이야기는 원자 수준의 이야기이므로, 전극 소재의 종류는 물론 전극 표면 원자의 배열 방법에 따라서도 변하게 된다. 그 때문에 같은 백금 전극이라도 표면 결정에 (111) 면이 많은지 또는 (100) 면이 많은지에 따라 반응속도에 큰 차이가 생긴다.

이와 같이 전극 표면의 마이크로적인 구조에 좌우되어 반응 물질 그 자체가 도중에 모습을 바꾸는 반응을 「전극 표면과 강하게 상호작용하면서 진행되는 내권반응(inner-sphere reaction)」이라고 한다. 전극은 전자의 출입뿐만 아니라 중간체를 흡착하는 등 여러 면에서 반응에 참가하므로 「전극 촉매」라고 부르기도 한다. 표면이 큰 역할을 하는 반응 몇 개는 10장에서 다시 다룬다.

8.1.4 용액내의 전자이동

전자이동을 상호작용이 약한 경우와 강한 경우, 혹은 외권형과 내권형으로 나누어 정리하는 방법은 전극반응에서 뿐만이 아니라, 용액 내에서 분자 사이에서 이루어지는 전자이동에도 적용될 수 있다. 즉, 우선 분자 사이에 일시적인 화학결합이 형성되고 나서 그 결합을 따라 전자가 움직이는 반응은, 강한 상호작용을 가지면서 진행되는 내권형의 반응이라고 해도 좋다. 한편, 강한 상호작용에 의한 전자이동의 기능은 약하고, 전자구름(파동함수-wave function)이 겹쳐지는 것만으로 반응이 진행되는 것을 약한 상호작용의 외권형 전자이동(outer-sphere electron-transfer reaction)이라고 부른다.

용액 내에서 일어나는 외권형의 전자 한 개의 이동 반응에 대해서는, 분자나 용매의 성질을 기초로 하여 반응속도를 계산 내는 방법이 확립되어져 있다. 그러면 그러한 경우에 속도상수가 어떻게 정해지는지를 조사해 보자.

문 1 다음의 전자 교환 반응 가운데 단위반응이라고 봐도 좋은 것은 어떤 것인가.

(1) $Fe(CN)_6^{3-} + e^- \rightarrow Fe(CN)_6^{4-}$

(2) $CH_3OH + H_2O \rightarrow CO_2 + 6H^+ + 6e^-$

(3) $2Cl^- \rightarrow Cl_2 + 6H^+ + 6e^-$

(4) $Fe^{2+} + Tl^{3+} \rightarrow Fe^{3+} + Tl^{2+}$

(1)과 (4)

참고 비수용액(nonaqueous solvent)를 사용하는 전기화학

전기화학 측정을 위해서는 전해질을 충분히 녹여서 전기적으로 해리를 시킬 수 있는 용매를 사용하지 않으면 안 된다. 물은 비유전률(relative dielectric constant)이 78로 매우 크기 때문에 여러 가지 물질을 잘 녹이지만, 물에 녹기 어려운 물질을 조사하고 싶으면 유기용매를 사용해야 한다. 그 중 대표적인 것으로 Acetonitrile(AN, 25℃에서의 비유전률 38), Dimethyl formamide (DMF, 37), Dimethyl sulfoxide(DMSO, 47), Propylene carbonate(PC, 65) 등이 있다.

이런 용매들은 모두 극성이 높기 때문에 물을 불순물로 포함하고 있는 경우가 많다. 물의 농도가 10^{-3}~10^{-2}M이나 되고, 예를 들면 +2V *vs.* SHE 가까이의 전위가 되면 H_2O의 산화 전류가 흐른다. 따라서 반응 물질의 농도는 보통 10^{-3}M전후이므로 물의 전기 분해 전류가 방해되지 않게 용매를 충분히 탈수하는 것이 중요하다. 전해질(지지염)로 자주 사용하는 tetra alkyl ammonium 등에도 미량의 물은 포함되어 있기 때문에, 정밀한 실험을 하고 싶으면 전해질도 잘 건조시키지 않으면 안 된다.

8.2 분자의 전자 에너지

용액내의 전자이동에서는 전자와 그 전자가 속해 있는 분자나 이온, 또 주위의 용매 분자가 배우가 된다. 이 절에서는 가끔 전극도 얼굴을 내밀지만 우선은 「전극 표면과 약하게 상호작용을 하면서 진행되는 전자 한 개의 이동」에 대해서만 정리할 것이기 때문에, 전극의 역할은 「전자의 출입문」만으로 한정하자. 즉 전극은 드라마의 무대에 지나지 않고 전자이동의 활성화 에너지를 결정하는 요인은 되지 않는다.

8.2.1 움직이는 전자와 움직일 수 없는 원자핵

배우의 멤버를 살펴보면 한 가지 중요한 것을 알 수 있다. 주역이 되는 전자는 가장 작은 원자핵(수소이온)에 비해서도 질량이 1/1,800밖에 되지 않는다. 전

자가 쥐라면 보통의 분자 · 이온이나 용매 분자는 코끼리보다 무겁다. 재빠른 쥐의 눈에는 느릿느릿 움직이는 코끼리는 멈추어 있는 듯이 보일 것이다. 똑같은 일이 마이크로의 세계에서도 성립되어 전자의 눈에는 보통의 분자는 마치 멈추어 있는 것처럼 보인다.

분자의 빛 흡수(제I부 4장)는 전자가 기저상태로부터 여기상태로 옮기는 현상이었다. 이것에 걸리는 시간은 약 10^{-15}s에 지나지 않는다. 한편 분자의 일부가 1회만 진동하려면 그 10배에서 100배, 대개 10^{-14}~10^{-13}s의 시간이 걸린다. 즉 전자가 기저상태에서 여기상태로 옮길 때, 분자 원자핵의 위치(핵위치)는 부동이라고 생각해도 좋다. 이것을 Franck-Condon의 법칙이라고 한다.

분자간의 전자이동에서도 사정은 같다. 전자의 움직임에 비해 핵의 움직임은 극히 느리기 때문에, 전자가 「옮겨오는」 순간에는 용매 분자나 산화/환원 분자의 골격은 조금도 움직이지 않는다.

8.2.2 전자 에너지준위의 팽창

a. 분자의 신축 운동에 의한 팽창

전자는 분자나 이온 안에 있다. 분자 골격이 만들어 놓은 퍼텐셜은 전자에 있어서는 존재하기 편안한 영역과 같다. 그런 퍼텐셜의 골짜기에서 전자는 일정한 에너지(궤도 에너지)를 지니고 부산하게 돌아다니고 있다. 분자의 핵 위치가 고정되어 있다고 하면 전자 에너지도 변함없다. 그러나 극저온이 아닌 한 분자는 열운동(진동 · 회전) 하고 있다. 즉 팽창/수축운동을 반복하며, 그에 따라 전자 에너지가 바뀐다.

분자가 포텐셜 우물(potential well) 내에 있을 때 불규칙적으로 퍼져있는 에너지 값은 그리 복잡하지 않게 양자화학으로 계산해 낼 수 있다. 풀이 과정은 물리화학책을 참고하기 바라며, 그 결과만을 정리해 보면 다음과 같이 된다.

$$E_n = n^2h^2/(8mL^2) \quad (n = 1, 2, 3, ...) \qquad (8.3)$$

h는 프랑크 상수(6.626×10^{-34}Js), m은 전자의 질량(9.11×10^{-31}kg), L은 퍼텐셜의 폭(≒분자의 길이. 단위 m)을 나타낸다. 분자가 신축운동을 하면 L이 바뀌며 에너지 E_n의 크기도 변하게 된다.

문 2 식(8.3)의 오른쪽이 에너지의 차원을 갖고 있는 것을 확인해 보아라.

문 3 L을 nm단위, E_n을 eV단위로 나타내고, m과 h를 수치로 하여, E_n과 n, L의 관계를 이끌어 보아라.

($E_n=0.376n^2/L^2$)

문 4 퍼텐셜 우물에 4개의 전자를 넣었다고 한다. 전자는 $n=1$과 $n=2$의 준위에 두 개씩 들어가고, $n=3$이상의 준위는 비어 있다. L−1nm (10Å) 일 때, 빛 흡수의 최저 에너지는 몇 eV인가. 또 흡수 피크 파장으로 고치면 몇 nm인가.

(1.88eV, 660nm)

b. 용매의 배향 변화에 의한 팽창

용액중의 분자나 이온은 용매의 분자에 의해 갇혀 있게 된다. 본서에서 생각하는 것은 극성 용매뿐이므로 용매 분자가 어떤 식으로 가두게 되는지에 따라 전자 에너지가 바뀌게 된다. 예를 들어 [그림 8.3]과 같이 수용액중의 Fe^{2+}이온을 생각해 보자. 물 분자가 O원자를 Fe^{2+}로 향하고 있으면 H_2O분자의 전기 쌍극자가 만드는 전기장이 Fe^{2+}이온의 전자 에너지를 떨어뜨릴(안정화시킬) 것이다. 한편, H_2O분자의 H원자가 Fe^{2+}로 향하고 있다면 전자 에너지는 높아진다. 이러한 용매 분자의 방향을 「배향」이라고 한다. 분자나 이온의 골격도 용매 분자의 배향도 열운동에 의해 끊임없이 흔들리고 있다. 그 때문에 용액 내 분자 · 이온의 전자 에너지 준위는 한 개가 아니고 여러 개를 갖게 되는 것이다.

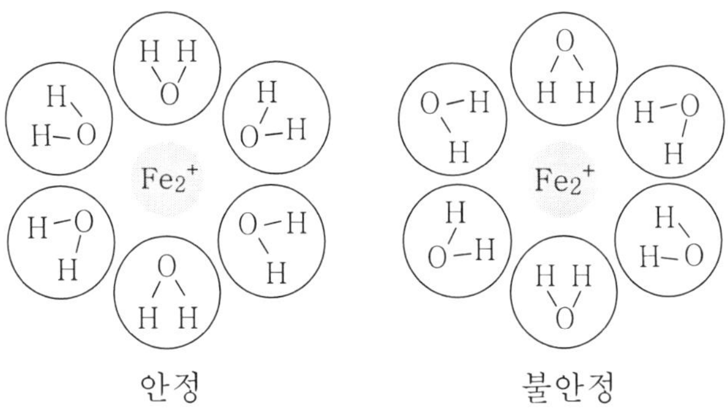

[그림 8.3] 용매(H_2O) 분자의 배향으로 바뀌는 Fe^{2+} 이온의 전자 에너지

c. 모델에 의한 고찰

용매의 배향이 바뀌면 전자 에너지 준위가 넓어진다. 이 현상을 단순한 모델로 생각해 보자. [그림 8.4]와 같이, 분자 M을 6개의 용매 분자가 둘러싸고 있다고 하자. 용매 분자는 전기 쌍극자로 전하의 치우침의 방향을 화살표로 나타내었다. 간단하게 정리하기 위해 용매 분자는 분자 M에 대해서 「→M」이나 「←M」중 하나의 배향만 취한다고 생각하자(기울어진 배향은 생각하지 않는다).

「→M」의 배향 쪽이 에너지가 낮다(안정)고 하자. 그러면, 6개의 용매 분자 모두가 「→M」의 배향을 취하고 있을 때, 전자 에너지의 합계는 가장 낮아진다. 한 개가 방향을 반전한다면 1단위만큼 불안정하게 될 것이다. 6개 모두가 「←M」의 배향을 취하면, M의 전자 에너지가 가장 높아(가장 불안정해)져 버린다.

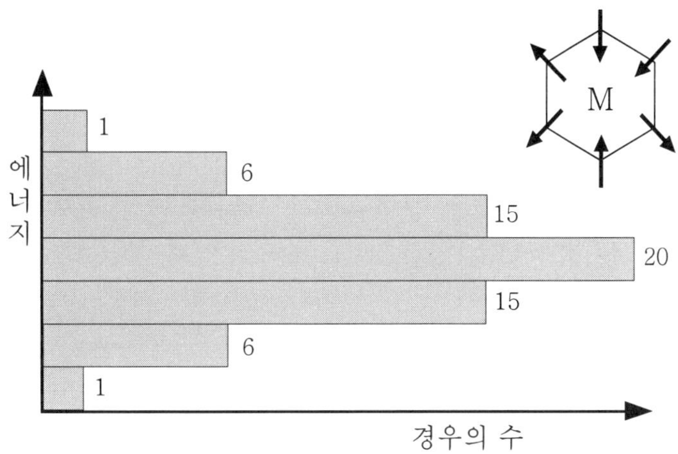

[그림 8.4] 용매의 배향과 에너지

에너지만으로 보면, 6개의 용매 분자가 모두 「→M」의 배향에 있는 편이 유리하지만, 원자 · 분자의 세계에서는 더욱이 「엔트로피가 증가하는 상태로 존재하기 쉽다」라는 원리도 작용한다. 「엔트로피」는 「경우의 수」라고 해도 괜찮다. [그림 8.4]에서 경우의 수는 6개가 모두 같은 방향을 향했을 때는 1, 1개만 반전하면 ${}_6C_1=6$, 2개가 반전하면 ${}_6C_2=15$, 3개가 반전하면 ${}_6C_3=20$, ……가 된다.

분자의 전자 에너지를 세로축, 경우의 수를 가로축으로 한 그래프를 그리면, 상하로 대칭인 분포를 얻을 수 있다. 실제 용액 안에서 용매 분자의 수는 훨씬 많고 배향도 다양해 용매 분자끼리의 상호작용도 존재하게 된다. 하지만, 그런 부분을 잘라 버리고 단순화시킨 [그림 8.4]에서도 분자의 전자 에너지가 팽창성을 갖고 있다는 것을 실감할 수 있을 것이다.

어느 순간의 분자 한 개에 존재하는 전자 에너지는 하나이다. 그러나 용액 내에는 10^{18}개나 10^{20}개의 분자가 있기 때문에, 전자 에너지 값과 분자 수를 그래프로 그려 보면 [그림 8.4]와 비슷한 분포곡선이 생긴다.

문 5 분자에 접하는 용매 분자의 수를 8개 및 10개로 하여 그림 8.4와 같은 그래프를 만들어 보아라. 또, PC를 사용한다면 용매 분자가 1,000개일 경우에 대해 계산하고, 에너지 분포 곡선을 그려 보아라.

8.3 활성화 상태를 만든다

이상의 이야기로부터, 분자의 전자 에너지 준위는 분자 자신의 열운동이나 용매의 배향 변화에 따라 팽창된다는 것을 알 수 있다. 그러면, 전자 움직임의 갈림길, 즉 활성화 상태라는 것은 분자끼리의 사이(또는 분자와 전극의 사이)에 전자 에너지가 어떻게 관여 되었을 때에 생기는 상태인 것일까.

Tea time 전자의 이미지 : 입자인가 파동인가

전자는 입자이기도 하고 파동이기도 하다. 어느 쪽의 논리를 보다 더 강하게 실감하게 되는지는 연구 분야에 따라 다를 수도 있다.

필자의 느낌으로는 전자는 파동이다. 터널 효과라든지 파동함수를 생각할 기회가 많은 탓인지도 모른다. 그러나 핵물리에 대한 연구를 하고 있는 친구에게 물으면 전자는 입자이며, 게다가 「귀여운」 원자핵에 붙어있는 쓰레기 같은 이미지인 것 같다. 화학자로서 원자핵은 「점」 이외의 아무것도 아니고 그 내부 구조는 신경이 쓰이지 않지만, 물리학자인 그 친구의 해석은 사뭇 다르다. 그리고 핵물리학자는 Giga eV의 에너지를 상대로 하고, 화학자는 겨우 수 eV의 에너지 밖에 머릿속에 없다 — 이러한 부분들이 이미지의 갈림길일지도 모른다.

8.3.1 분자끼리 가까워지다

전자를 교환하는 분자 D (donor=공여체)와 분자 A (acceptor=수용체)를 생각해 보자(그림 8.5). D에는 전자(●) 가 들어 있는 궤도(점유 궤도)가 있고, A에는 전자를 받을 수 있는 궤도(○을 갖고 있는 비점유 궤도)가 있다. 어느 쪽의 에너지 준위도 포텐셜 우물(d와 a) 안에서 생기고 있다고 한다.

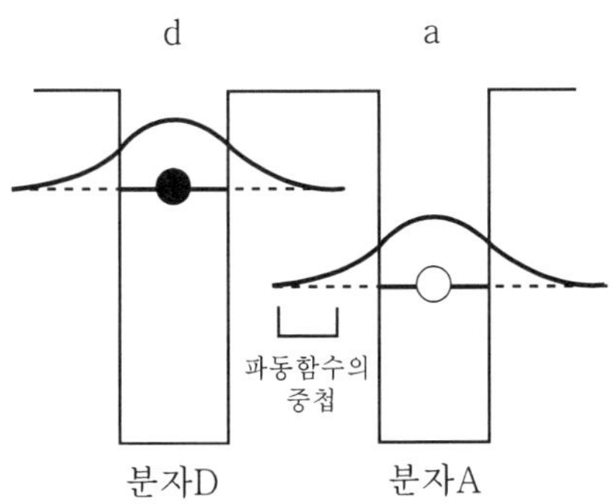

[그림 8.5] 전자이동에 필요한 파동함수의 겹침

우물의 깊이가 유한하면, 전자의 파동 함수는 적은 범위이지만 우물의 밖으로 새어나오게 된다(터널 효과. 후술). 이 때, 분자 D의 점유 궤도의 파동함수와 분자 A의 비점유 궤도의 파동함수가 새어나온 부분에서 조금이라도 서로 겹치고 있으면 전자가 D로부터 A에 옮길 가능성이 있다. 파동함수가 겹쳐지려면 분자끼리 가까워지지 않으면 안 된다. 이것이 전자이동이 일어나기 위한 공간적인 조건이다.

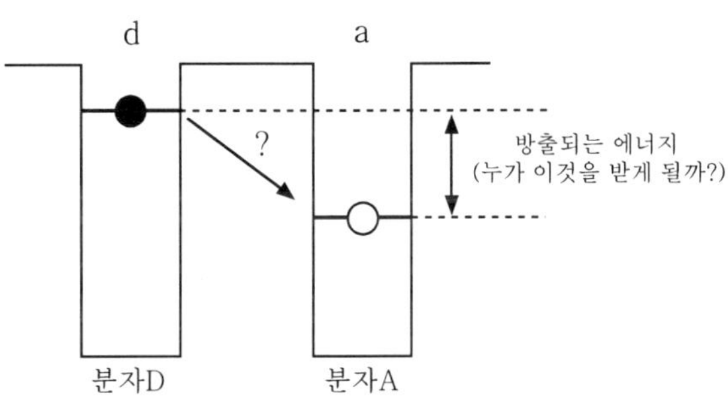

[그림 8.6] 전자이동과 에너지의 출입

8.3.2 에너지가 일치한다

파동함수의 겹침[그림 8.5]을 통해서 D의 전자가 A로 옮겨진다고 생각하자. 에너지 보존법칙은 항상 성립되기 때문에, [그림 8.6]과 같이 점유 궤도의 에너지가 비점유 궤도의 에너지보다 높으면 그 차이만큼의 에너지는 어딘가에 적용이 되어 져야 한다. 가능성이 있는 후보로는 분자 D나 A, 혹은 주위의 용매 분자의 진동·회전운동이 있다. 그러니 앞부분에서 말했던 대로 진자의 움직임에 비해 원자핵의 움직임은 너무 느리므로, 에너지가 방출되어도 갈 곳이 별로 없다. 분주하게 움직이는 쥐를 코끼리가 잡기 어려운 것과 같은 이미지이다. 이러한 사정은 ●의 에너지가 ○의 에너지보다 낮아도 변함없다. 그러면 전자가 이동하는 순간에는 두 개의 궤도 에너지가 동일하지 않으면 안 된다.

이상을 정리하면, 전자이동은 (1) 파동함수가 겹칠 때까지 두 분자가 가까워지고, (2) 궤도끼리의 에너지가 정확히 동일해졌을 때에 처음으로 일어난다 라는 결론이 된다.

8.3.3 활성화 상태가 생긴다

그러면, 전자 에너지의 일치는 어떻게 일어나는 것일까. 8.2절에서 설명했던 대로 분자·이온의 전자 에너지는 그 본체의 골격이나 용매 분자의 배향(핵의 배치)에 따라 높아지거나 낮아지거나 한다. 여기에 문제의 열쇠가 있다.

[그림 8.7]을 살펴보도록 하자. 왼쪽의 (1)이 반응의 시작 상태이고 두 분자간의 궤도 에너지의 상하 관계는 [그림 8.5]나 [그림 8.6]과 같다고 하자. 굵은 곡선으로 나타낸 것이 용매 분자로서 분자 A의 주위와 분자 D의 주위에서 배향이 다른 것을 나타내기 위해 곡선 농도에 차이를 주었다.

주위의 용매 분자가 열운동을 하게 되면 D와 A의 전자 에너지가 상하로 휘청거린다. 어느 순간에는 [그림 8.7](2)와 같이, ●와 ○의 에너지 값이 정확히 일치하는 용매 분자의 배향을 만날 수 있을 것이다. 그 때 전자는 D로부터 A에 휙 옮겨간다. 이것이 활성화 상태이며, 이 활성화 상태를 만들기 위해서 주위로부터 공급해야 할 에너지가 활성화 에너지라는 것이 된다.

순조롭게 활성화 상태를 넘으면 용매 분자는 에너지를 방출하면서 배향을 바꾸고 반응계는 안정한 상태인 종료 상태(3)로 향한다(D는 A가, A는 D가 된다).

이렇게 살펴보면, (외권형 전자이동의) 활성화 에너지란「전자 교환에 관계된 궤도의 전자 에너지를 일치시키는 원자 배치를 만드는데 필요한 에너지」라는 것을 알 수 있다.

8.3.4 단열적인 반응, 비단열적인 반응

다만, 두 개의 궤도에 있는 전자 에너지가 동일해져도, 즉 반응계가 활성화 상태에 존재한다고 해도 반드시 전자가 움직인다고는 할 수는 없다. 활성화 상태로부터 전자이동이 일어나는 확률의 크기를, 이 분야에서는 습관적으로 반응의「단열성 정도(adiabatic degree)」라는 말로 표현한다.

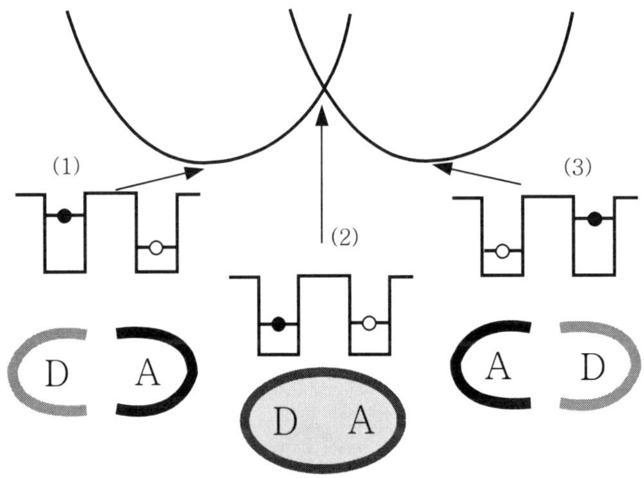

[그림 8.7] 전자이동의 활성화 상태의 이미지

활성화 상태(또는 천이 상태)로부터 확률 100%로 전자가 다른 분자(원자)로 이동하는 반응을「완전하게 단열적인」 반응이라고 한다. 확률이 100% 미만이라면「비단열적인」 반응이다 (열역학에서 사용하는「단열」「비단열」과는 약간 의미가 다르다).

전자의 이동은 퍼텐셜의 벽(energy barrier)을 빠져나가는「터널 효과(tunneling effect)」로 진행된다. 그 때문에 반응의 단열(adiabatic) · 비단열성(nonadiabatic)

의 정도는 8.3.1에서 살펴 본 파동함수의 겹침 정도, 즉 궤도끼리의 공간적인 거리에 따라 좌우된다. 서로의 거리가 멀수록 파동함수의 겹침이 작고 퍼텐셜의 벽이 두껍기 때문에 활성화 상태로부터 전자가 움직이는 확률도 작아져 「비단열성」이 증가한다. 이 터널 효과에 대해 8.3.5에서 생각해 보도록 하자.

8.3.5 전자의 터널 효과

[그림 8.8]과 같은 경사면을 만들어 왼쪽에서 오른쪽으로 게임용 구슬을 밀어 보낸다고 생각해 보자. 고등학교 물리에서 배운 것처럼, 게임용 구슬의 질량을 m, 초속도를 v, 중력의 가속도를 g로 해 $(1/2)mv^2 > mgh$가 성립될 때에 한해서 게임용 구슬은 언덕을 넘게 된다. 그렇지 않으면 비탈의 도중에서 다시 후퇴를 하게 된다.

게임용 구술이 전자라면 이야기를 어떻게 전개시켜 나갈 수 있을까. 공여체(D)로서 Biphenyl과 수용체(A)로서 Naphthalene을 사용하고, 튼튼한 구조의 분자(Spacer, S)로 두 분자를 연결시킨 D-S-A라는 분자를 합성할 수 있다(그림 8.9가 그 일례). D의 점유 준위와 A의 비점유 준위는 포텐셜 우물 안에 있고 에너지는 같다고 한다. 스페이서 S는 이중 결합을 갖지 않기 때문에 전자는 전달할 수 없으므로 D로부터 A로 옮겨가려고 하는 전자에게는 퍼텐셜 장벽으로 작용하게 될 것이다.

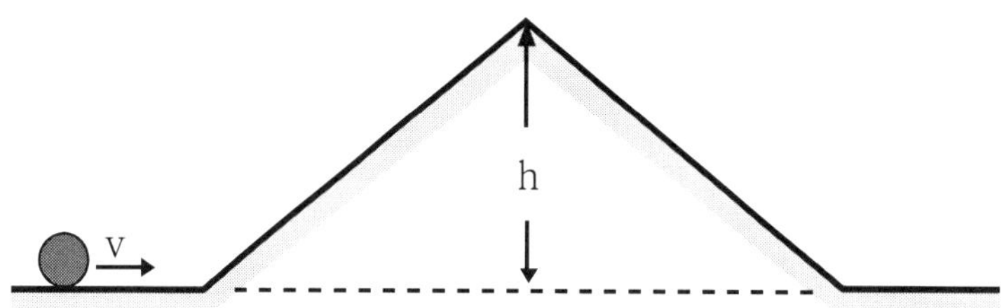

[그림 8.8] 게임용 구슬과 경사면

우물 안의 전자가 게임용 구슬과 같은 것이라면 에너지 장벽을 기어오르지 않는 한 D로부터 A에는 갈 수 없다. 그런데 S의 길이가 10Å(1nm) 정도인 D-S-A분자를 만들어 조사하면 전자는 실제로 D로부터 A로 옮겨간다.

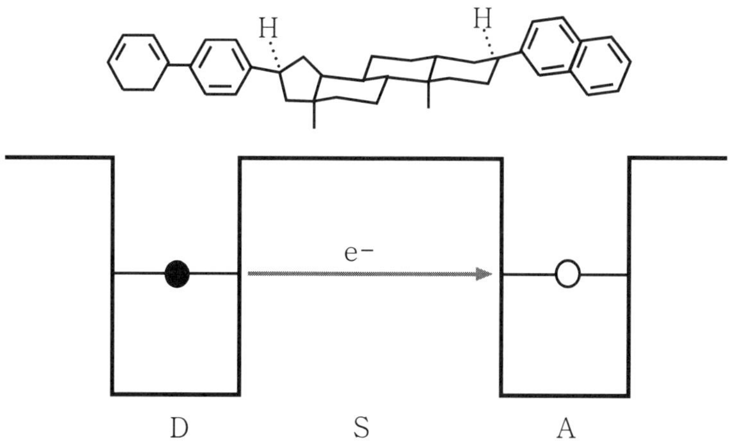

[그림 8.9] D-S-A분자 내에서 이동하는 전자

파동과 같이 행동하는 전자는 에너지 장벽의 맞은편에도 조금은 존재 확률을 갖고 있기 때문에 주변의 우물로 얼굴을 내밀 수 있다. 벽에 터널이 열린 모습이므로 이 현상을 터널 효과라고 한다. 터널 효과로 전자가 에너지 장벽을 빠져나가는 확률 (터널 확률) T는, 에너지 장벽의 함수가 $V(x)$일 때,

$$T = \exp[-(2\pi/h)\int 2m(V(x)-\epsilon)^{1/2}\mathrm{d}x \qquad (8.4)$$

라고 할 수 있다(ε는 전자 에너지). 에너지 장벽의 「면적」이 커질수록 터널 확률은 지수 함수적으로 작아진다.

문 6 입자의 질량이 커지면 터널 확률은 어떻게 바뀔까. 에너지 장벽의 형태가 같을 때 전자와 양자는 어느 쪽이 터널 효과를 관측하기 쉬울까.

(전자)

8.3.6 분자간 전자이동의 이미지

[그림 8.9]의 D-S-A분자 안에서 일어나는 전자이동은 스페이서 분자 S를 제거하면, 용액중의 분자 D와 A가 서로 부딪쳐 일으키는 전자이동과 같은 메커

니즘에 의해 전자가 이동하게 된다. 활성화 상태는 용매 분자의 배향 변화에 의해 공급되는 에너지로부터 형성된다. 이 에너지(활성화 에너지)의 크기는 D-A 간의 거리와는 관계가 없다.

한편, 분자 D와 분자 A의 거리가 멀수록 파동함수의 겹침이 작기 때문에 활성화 상태에 도달한다고 해도 전자가 옮겨갈 수 있는 확률은 작아진다(전자이동의 비단열성이 커진다).

전자이동은 전자가 자신의 다리로 산을 올라가는 이미지는 아니다. 전자를 껴안은 분자 · 이온이나 용매 분자의 열운동에 의해 딱 맞는 에너지 조건이 마련된 순간 전자는 아주 빠른 속도로 움직인다. 그런 뒤에 주위의 분자들이 열운동으로 천천히 안정인 상태로 옮겨 가는 것이다.

8.3.7 전극 반응의 이미지

전자이동이 일어나려면 전자 준위끼리의 파동함수가 겹쳐질 필요가 있었다. 이 조건은 전극과 용액의 계면에서는 어떤 식으로 이해될 수 있을까.

금속의 내부에는 자유전자가 있다. 자유전자라는 바다에 (+)전하를 갖고 있는 원자핵(정확하게는 원자핵 +내각전자)이 분산되어 있다고 생각하면 좋다. 그래도 계산은 귀찮기 때문에 좀 더 대담하게 (+)전하는 균일하게 흩어져 있다 즉 (+)전하라는 젤리 안에 같은 양의 (-)전하가 스며들고 있다고 생각하면 취급이 좀 더 간편해진다.

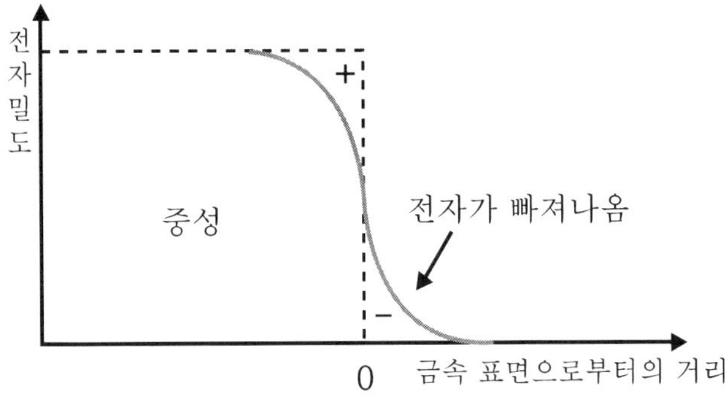

[그림 8.10] 금속의 표면에서의 전하에 불균일 분포

이러한 방법으로 그림을 그려 보면, 금속 표면 가까이에는 [그림 8.10]과 같은 전하 분포가 생긴다는 것을 알 수 있다. 전자는 (+)전하인 젤리로부터 아주 조금 밖으로 새어나오게 되고 그 만큼의 (+)전하가 전극 표면 바로 아래에 존재하게 된다. 즉 금속의 표면은 얇은 전자의 베일(파동함수)을 휘감은 거대한 원자핵의 이미지로 파악해도 좋다. 용액 안에 존재하는 분자와의 전자 교환은 이런 파동함수와의 겹침을 통해서 진행된다.

그러면 금속(전극) 표면에서도 용액중의 분자가 옆까지 오지 못하면 전자의 교환은 진행되기 어려울 것이다. 사실 그러한 실험은 할 수 있다. 예를 들어 긴 탄화수소 체인구조인 Thiol(C_nH_{2n+1}−SH) 용액에 Au 전극을 담그면, 강한 Au−S결합이 간단히 형성되기 때문에 Au 표면을 치밀하게 탄화수소의 「융단」으로 감쌀 수 있다. 이런 조건에서 산화/환원 전류를 측정하면 n이 커짐에 따라 전류가 점점 줄어드는 것을 관찰할 수 있다.

정 리

전자이동이 진행되는 데는 세 가지의 관문이 있다. 첫째로, 용액 내 반응이라면 분자끼리, 전극 반응이라면 분자와 전극이 서로 부딪치지 않으면 안 된다. 그 충돌 빈도 Z의 단위로서 전극 반응의 경우는 cms^{-1}, 분자간반응의 경우는 $M^{-1} s^{-1}$를 사용한다.

그 다음, 서로 부딪쳤을 때에 활성화 상태에 이를 필요가 있다. 1회 충돌에 의해 활성화 상태로 될 수 있는 확률을 활성화 인자라고 하며 기호 F로 나타낸다. 마지막으로, 활성화 상태에서 전자이동이 일어날 수 있는 확률을 비단열인자(nonadiabatic factor)라고 하며 기호 A로 나타낸다. F와 A는 확률이므로 단위는 없다.

이상을 기초로 하한 전자이동의 속도상수 k는

$$k = Z(\text{충돌빈도}) \times A(\text{비단열인자}) \times F(\text{활성화인자}) \tag{8.5}$$

로 나타낼 수 있다.

문 7 반응의 에너지 차이($\Delta G°$)이 바뀌었을 때에 값이 바뀌는 것은, Z, A, F 중 어떤 것인가.

(F)

8.4 재배향 에너지

8.4.1 전자만 움직인다면…

용액 내에서 전자 교환반응의 구조를 정리한 것이 [그림 8.7]이었다. 가로축(반응 좌표)은 산화/환원 쌍을 둘러싸고 있는 용매 분자의 방향을 나타낸다. 분자의 주위에는 용매 분자가 수십 개나 있기 때문에 「퍼텐셜 곡선」을 「수 차원의 곡면」으로 표현해야 하지만, 단순화시켜 일차원으로 그리고 있다.

전자이동과 에너지의 관계를 좀 더 깊이 살펴보자. 평형 상태에 있는 Fe^{2+}/Fe^{3+}계에 대한 것이 [그림 8.11]이다. 말할 필요도 없이 $Fe^{2+} \rightleftarrows Fe^{3+}$의 상호 변화(자체 전자교환)는 끊임없이 일어나고 있다. 그런데 이 그림에서 시작 상태의 퍼텐셜 곡선의 최소점(N)으로부터 수직으로 끌어당긴 선이 종료 상태의 곡선과 교차하는 점(S)은 도대체 어떤 상태인 것일까.

N점에서는 용매 분자들은 Fe^{2+}/Fe^{3+}계의 에너지가 가장 작아지도록 배향하고 있다. S점은 종료 상태의 곡선 위에 있기 때문에, Fe^{2+}가 Fe^{3+}로 Fe^{3+}가 Fe^{2+}로 바뀐 Fe^{3+}/Fe^{2+}계를 나타낸다. 그러면 S점은 전자이동이 일어났지만 용매의 배향에는 변함없는 상태를 나타내게 된다.

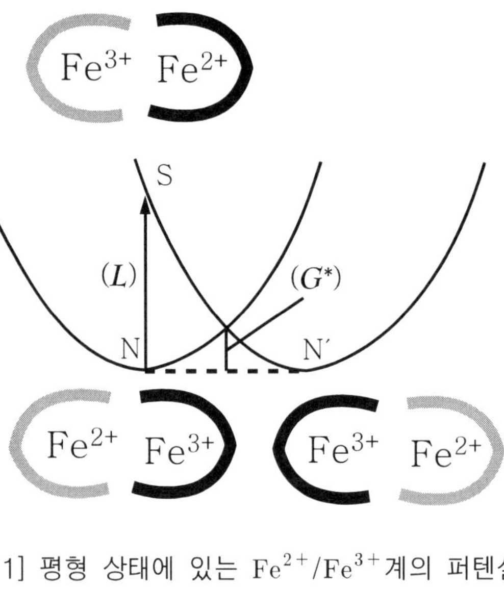

[그림 8.11] 평형 상태에 있는 Fe^{2+}/Fe^{3+}계의 퍼텐셜 곡선

8.4.2 재배향 에너지

Fe^{2+}/Fe^{3+}계가 N점에서 S점으로 갑자기 이동되었다고 하자. 이때 주위의 용매 분자들은 불안정한 배향의 상황에 놓이게 되므로 천천히 움직이기 시작한다(천천히 라고 해도 10^{-11}s 이내). 다시 말하면 반응계는 안정한 점(N')을 향해 종료 상태의 퍼텐셜 곡선 위를 미끄러져 내려간다. 두 개의 퍼텐셜 곡선이 포물선이라면 이 때 방출되어지는 에너지(S점과 N'점의 에너지차이) L은 활성화 에너지(그림의 G^*)의 정확히 4배가 된다.

문 4 두 개의 포물선 $y = Lx^2$과 $y = L(x-1)^2$에 대해, $L = 4G^*$를 확인해 보아라.

에너지 L은 용매 분자가 N점의 배향으로부터 N'점의 배향으로 바뀔 때 출입하는 에너지이므로 재배향 에너지(reorganization energy)라고 한다. 재배향 에너지 L은 산화/환원 쌍과 용매의 종류, 온도가 정해지면 일정한 값으로 된다. L의 값을 알면 전자이동의 활성화 에너지 G^*를 알 수 있다 라는 점에서 L을 고찰해 볼 가치가 있다.

용액 내에서의 전자이동은 전자를 주는 쪽과 받는 쪽의 어느 쪽이나 용매 분자에 둘러싸여있기 때문에 에너지 $L(L_s)$의 출입에는 양쪽 모두의 배향 변화가 뒤따라 일어나게 된다. 한편전극 반응의 경우에는 전극 쪽의 용매 분자의 배향 변화는 생각하지 않아도 되기 때문에 에너지 $L(L_e)$는 L_s의 반이 된다.

$$L_e = 0.5L_s \qquad (8.6)$$

8.4.3 재배향 에너지 계산

전자를 교환하는 분자와 용매 분자의 상호작용이 강할수록 용매의 배향이 변하기 힘들기 때문에 재배향 에너지 L은 커질 것이다. 이러한 상호작용의 힘을 좌우하는 요인으로는 다음의 두 가지를 생각해 볼 수 있다.

하나는 분자의 크기. 큰 분자는 용매 분자를 끌어당기는 정전력이 약하기 때문에 재배향 에너지도 그 만큼 작다. 또 하나는 용매의 극성으로 극성이 강할수록 산화/환원 분자에 끌어당겨지기 쉽기 때문에 재배향 에너지도 커지게 될 것이다.

이러한 고찰에 의거하여 재배향 에너지는 다음과 같이 계산해 낼 수 있다. 우선 산화/환원 분자를 반지름이 a인 구라고 생각하자. 또 용매의 극성을 나타내는 파라미터에는 굴절률 n과 비유전률 D가 있다(어느 쪽도 무차원). 정전 이론에 의해 반지름이 각각 a_1과 a_2인 두 분자 사이에 진행되는 전자 하나의 이동에 대한 재배향 에너지 L_s는,

$$L_s = (q^2/4\pi D_0)\{1/(2a_1)+1/(2a_2)-1/r\}(1/n^2-1/D) \tag{8.7}$$

로 나타내진다. D_0는 진공의 유전율($8.85\times10^{-12}\mathrm{Fm}^{-1}$ 또는 $\mathrm{C^2N^{-1}m^{-2}}$), r은 전자가 이동할 때의 두 분자간의 중심 거리이다. Fe^{2+}/Fe^{3+}계와 같이 자체 전자교환이라면, $a_1=a_2=a=0.5r$로 해도 되기 때문에 다음과 같이 된다.

$$L_e = (q^2/8\pi D_0)(1/a)(1/n^2-1/D) \tag{8.8}$$

전극 반응의 재배향 에너지 L_e는, L_s의 반으로,

$$L_e = (q^2/16\pi D_0)(1/a)(1/n^2-1/D) \tag{8.9}$$

라고 할 수 있다. 식(8.7)~(8.9)는 모두 입자 한 개 당 에너지이므로, 1mol 당으로 환산하려면 아보가드로 상수 $N_A=6.02\times10^{23}\mathrm{mol}^{-1}$을 곱한다.

식(8.7)은 분자는 내부 구조가 없는 강체구이고, 용매는 유전성의 연속체로라는 가정 하에서 유도해 낸 식이다(자세한 순서는 생략한다). 이 식을 통해 L을 계산하면 활성화 에너지 G^*의 값을 알 수 있고, 또한 전자이동 속도를 짐작할 수 있다. 다음 8.5절에서 구체적으로 다루게 되겠지만, 식(8.7)은 겉보기에는 매우 단순해 보이지만은 상당히 도움이 되는 식이다.

또한 전자를 교환하는 분자끼리 혹은 분자와 전극의 사이에 일시적이지만 화학 결합이 가능한 계, 즉 상호작용이 강한 계에서는 재배향 에너지에 대한 논리는 적용되지 않는다.

문 9 식(8.8)의 오른쪽이 에너지(J)의 차원을 갖고 있는 것을 확인해 보아라.

구체적인 예

에너지의 단위로서 J의 대신 eV를 사용하면 지수도 붙지 않고 수치가 그대로 전극 전위가 되어 편리하다 (J와의 관계는 $1\text{eV} = 1.6\times10^{-19}\text{J}$). 또 분자의 반지름을 Å단위($1\text{Å} = 10^{-10}\text{m}$)로 하면 값이 1~10 사이가 되어 취급하기 쉬워진다. 그래서 우선, 용액 내에서 자체 전자교환을 나타내는 식(8.8)을 eV, Å의 단위로 고쳐 보자. 결과는 다음과 같이 된다.

$$L_s/\text{eV} = 7.20/(a/\text{Å})(1/n^2 - 1/D) \qquad (8.10)$$

예를 들어 3개의 2,2'-bipyridine을 배위한 Ruthenium (II)의 착체 $Ru(bpy)_3^{2+}$는 수용액 안에서

$$Ru(bpy)_3^{2+} \rightleftarrows Ru(bpy)_3^{3+} + e^- \qquad (8.11)$$

의 자체 전자교환을 한다. 물의 굴절률 n=1.33과 비유전률 D=78.5, 착체의 반지름 a=6.8Å를 식(8.10)에 대입하면 L_s=0.585eV를 얻을 수 있다.

문 10 식(8.10)을 확인해 보아라.

문 11 $Ru(NH_3)_6^{2+}$의 반지름은 3.3Å이다. 수중의 $Ru(NH_3)_6^{3+}/Ru(NH_3)_6^{2+}$계의 재배향 에너지 L_s와 활성화 에너지 G^*는 각각 몇 eV인가. 또 몇 kJ mol^{-1}인가.

(L_s=1.21eV=116kJmol^{-1}, G^*=0.30eV=29kJmol^{-1})

문 12 $Ru(NH_3)_6^{3+}/Ru(NH_3)_6^{2+}$계와 $Ru(bpy)_3^{3+}/Ru(bpy)_3^{2+}$계의 전자 교환 속도는, 어느 쪽이 크다고 생각되는가.

($Ru(bpy)_3^{3+}/Ru(bpy)_3^{2+}$계)

문 13 Ferrocene/Ferricenium 이온계는 여러 가지 용매 안에서 자체 전자교환을 한다. 분자의 반지름 a는 3.5Å이다. 물(n=1.33, D=78.5)과 Pyrridine (n=1.51, D=12.0)을 용매로 했을 때의 전극 반응의 재배향 에너지 L_e를 eV단위로 계산해 보아라.

(수중 0.570eV, 피리딘 중 0.366eV)

참고 재배향 에너지의 근원 : 자신이 판 구멍에 빠지다

재배향 에너지는 이미지를 잡기 어려운 양의 하나일 것이다. 원래는 고체내의 전자가 주위의 결정격자를 얼마나 일그러뜨리는가 하는 문제에 얽혀 제안된 생각이었다.

반도체에 전기장을 걸어 주면 전자는 정(+)극 쪽으로 움직이지만 그 속도는 반도체의 종류에 따라 아주 다르다. 예를 들어 이산화티탄(TiO_2)에 존재하는 전자의 속도는 갈륨비소 또는 비화갈륨(GaAs, Gallium Arsenide)에 존재하는 전자의 속도에 1/10,000에 지나지 않는다. TiO_2의 결정격자는 전하가 몹시 편향되어 있기 때문에 전자의 움직임이 편향된 전하에 빠져들기 쉽기 때문일 것이다.

이것은 딱딱한 경사면과 고무막으로 생긴 경사면에 게임용 구슬을 굴렸을 때, 딱딱한 경사면 쪽이 빠르게 떨어지는 현상과 비슷하다. 고무막 위라면 게임용 구슬의 중량감으로 표면이 변형될 수 있는 것과 마찬가지로 전자는 스스로 판 구멍에 빠지는 것이다.

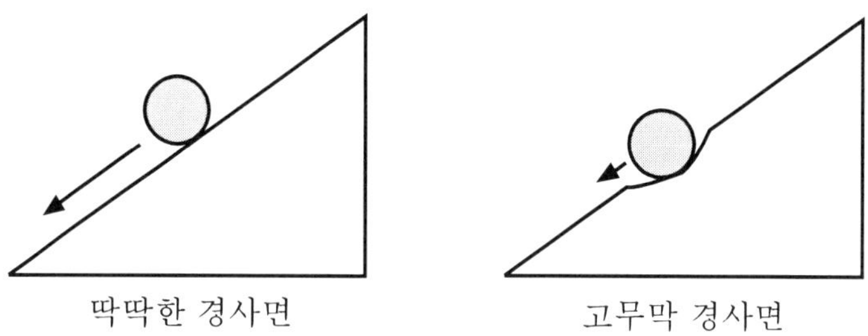

[그림] 경사면을 구르는 게임용 구슬

용액 중에서 편향된 전하의 분포를 갖고 있는 분자의 전자 에너지가 용매분자의 배향에 따라 그 크기가 바뀌는 것도 같은 논리로 생각해도 좋다. 용매 중의 분자는 주위의 분자의 분포를 변형시킨다. 즉 자신이 판 에너지의 구멍에 빠진다. 이것이 재배향 에너지의 근원이 된다.

8.5 전자이동 속도의 계산

8.5.1 활성화 에너지와 재배향 에너지

전자이동 반응의 활성화 에너지 G^*를 알게 되면 속도상수 k의 크기를 짐작할 수 있다는 논리를 어떻게 하면 이해할 수 있을까.

우선, 식(8.5)을 한 번 더 써 보자.

$$k = Z(\text{충돌빈도}) \times A(\text{비단열인자}) \times F(\text{활성화인자}) \tag{8.5}$$

활성화 인자 F는 볼츠만 인자(146페이지)와 같기 때문에 $\exp(-G^*/RT)$라고 할 수 있다. 따라서 식(8.5)은 다음과 같이 된다.

$$k = ZA\exp(-G^*/RT) \tag{8.12}$$

충돌 빈도 Z가 용액 내에서 일어나는 분자간의 전자이동이라면 $Z = 10^{11}\mathrm{M}^{-1}\mathrm{s}^{-1}$, 전극 반응에 대해서는 $Z = 10^4 \mathrm{cms}^{-1}$로 계산되고 있다. 또 비 단열인자 A는 0부터 1까지의 값을 갖는다.

8.4절에서 살펴 본 것처럼 용액내의 평형 상태(자체 전자교환이 일어나고 있을 때), 즉 반응의 자유에너지 변화 ΔG가 0일 때, 활성화 에너지 G^*는 재배향 에너지 L의 1/4이었다.

ΔG가 0이 아니면 활성화 에너지 G^*는 다음의 형태로 바뀐다.

$$G^* = (L/4)(1 + \Delta G/L)^2 \tag{8.13}$$

용액 내 분자사이의 전자이동이라면, ΔG는 분자의 표준 전극전위의 차이가 된다. 전극과의 반응인 경우에는 평형 전위와의 차이, 즉 과전압 $\eta(= E - E°)$를 사용하여

$$\Delta G = F\eta \tag{8.14}$$

라고 할 수 있다(1전자 반응을 가정하였다. n전자 반응이라면 $\Delta G = nF\eta$. 또한 입자 한 개를 생각할 때는, F를 기본전하 q로 바꾸는 것과 동시에 식(8.12)의 기체 상수 R을 볼츠만 상수 k로 바꾼다). 양극반응(산화반응)의 활성화 에너지

G_a^*와 음극반응(환원반응)의 활성화 에너지 G_c^*는(η의 부호에 주의),

$$G_a^* = (L/4)(1+\Delta G/L)^2 = (L-F\eta)^2/4L \tag{8.15}$$

$$G_c^* = (L/4)(1+\Delta G/L)^2 = (L+F\eta)^2/4L \tag{8.16}$$

가 된다. 양극 반응에서는 과전압 η이 양으로 커질수록 활성화 에너지가 줄어들고, 음극 반응에서는 η이 음으로 커질수록 활성화 에너지가 줄어든다.

전자이동을 위와 같은 형태로 바꾸어 다루는 연구 방법론은 R. A. Marcus(미국)가 확립하였다(Marcus Theory라고 함). 그는 이 업적으로 1992년도에 노벨 화학상을 수상하였다.

문 14 두 개의 포물선 $y=Lx^2$과 $y=L(x-1)^2+\Delta G$의 교점이 어떻게 될까를 생각하면, 식(8.13)의 관계가 확인된다. 실제로 확인해 보아라.

8.5.2 활성화 에너지(G_a^*, G_c^*)와 자유에너지 변화 $\Delta G(=F\eta)$

식(8.15)을 보면 과전압 η을 (+)쪽으로 움직여 가면 활성화 에너지 G_a^*는 점점 작아져 $\Delta G=-L$일 때 0이 된다. 그러나 한층 더 과전압을 높이면(에너지 차이가 (−)로 한층 더 늘어나면) 다시 활성화 에너지가 증가한다. 반응속도로 번역하면, 발열($\Delta G<0$)의 정도가 늘어남에 따라 어느 지점까지는 빨라지는데 그 다음 부터는 또 느려지게 된다.

언뜻 보아 기묘하지만, 이 예측은 실험으로 증명되고 있다. 단, ΔG가 크게 (−)가 되는 영역(이상 영역이라고 한다)을 제대로 취급하려면 양자론을 도입한 모델이 필요하게 되어 본서의 범위를 넘는다.

8.5.3 활성화 에너지와 Butler−Volmer식

전류 밀도 i와 과전압 η의 관계를 나타내는 Butler−Volmer 식(166페이지)에서는, 활성화 에너지는 다음과 같이 정의하고 있다($n=1$인 1전자 반응).

$$G_a^* = G^* - \alpha F\eta \quad (8.17)$$

$$G_c^* = G^* + (1-\alpha)F\eta \quad (8.18)$$

한편, $G^* = L/4$의 관계를 이용하여 식(8.15)와 (8.16)을 변형시키면

$$G_a^* = G^* - (1/2)F\eta + (F\eta)^2/4G^* \quad (8.19)$$

$$G_c^* = G^* + (1/2)F\eta + (F\eta)^2/4G^* \quad (8.20)$$

가 된다. 이상으로부터 알 수 있듯이, 과전압 η이 작아서 $(F\eta)^2/4G^*$의 항을 무시할 수 있을 때, 비대칭 파라미터 α를 0.5로 하면 두 식은 일치한다.

8.5.4 실험 결과와의 비교

마커스 이론의 타당성은, 다양한 실험으로 확인되어 왔다. 그 일부를 살펴보도록 하자. 가장 단순한 경우, 즉 용액 중으로 나가는 전자이동의 속도상수로 한정하여 풀어 보면, 다음 세 가지의 식으로 정리해 나갈 수 있다.

$$L = (q^2/8\pi D_0)(1/a)(1/n^2 - 1/D) \quad (8.8)$$

$$k = ZA\exp(-G^*/RT) \quad (8.12)$$

$$G^* = (L/4)(1 + \Delta G/L)^2 \quad (8.13)$$

보다 간단하게 하기위해서 자체 전자교환 반응($\Delta G = 0$)만을 취급하고, 또 비단열인자(A)를 1로 하면, 위의 두 식은 다음과 같이 변형시킬 수 있다,

$$k = Z\exp(-G^*/RT) \quad (8.12')$$

$$G^* = L/4 \quad (8.13')$$

정리하면 다음 식이 된다.

$$\ln k = \ln Z - [(q^2/32\pi D_0)(1/a)(1/n^2 - 1/D)]/RT \quad (8.21)$$

a. 분자의 크기와 속도상수

식(8.21)에 의하면, $\ln k$와 분자의 반지름 a(또는 직경 $2a$)의 역수와의 사이는 [그림 8.12]와 같이 직선 관계가 되지 않으면 안 된다.

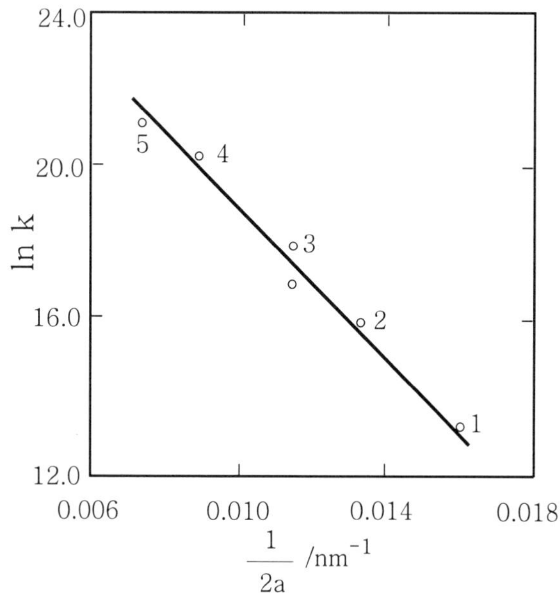

[그림 8.12] 식(8.21)의 검증 데이터(1) : 분자 크기와 속도상수
(1) $Ru(NH_3)_6^{3+/2+}$, (2) $Ru(NH_3)_5(py)^{3+/2+}$, (3) $Ru(NH_3)_4(bpy)^{3+/2+}$, (4) $Ru(NH_3)_2(bpy)_2^{3+/2+}$, (5) $Ru(bpy)_3^{3+/2+}$

b. 용매의 성질과 속도상수

게다가 k의 대수는, 용매 파라미터 $(1/n^2-1/D)$와 직선 관계에 있을 것이다. 전자 교환 분자를 (bis(biphenyl) chromium$^{1+/0}$계)로 고정하고, 용매를 여러 가지로 바꾸었을 때의 실제 측정 데이터가 [그림 8.13]으로 역시 예측대로의 결과가 되어 있다.

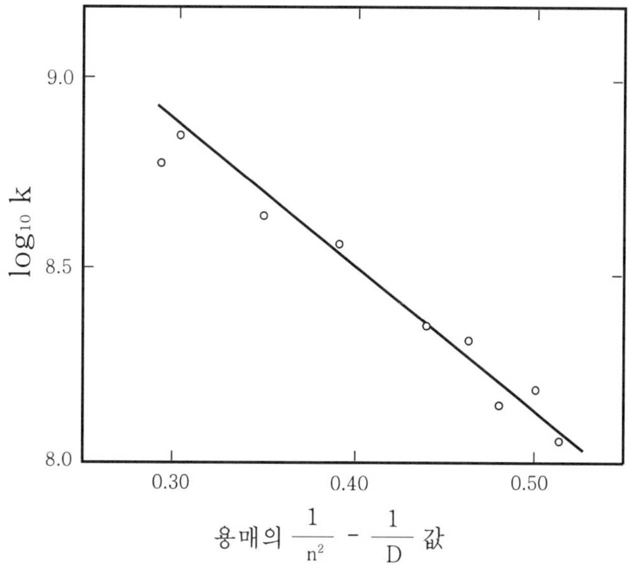

[그림 8.13] 식(8.21)의 검증 데이터(2) : 용매 파라미터와 속도상수

8.5.5 교환 전류 밀도의 예측

어떤 가역적 산화/환원계에 대해, 용액 중에서의 자체 전자교환의 속도상수를 k_s(단위 $M^{-1}s^{-1}$), 전극과의 전자교환에 대한 속도상수를 k_e(단위 cms^{-1})로 하면 각각 다음과 같이 나타낼 수 있다.

$$k_s = Z_s \exp(-G_s^*/RT) \tag{8.22}$$

$$k_e = Z_e \exp(-G_e^*/RT) \tag{8.23}$$

형태는 같아도 충돌 인자 Z_s의 단위$M^{-1}s^{-1}$)와 Z_e의 단위(cms^{-1})는 다르다. 용액중 반응의 재배향 에너지를 L_s로 하면, 활성화 에너지 G_s^*는 L_s의 1/4, G_e^*는 G_s^*의 반인 1/8이었다.

또, 충돌 인자의 전형적인 값은 Z_s가 $10^{11}M^{-1}s^{-1}$정도, Z_e가 $10^4 cms^{-1}$정도이다.

191페이지에서는, $Ru(bpy)_3^{3+}/Ru(bpy)_3^{2+}$ 계의 재배향 에너지 L_s는 0.585eV로 계산된다. 이 값을 위의 내용에 적용시켜 계산하면, 25℃에서 속도상수의 값은 다음과 같이 구해진다($1eV=96500\ Jmol^{-1}$의 관계를 사용했다).

$$k_s = 3.4\times10^8 M^{-1}s^{-1}$$

$$k_e = 580 cms^{-1}$$

Tea time 전기화학과 노벨상

1901년부터 수여되기 시작한 노벨상은, 특히 초기의 무렵에는 전기화학과 열역학의 거목들이 주로 수상되었다. 1901년의 Jacobus Henricus van 't Hoff (네덜란드), 1903년의 Svante A. Arrhenius (스웨덴), 1909년의 Wilhelm Ostwald (독일), 1920년의 Walther Hermann Nernst (독일)이다 (여담이지만, Henricus van 't Hoff의 이름은, van과 't가 각각 다른 단어이므로, 일반 영어사전에서와 같이 van't Hoff라는 표기는 틀린 표현이 된다)

1959년에는 Polarography의 개발자인 Jaroslav Heyrovský (체코슬로바키아), 1992년의 Rudolph A. Marcus (미국)가 수상자가 되었다. 20여년에 걸쳐 「호흡이나 광합성으로 막(膜) 내외의 플로톤 농도 차이가 ATP 합성의 원동력」에 대한 자신의 이론을 세상에 알려온 Peter Dennis Mitchell(영국)가 1978년에 노벨화학상을 수상하였다.

교환 전류 밀도 i_0는

$$i_0/Acm^{-2} = F/Cmol^{-1}\times k_e/cms^{-1}\times c/molcm^{-3} \tag{8.24}$$

로 할 수 있다(164페이지 참고). $c=10^{-6}molcm^{-3}(=10^{-3}M)$라고 가정하면, 최종적으로 $i_0=56.0Acm^{-2}$로 계산된다.

문 15 문 11의 결과에 의거하여, $Ru(NH_3)_6^{3+/2+}$계에 대해 동일한 계산을 통하여 k_s, k_e, i_0의 값을 계산해 보아라. $c=10^{-3}M$로 한다.

($k_s = 7.7\times10^5 M^{-1}s^{-1}$, $k_e = 28cms^{-1}$, $i_0 = 2.7\ Acm^{-2}$)

8.6 전극과의 전자 교환

제 I부 2장에서는 표준 전극전위 $E°$의 이미지를 만들기 위해서, 분자나 이온과 금속 전극사이에서 일어나는 전자 교환에 있어서, 용매의 역할 등은 고려하지 않은 단순한 모델을 기준으로 하였다. 지금 부터는 8.5절까지의 이야기를 기초로 하여, 계면에서 일어나는 일을 좀 더 사실에 가까운 이미지로 다시 그려보자.

8.6.1 전극의 전자 에너지 상태

지금까지는 반응 좌표에 따른 퍼텐셜 곡선을 바탕으로 하여 전자이동을 생각해 왔다. 전극과 용액의 계면을 취급할 때, 전자가 전극의 어떤 에너지 준위 사이에서 거래되는지를 모른다면 이야기가 펼쳐나가기가 어렵다. 이런 종류의 이야기에 개략은 2장에서 설명하였지만, 전극(금속)의 에너지 상태에 대해 다시 생각해 보자.

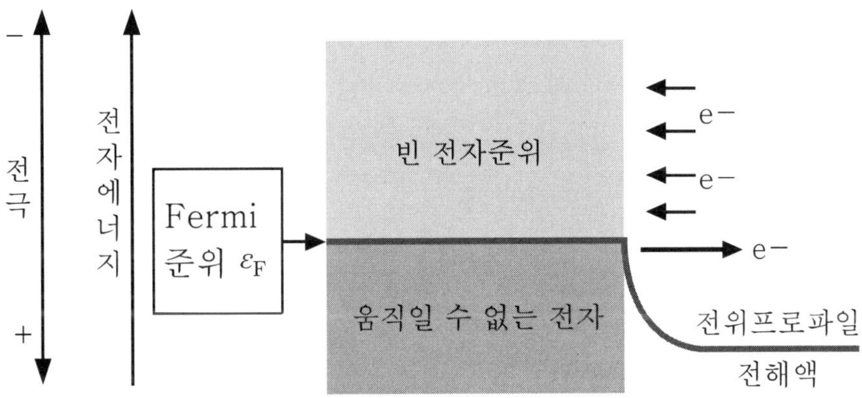

[그림 8.14] 금속 전극의 전자 에너지 상태

금속은 조밀하게 꽉 찬 에너지 준위의 집합(Energy band)을 갖고 있다. 전자는 에너지가 낮은 곳부터 페르미 준위 ε_F까지 두 개씩 들어가고 그 위는 비어 있다. 다른 물질로 옮기는 것은 에너지가 $\varepsilon_F \pm kT$(전위로 환산해 $\varepsilon_F \pm 0.026$V)에 존재하는 전자만으로, 그보다 아래의 전자는 움직일 수 없다(이유는 「참고」

에서 정리). 한편, 받는 물질의 전자는 ε_F보다 위의 준위로 전자를 받아들이게 된다. 또, 전극-전해액 간의 전위차가 발생되는 거리는 서론에서도 소개했던 대로 전해질 농도가 0.1M라면 10^{-9}m(10Å) 내외에 지나지 않는다.

용액중의 전자이동은 전자 공여체의 전자 에너지 준위와 전자 수용체 사이의 에너지 준위 차이로 부터 일어난다. 전극-용액의 계면에서는 전극(금속)이 갖고 있는 에너지띠(Energy band)가 전자이동의 근원이 된다.

참고 금속과 절연체

N개의 원자가 전자를 한 개씩 내어 결합하면, 원래의 원자 궤도보다 에너지가 낮은 준위에 치밀하게 N개 모인 에너지띠가 생긴다. 하나의 준위에는 전자가 두 개까지 들어가기 때문에 전자는 밴드의 정확히 반까지 채워지게 되고, 위의 상반부가 빈 상태로 존재하게 된다(그림 8.14의 상황). s전자가 가전자가 되는 알칼리 금속이나 동족원소(Cu, Ag, Au)가 그 전형적인 예이다.

전기장이 걸리게 되면 전자가 속도 v로 움직인다고 하자. 속도 v의 전자는 정지 상태에 비해 여분으로 $(1/2)mv^2$의 에너지($v=10^4\mathrm{ms}^{-1}$라면 3×10^{-4}eV)를 갖게 된다. 반대로 보면 정지 상태보다 $(1/2)mv^2$만큼 높은 에너지로 옮길 수 있는 전자가 아니면 전기장이 걸려도 움직일 수 없다. 금속의 ε_F가까이의 전자는 바로 위에 있는 빈 준위로 옮길 수 있으므로 편안하게 움직일 수 있지만, ε_F보다 깊은 에너지 위치의 전자라면 바로 위가 막혀 있어 움직일 수 없다.

물질에 따라서는 에너지띠가 그림과 같이 된다. 전자가 꽉 채워진 가전자대(valence band) 위에 에너지 준위가 전혀 없는 금지대(forbidden band)가 있고, 그 위에 전자가 채워지지 않은 전도대(Conducting band)가 생긴다. 전자는 전도대에 들어가게 되면서 처음으로 움직일 수 있게 되지만, 금지대의 폭 ε_g가 3eV이상이라면 그러한 전자는 우선 생기지 않기 때문에 전기장이 걸려도 움직일 수 있는 전자가 없으므로 물질은 절연체가 된다. 대표적인 예가 염화나트륨(NaCl)으로 Cl^-의 3p전자가 가전자대를 다 묻어버려 ε_g가 10 eV 가까이나 된다. 즉 절연체는 전자는 원자들 사이에 충분히 있어도 그 전자가 운동 에너지를 가질 수 없는 물질을 말한다.

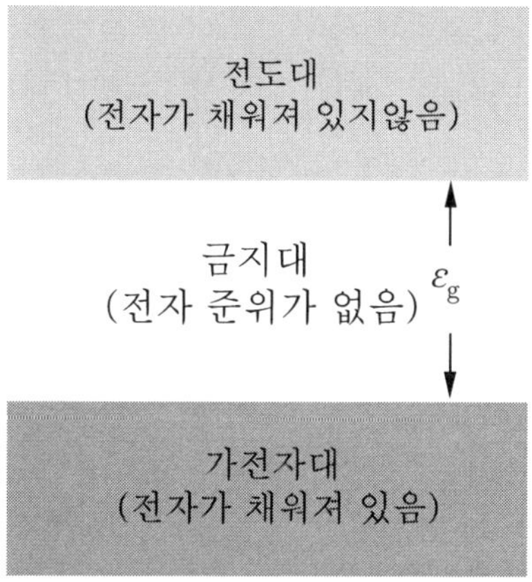

[그림] 절연체(반도체)의 에너지 상태

ε_g가 작아지면 가전자대 전자의 일부가 열적으로 전도대로 올라 갈 수 있기 때문에 전기 전도성이 나타난다. 또, 미량의 불순물을 첨가(도핑)하면, 그 이온화에 의해 전도대에 전자가 혹은 가전자대에 정공이 생겨 역시 전기 전도성이 나온다. 이러한 고체가 반도체이다(제I부 4장 참고).

문 16 ε_g=0.5eV이고, 가전자의 밀도가 $10^{22}cm^{-3}$인 고체 결정 안에 존재하는 전도 전자의 밀도는 25℃에서 얼마인가. 1eV=96,500 $Jmol^{-1}$, R=8.314 $J mol^{-}K^{-1}$으로부터 계산해 보아라.

($3.5\times10^{13}cm^{-3}$)

8.6.2 산화/환원 분자 상태 밀도

8.5절의 식(8.15)을 다시 살펴보자. 우선, 과전압 η을 원래의 형태(평형 전위와의 차이) $E-E°$로 표기하자. 그리고 1전자 교환반응으로 가정, 패러데이 상수를 기본전하 q로, 기체 상수 R을 볼츠만 상수 k로 바꾼다. 이렇게 정리한 식(8.15)을 같은 페이지에 있는 활성화 인자 F의 식에 대입하면 다음과 같은 식이 된다.

$$F=\exp\{-[L-q(E-E°)]^2/4LkT\} \qquad (8.25)$$

이 식을 통해 전극의 전위 E를 바꾸었을 때 환원체의 존재 확률이 어떻게 바뀌는지 알 수 있다. 전위를 전자 에너지로 번역하면 전자 에너지와 환원체의 존재 확률 분포 곡선에 관한 식이라고 생각해도 좋다.

존재 확률로 정의한다면, 전자 에너지 qE가 $+\infty$부터 $-\infty$까지 변한다고 할 때 총합(실제로는 적분)이 1이 되도록 하는 편이 좋다(이것을 규격화라고 한다). 그처럼 규격화한 것을 상태 밀도의 분포함수라고 부른다. 지금 생각하고 있는 것은 환원체 상태 밀도이므로 $D_R(E, E°, L)$라고 쓰면,

$$D_R(E, E°, L) = (1/4\pi kTL)^{1/2} \exp\{-[L-q(E-E°)]^2/4LkT\} \tag{8.26}$$

가 된다. 여기서 $(1/4\pi kTL)^{1/2}$를 규격화 계수라고 한다(210페이지 참고). 식(8.26)은, $E = E° + L/q$라는 전위에서 최대값이 된다.

동일한 방법으로, 산화체의 상태 밀도 $D_O(E, E°, L)$는

$$D_O(E, E°, L) = (1/4\pi kTL)^{1/2} \exp\{-[L+q(E-E°)]^2/4LkT\} \tag{8.27}$$

로 나타내져 $E = E° - L/q$라는 전위에서 최대값이 된다.

바로 알 수 있듯이, 식(8.26)과 (8.27)은 $E = E°$일 때, 즉 산화/환원계의 표준 전위에서 같은 값이 된다. 즉 두 개의 상태 밀도 분포 곡선은 $E = E°$에서 교차하게 된다. 이상을 기초로 하여 환원체와 산화체에 대한 상태 밀도 분포를 전위축(전자 에너지축)에 대해서 그려보면 [그림 8.15]와 같이 나타낼 수 있다.

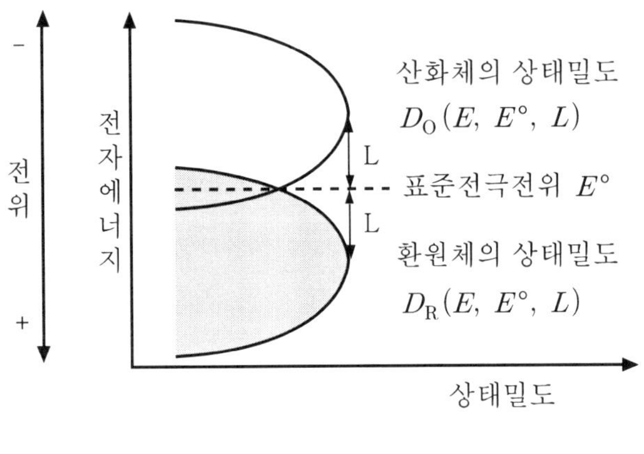

[그림 8.15] 용액중의 산화/환원쌍의 상태 밀도 분포곡선

문 17 환원체의 경우, 전위 E가 $E° + L/q$로부터 몇 V만큼 벗어나게 되면, 상태 밀도가 최대값의 0.1 또는 0.01이 될까. $L=1.0\text{eV}$, $kT=0.026\text{eV}$로 계산해 보아라.

(0.49V, 0.69V)

8.6.3 전류를 나타내는 식

이미 설명해온 바와 같이, 전자의 이동은 에너지 보존법칙에 따라 순간적으로 일어나기 때문에, 같은 에너지(또는 전위) 준위 사이에서 진행되게 된다. 전위 E부터 $E+\mathrm{d}E$의 범위에 있는 전자가 단위시간 · 단위면적 당 금속 전극으로부터 용액중의 분자로 옮겨가는 수는, $A(E)$를 비단열인자, $\rho(E)$를 전극 쪽에 있는 전자 상태 밀도, Z를 충돌 빈도, c_{O}를 산화체의 농도라고 하면

$$A(E)\rho(E)f(E)\,Zc_{\mathrm{O}}D_{\mathrm{O}}(E, E°, L)\mathrm{d}E \tag{8.28}$$

라고 할 수 있다. 이때 $f(E)$는 페르미 분포함수라고 하며, 전위 E의 준위를 전자가 차지하고 있는 확률값이 된다.

식(8.28)에 패러데이 상수를 곱하고, 전위 축을 따라 적분 하면 환원전류(cathode current)의 밀도 i_+가 된다.

$$i_- = -F\int A(E)\rho(E)f(E)\,Zc_{\mathrm{O}}D_{\mathrm{O}}(E, E°, L)\mathrm{d}E \tag{8.29}$$

동일하게 용액중의 분자로부터 금속 전극으로 전자가 이동함으로서 흐르게 되는 산화전류(anode current)의 밀도 i_+는, 다음과 같이 나타내진다.

$$i_+ = F\int A(E)\rho(E)[1-f(E)]\,Zc_{\mathrm{R}}D_{\mathrm{R}}(E, E°, L)\,\mathrm{d}E \tag{8.30}$$

실제 측정되는 전류 밀도 i는 이 두 가지 전류의 합으로 다음의 형태로 표현할 수 있다.

$$i = i_+ + i_- \tag{8.31}$$

8.6.4 평형 상태

전극의 전위가 산화체의 농도 분포를 나타내는 곡선 $c_\mathrm{O}D_\mathrm{O}(E, E°, L)$와 환원체의 농도 분포를 나타내는 곡선 $c_\mathrm{R}D_\mathrm{R}(E, E°, L)$의 교점에 존재하면 평형 상태가 된다(자세한 것은 생략하지만, 금속의 전위는 페르미 전위에 있다고 생각해도 좋으며, 페르미 전위는 $f(E)=0.5$이므로, $f(E)=1-f(E)$가 성립된다). 이 때 $i_+ = -i_-$가 되고 계면에서는 반대방향으로 크기가 같은 교환 전류가 흐르기 때문에 전류의 진밀도는 0이 된다.

8.6.5 전위가 바뀌면

예를 들어 전극 전위 E를 평형 전위 $E°$보다 (−)위치에 있게 하면, 환원체 상태 밀도 D_R과 전극의 전도대 준위(페르미 준위보다 위)의 겹침이 줄어들게 되기 때문에 산화 전류 i_+가 줄어든다. 한편, 산화체 상태 밀도 D_O와 전극의 가전자대 준위(페르미 준위 근방)의 겹침은 늘어나기 때문에 환원 전류 i_-는 커진다. 이런 식의 차감에 의해 환원 전류가 관측되게 된다.

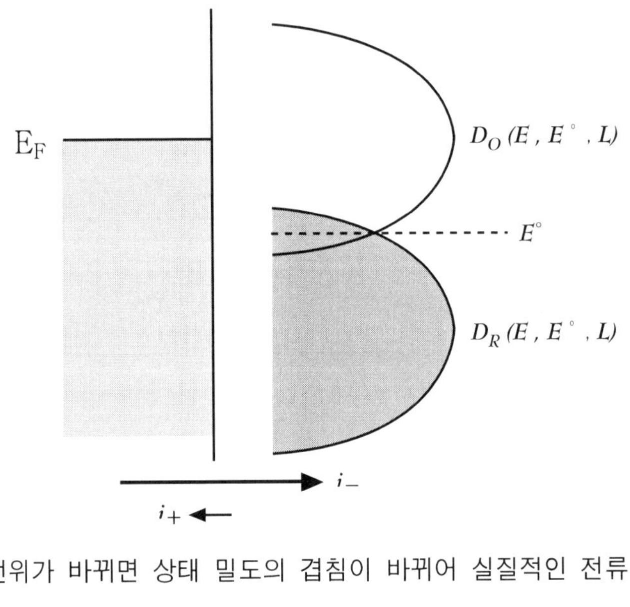

[그림 8.16] 전위가 바뀌면 상태 밀도의 겹침이 바뀌어 실질적인 전류가 흐르게 된다

전극 반응이 진행되어도 산화체와 환원체의 농도가 일정하다면, 그리고 전위를 평형 전위로부터 늦추게 되면, 전류는 얼마든지 커지게 될 것이다. 용액 내 상태 밀도와 금속의 에너지 준위와의 겹침이 같은 방향으로 벗어났기 때문이다. Butler-Volmer식이나 Tafel 관계식(167페이지)은 이런 상황을 전제로 하고 있다.

8.6.6 전자 교환이 계속되면

실제로는 평형 전위로부터 벗어난 상황에서도 전기 분해가 지속되면 산화체와 환원체의 농도가 바뀌게 된다. 위의 8.6.5와는 반대로, 전위를 (+)방향으로 변화시킨 뒤 전기분해를 계속 유도 시킬 때 일어나는 현상을 그림 8.17에 표현하고 있다.

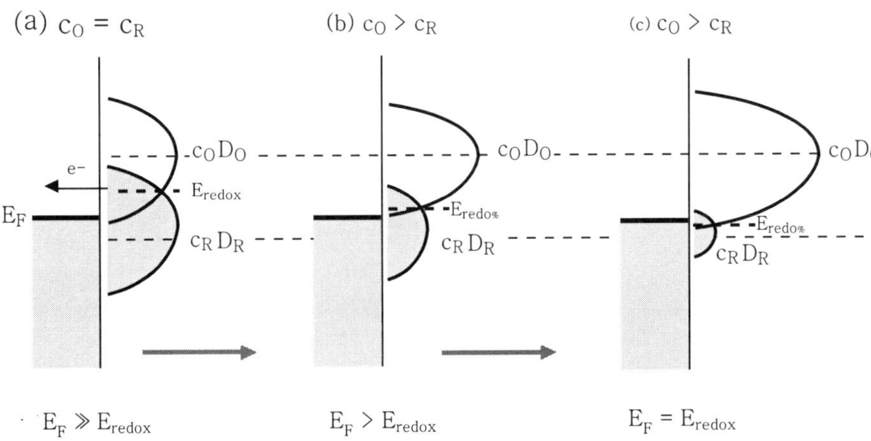

[그림 8.17] 산화반응의 진행과 상태밀도×농도의 변화와의 관계

전기분해가 시작되면 처음에는 산화체와 환원체의 농도가 동일하기 때문에, [그림 8.16]의 반대 방향으로 산화 전류가 흐른다. 반응이 진행됨에 따라 산화체의 농도는 차츰 증가하고 환원체의 농도는 줄어든다. 상태 밀도 $D_O(E,E°,L)$와 $D_R(E,E°,L)$는 농도와 무관하지만, [그림 8.17]의 (a)→(b)→(c)의 시간 경과와 함께, D에 농도를 곱한 $c_O D_O(E,E°,L)$는 커지게 되기 때문에 $c_R D_R(E,E°,L)$는 작아져 간다.

곡선 $c_O D_O(E,E^\circ,L)$와 $c_R D_R(E,E^\circ,L)$의 교점이 산화/환원계의 전극 전위에 해당하며, 이것을 그림에서는 E_{redox}로 나타냈다. 시각 0에서는 $E_{redox}=E^\circ$(표준 전극전위)가 성립된다. 반응의 진행에 따라 E_{redox}는 전극의 페르미 전위 E_F에 가까워진다. 충분히 긴 시간이 흐르면 마침내 이 두 값은 일치하게 되며, 계면에서의 산화 전류와 환원 전류(교환 전류)가 서로 지워지게 되기 때문에 순수한 전류는 제로가 된다.

이 때, 산화체 · 환원체의 농도와 E_{redox}는 다음의 Nernst 식으로 정리할 수 있다.

$$E_{redox}=E^\circ+(RT/nF)\ln(c_O/c_R) \quad (8.32)$$

참고 Butler-Volmer식으로부터 Nernst 식의 유도

전극 전위가 $E-E^\circ$일 때 관측되는 전류 밀도는 다음의 Butler-Volmer식으로 나타낼 수 있다(166페이지).

$$\begin{aligned} i &= nF(c_R k_+ - c_O k_-) \\ &= nF\{ c_R k_+^0 \exp[\alpha nF(E-E^\circ)/RT] \\ &\qquad - c_O k_-^0 \exp[-(1-\alpha)nF(E-E^\circ)/RT]\} \end{aligned} \quad \text{(i)}$$

k_+^0와 k_-^0는 과전압이 0일 때의 속도상수를 나타낸다. 반응이 진행되어 평형상태가 되었을 때에는 산화 전류와 환원 전류가 일치하므로 $i=0$, 즉 오른쪽 { } 안은 0이다. 그렇게 되면

$$E=E^\circ+(RT/nF)\ln(c_O/c_R)+(RT/nF)\ln(k_-^0/k_+^0) \quad \text{(ii)}$$

의 관계가 성립된다. 163페이지에서 살펴본 것처럼, 가역적인 전자 교환 반응에서는 $k_+^0=k_-^0$이므로 식(ii)은 Nernst 식

$$E=E^\circ+(RT/nF)\ln(c_O/c_R) \quad \text{(iii)}$$

과 일치한다.

반응이 비가역으로 $k_+^0 = k_-^0$의 관계가 성립되지 않을 때에는 Nernst 식도 성립하지 않는다.

문 식(ii)를 이끌어 보아라.

8.7 일방통행의 전자이동

위의 「참고」에서 살펴 본 것처럼, 반응속도(전류)의 식으로부터 유도해낸 평형조건이 순수한 평형론에서 나온 Nernst 식과 일치하는 것은 $k_+^0 = k_-^0$일 때에 한정된 이야기이다. 지금까지 취급한 것은 그러한 가역적인 반응계뿐이었지만, 비가역적인 전자 교환 반응도 많이 있다.

예를 들어, Anthracene은 충분히 탈수시킨 비수용매의 조건이라면 가역적으로 1전자 반응에 의해 산화(및 환원)시킬 수 있다.

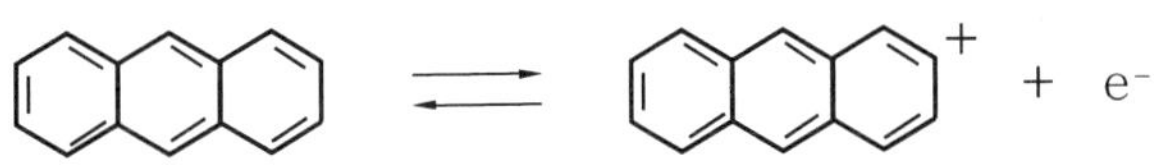

그러나 소량의 물이 공존하면 1전자 반응에 의한 산화로 생긴 양이온 라디칼에 H_2O 분자가 공격하여 중앙의 벤젠 고리를 신속하게 수산기로 치환시키기 때문에, 양이온 라디칼의 재산화(Anthracene의 부활)는 일어나지 않는다. 이런 일방통행의 반응을 비가역적인 전자이동 반응이라고 한다.

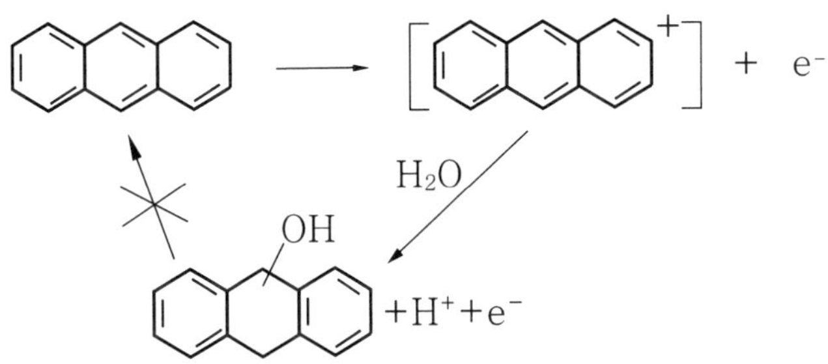

가역적인 전자이동과 비가역적인 전자이동을 산화체 · 환원체의 상태 밀도에 주목하여 생각해 보자. 가역적인 계에서는, [그림 8.17]에 나타냈던 대로 전극

반응이 진행됨에 따라 농도가 바뀌고 그 때문에 산화/환원계의 전위가 변화되어 그것이 전극의 전위와 일치했을 때에 평형이 성립되었다.

비가역적인 계에서는 우선 평형이라는 것은 존재하지 않는다[그림 8.18]. 물이 공존할 때 Anthracene의 경우, 산화체가 없어지므로 그 상태의 밀도라는 것도 존재하지 않는다. 전자가 용액 쪽으로 옮겨지는 채널이 없고, Anthracene 분자가 완전하게 없어질 때까지 산화 전류가 계속 흐른다.

즉, 전기화학 평형이란 또는 표준 전극전위(평형 전위)라는 것은 가역적인 전자 이동계에서만 적용되는 이야기이다.

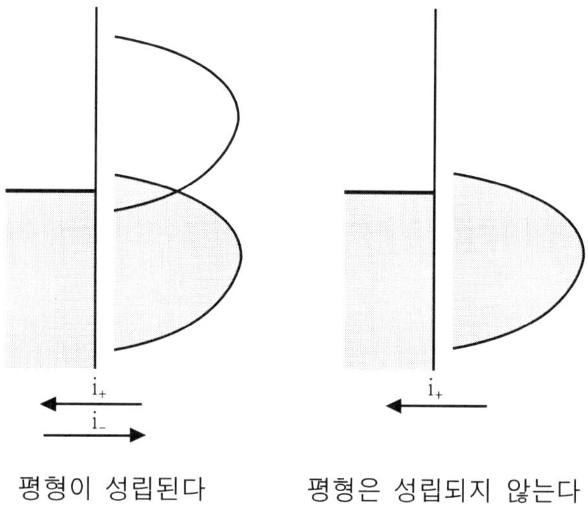

[그림 8.18] 가역적인 전극 반응과 비가역적인 전극 반응

정리

전극 반응 중에서 전극은 조역(전자의 운동장)에 지나지 않는 외권형 전자이동 반응과 그 반응의 속도를 좌우하는 활성화 에너지의 본질에 대하여 살펴보았다. 주위에 있는 수많은 용매 분자가 1초에 수백억 회 또는 그 이상의 회전과 진동을 반복해가면서 산화/환원 분자의 전자 에너지를 변화시킨다. 산화/환원 분자들도 서로 격렬하게 부딪치면서(충돌 빈도 $Z = 10^{11} M^{-1} s^{-1}$에서, 농도 10^{-3} M라면 매초 약 1억 회 정도 서로 부딪친다) 서로의 전자 에너지 준위가 정확히

일치한 순간, 전자는 눈에 보이지 않는 속도로 「터널」을 통해 상대의 품으로 뛰어든다. 이 「전자 에너지 준위가 정확히 일치한다」라든가 「활성화 에너지의 고개에 간신히 도착한다」라는 표현들은 서로 같은 의미로 이해하여도 무난하다.

고개에 간신히 도착해도 반드시 저 편에 내릴 수 있는 것도 아니었다. 전자의 구름과 수납처의 빈 방이 충분히 겹쳐 있지 않으면 안 된다(즉, 파동함수의 겹침이 필수). 이 겹쳐있는 상태를 「반응의 단열성」이라는 일종의 확률로 표현하였다. 그리고 마지막으로, 산화/환원 쌍의 「상태 밀도 분포도」를 통하여 속도론과 평형론의 관계를 이해하였다.

전극 반응에는, 전자 교환에 앞서 일어나는 중요한 현상이 있다. 산화/환원 분자가 어떻게 해서든 전극 표면까지 오지 않으면 안 된다. 그러한 물질 수송에 대해서는 다음 장에서 생각해 보자. 또, 전극의 표면이 조역은 물론 준주역도 될 수 있는 내권형의 전자이동 반응을 마지막 10장에서 다루게 될 것이다.

Tea time 물리량이나 단위를 나타내는 기호에 대해

전기화학에 관계된 물리량의 단위 중에 전하, 전류, 전압 그리고 정전 용량(Capacitance)등을 나타내는 단위는 각각 C(Coulomb), A(Ampere), V(Volt), F(Faraday)는 전자기학의 기초를 쌓은 C. A. de Coulomb (프랑스, 1736~1806), A. M. Ampère (프랑스, 1775~1836), A. Volta (이탈리아, 1745~1827), M. Faraday (영국, 1791~1867)의 이름에서 파생되었다.

한편, 물리량을 나타내기 위해 전하($Q(q)$), 전류 ($I(i)$), 전압(V), 전위(E), 정전 용량(C)의 문자를 사용하고 있다. 뒤에 3개는 voltage, electric potential, capacitance의 머리글자이니까 알기 쉽지만, Q와 I는 무엇일까. 전자기학이 태동할 무렵, 「전기의 양(Quantity of electricity)」「전기의 힘(Intensity of electricity)」이라는 사고법이 있었고, 전하(Q)와 전류(I)라는 개념이 그 사고법으로부터 나왔다. 「전기의 힘(Intensity of electricity)」은 전류보다 전압 쪽이 적합하지만, 역사상 전류의 연구가 먼저 진행되었기에 그렇게 되었다.

물리량 그 자체는 이탤릭체로 한 문자의 형식으로 나타내는 것을 원칙으로 한다. 거의 유일한 예외가 2문자를 사용하는 pH이다.

참고 수학

물리화학에서는 다음의 두 가지 정적분이 자주 이용된다.

$$\int_{-\infty}^{+\infty} \exp(-ax^2)\mathrm{d}x = \sqrt{\pi/a} \qquad \text{(i)}$$

$$\int_{-\infty}^{+\infty} x^2\exp(-ax^2)\mathrm{d}x = \sqrt{\pi/4a^3} \qquad \text{(ii)}$$

예를 들어 $a=1/4LkT$로 하면 (i)는 $\sqrt{4\pi kTL}$가 되고, 그 역수가 204페이지 식(8.26)의 「규격화 계수」이다. 또, 볼츠만의 법칙(146페이지)에 의하면 계가 에너지 ε를 가질 수 있는 확률은 $\exp(-\varepsilon/kT)$에 비례하므로 입자의 병진 운동 에너지 $(1/2)mv^2$에 대해서는 그 평균값이

$$\int_{-\infty}^{+\infty}(1/2)mv^2\exp(-mv^2/2kT)\mathrm{d}v//\int_{-\infty}^{+\infty}\exp(-mv^2/2kT)\mathrm{d}v$$

로 계산되어 식(i)과 (ii)를 사용하면, m의 값에 관계없이 $(1/2)kT$가 된다(이것을 실제로 확인해 보아라).

9장 분자 · 이온의 흐름

분자나 이온이 전극과 전자를 교환할 수 있는 거리는 표면에서 겨우 10Å (10^{-9}m) 범위까지이다. 따라서 전자이동에 의한 산화/환원 반응이 일어나기 위해서는, 어쨌든 분자나 이온이 그 범위까지 오지 않으면 이야기는 시작되지 않는다. 또, 예를 들어 산화 반응이 진행되면 환원체가 줄어들고 산화체가 늘어나기 때문에, 환원체를 보급하여 산화체로 옮겨 보내는 그런 물질의 흐름이 계면 근처에서 생겨난다. 분자나 이온은 어떻게 옮겨지며 그 흐름과 전류는 어떠한 관계에 있는 것일까.

순환 전압전류 측정기(cyclic voltammetry)는 간편하면서도 매우 유용한 장비로서 전기화학의 분야뿐만 아니라, 화학의 여러 분야에서 사용되고 있다. 순환 전압전류 측정기로부터 구해지는 전압과 전류에 대한 데이터는 물질의 흐름을 반영하고 있으며, 그러한 흐름을 상상할 수 있게 되면 전극 반응이라는 것을 좀 더 확실하게 실감할 수 있게 된다.

9.1 물질의 수송

9.1.1 전극 반응이 진행되면…

용액에 담근 전극(작동전극)의 전위를 적당한 음(negative)의 값으로 하면, 작동전극에서는 산화 반응(anode reaction)이 시작되고 환원체(reduced form)가 소비되어, 전극 계면에서 환원체의 농도가 줄어들게 된다. 한편, 생성된 산화체(oxidized form)는 계면부근에 쌓이기 때문에 물질의 농도가 점점 언밸런스하게 된다. 농도에 얼룩이 생기면 그것을 해소하려고 하는 흐름이 태어난다. 우선 이러한 흐름에 대해 생각하자(2장의 내용 참고).

9.1.2 확　산

전해 계에서 가장 효과가 있는 것은 확산(diffusion)에 의한 흐름이다. 확산에 대한 개략적인 내용은 7장의 후반부에서 설명 되었지만 다시 복습해 두자. 용액 안에 물질의 농도 구배 $\mathrm{d}c/\mathrm{d}x$ (단위 $\mathrm{molcm^{-3}cm^{-1}=molcm^{-4}}$)가 있으면, 그것을 구동력으로 한 유속(플럭스) J(단위 $\mathrm{molcm^{-2}s^{-1}}$)가 생겨난다. 그리고 비례 상수 D(단위 $\mathrm{cm^2s^{-1}}$)를 확산 계수라고 한다(Fick의 제1법칙). 위의 내용을 다시 한 번 정리하면

$$J=-D(\mathrm{d}c/\mathrm{d}x) \tag{9.1}$$

D의 값은 수용액중의 작은 분자나 이온인 경우 $10^{-5}\mathrm{cm^2s^{-1}}$정도의 값이라고 생각해도 좋다. 한편, 농도 구배가 없는 매질 안에서도 확산은 일어나며 ts의 시간 내에 입자가 확산으로 이동하는 평균 거리 $x$cm는 다음 식으로 계산 내진다(171페이지).

$$x=\sqrt{4Dt} \tag{9.2}$$

농도 구배가 있을 때와 없을 때 확산의 속도가 어떻게 다른지 간단한 모델로 살펴보자. [그림 9.1]과 같이, 단면적 $1\mathrm{cm^2}$의 용액 중에서 어느 물질의 농도가 거리 $10^{-3}\mathrm{cm}$ ($10\mu\mathrm{m}$)를 사이에 두고 $10^{-3}\mathrm{M}$ ($10^{-6}\mathrm{molcm^{-3}}$)에서 0까지 직선적으로 변한다고 한다(이러한 농도 구배가 있는 영역을 확산층이라고 한다).

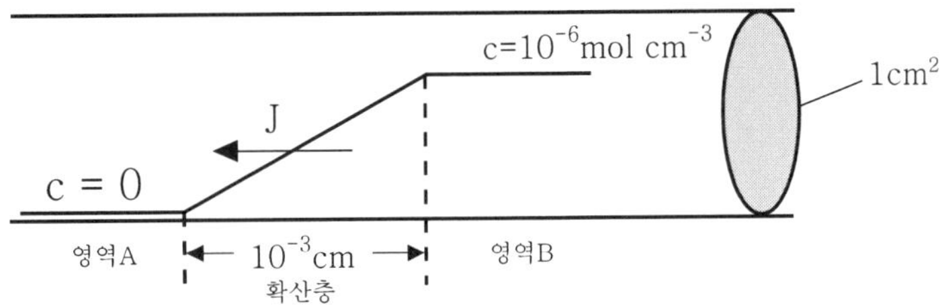

[그림 9.1] 확산 속도에 대한 모델

$D=10^{-5}\text{cm}^2\text{s}^{-1}$로 하면, $\text{d}c/\text{d}x=-10^{-3}\text{molcm}^{-4}$이므로 $J=-10^{-8}\text{molcm}^{-2}\text{s}^{-1}$가 된다. 10^{-8}mol는 영역 B의 길이 0.01cm에 포함되는 물질량이므로 각 입자는 평균 속도 0.01cms^{-1}로 왼쪽으로 수송된다는 것을 알 수 있다.

한편 농도 구배가 없을 때는, 식(9.2)에 t=1s를 대입하면 x=0.006cm가 된다. 움직이는 거리는 절대값으로 반 정도가 되며, 이때의 움직임에는 방향성이 없다. 이것으로 농도 구배의 위력을 실감할 수 있겠다.

문 1 물에 넣은 얼음사탕의 용해를 생각해 보자. 설탕의 농도는 얼음사탕의 표면에서는 포화 농도 (약 6M)이지만 표면으로부터 직선적으로 감소해 10^{-3}cm의 정도로 제로가 된다고 생각한다. 설탕의 확산 계수 D가 10^{-5} cm^2s^{-1}라면 1mol(342g)의 얼음사탕이 다 녹을 때까지의 시간은 얼마나 걸릴까(실제로, 농도는 직선적으로는 변함없다. 또, 용해가 진행되면 확산층이 두꺼워져 농도 구배가 줄어들므로 다 녹을 때까지의 시간은 계산 값보다 상당히 길어진다).

(17,000초=4.7시간)

9.1.3 확산 방정식(Fick's second law)

Fick의 제1법칙은, 어느 순간 어느 장소에서 생기는 농도 구배가 만들어 낸 흐름을 설명해 주는 주고 있다. 확산이 시작되면 농도 분포도 변해가기 때문에, 농도 c는 장소와 시간의 함수가 되어, $c(x, y, z, t)$로 쓰지 않으면 안 된다. 이하에서는 간단히 정리하기 위해 x방향의 확산만을 고려, 농도를 $c(x, t)$로 나타내 보도록 하겠다. 그러면, 농도변화에 대해 거리 x의 변화와 농도의 시간 t의 변화는 각각 $\partial c/\partial x$, $\partial c/\partial t$와 같이 편미분의 형태로 정리할 수 있다.

시간변수를 고려하여 확산에 대해 정리한 것이 피크의 제 2법칙(확산 방정식)으로 다음과 같다.

$$\partial c/\partial t = D\partial^2 c/\partial x^2 \tag{9.3}$$

이 식은 다음의 「참고」에서 유도해 보도록 하자.

참고 **확산 방정식의 유도**

그림과 같이, 단면적이 $1cm^2$이고 길이가 Δxcm인 액체 기둥으로 들어간 유속 $J(x)$가 $J(x+\Delta x)$가 되어 나간다고 한다. 유속의 차원을 생각하면, 액체 기둥 내에서 1초간에 증가하는 물질량은 $J(x)-J(x+\Delta x)$ $[mols^{-1}]$이며, 이것을 액체 기둥의 체적 $(1cm^2 \times \Delta x cm = \cdot \Delta x cm^3)$으로 나눈 것이, 액체 기둥의 내부에서 단위시간에 증가하는 농도 $\Delta c/\Delta t\,[molcm^{-3}s^{-1}]$와 다름없다. 즉 다음의 관계가 성립된다.

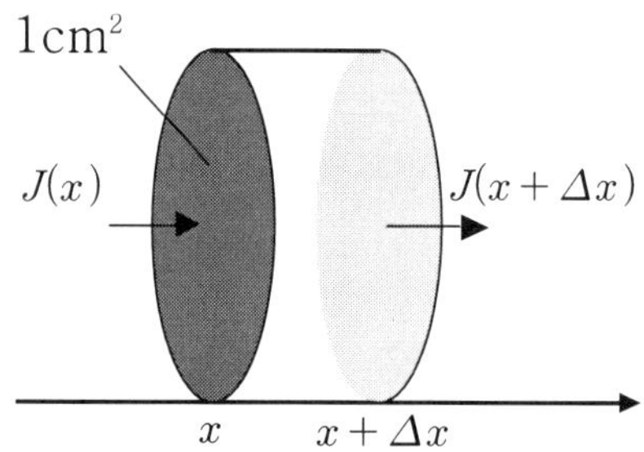

[그림] 액주(liquid column)와 유속

$$\Delta c/\Delta t = [J(x)-J(x+\Delta x)]/\Delta x = -\Delta J(x)/\Delta x \tag{i}$$

이것은 $\Delta x \to 0$의 극한으로 편미분의 형태

$$\partial c/\partial t = -\partial J/\partial x \tag{ii}$$

로 표현할 수 있다. J에 Fick의 제1법칙(본문의 식(9.1))을 대입하면

$$\partial c/\partial t = D\partial^2 c/\partial x^2 \tag{iii}$$

를 얻을 수 있다.

일정한 초기조건과 경계 조건에서 식(9.3)을 적분하면, 어느 장소의 농도가 경시적으로 어떻게 변해 가는지를 알 수 있다. [그림 9.2]가 그러한 계산 결과에 대한 예로서 시각 $t=0$에서 원점에만 존재하고 있던 물질의 확산 이동을 나타낸다.

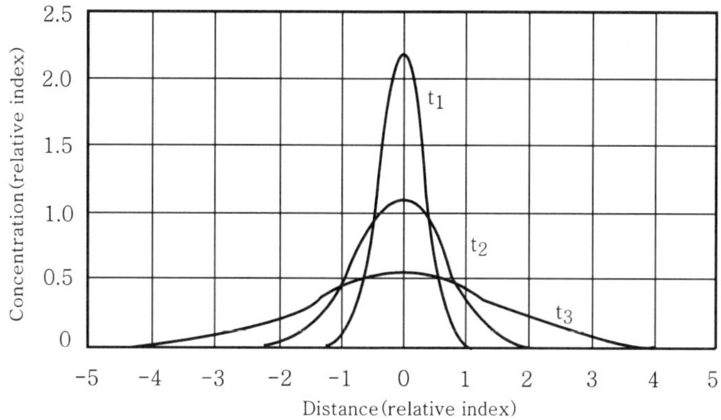

[그림 9.2] 물질의 확산 : 계산 결과의 예(시각 $t_1 < t_2 < t_3$)

• 참고 • 전기 이중층 · 확산층 · 대류층

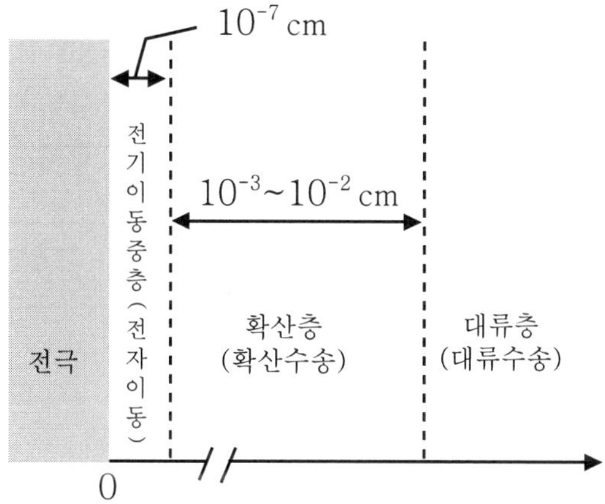

서론에서도 살펴 본 바와 같이, 전극과 전해액의 계면에는 매우 특수한 장소가 존재한다. 전극 표면으로부터의 거리를 d로 하면, 우선 $d < 10^{-7}$cm (10Å)에 전기 이중층이 있고 전극간의 전위차는 대부분이 여기에서 결정되게 된다.

그 다음, 물질의 확산 수송이 진행되는 확산층이 있다. 생성초기의 확산층은 매우 얇지만 전기 분해의 진행과 함께 그 두께가 증가된다(222페이지). 한편, 벌크 전해액에는 온도의 불균일 등이 원인이 되어 크든 작든 대류가 존재한다. 대략적으로 살펴보면, $d > 10^{-2}$cm의 영역은 대류에 의해 물질이 뒤섞여 있으므로 대류층이라고 한다. 즉 확산층의 두께는 상한이 약 10^{-2}cm로 전기 분해를 시작하고 나서 충분히 시간이 흘렀을 때의 하한은 5×10^{-4}cm (5μm) 정도로 생각해도 좋다.

9.2 농도 분포를 눈으로 본다

백문이 불여일견. 전기 분해가 진행되고 있을 때 전극 부근의 용액 내에서 물질의 농도가 어떻게 되어 있을지가 볼 수만 있다면 그 실감도는 깊어질 것이다. 약간 긴 Tea time의 기분으로 그러한 실험의 하나를 소개해 두고 싶다.

9.2.1 빛의 간섭

굴절률이 n인 액체나 고체 안을 진행하고 있는 빛의 파장은 진공 상태의 $1/n$이 된다. 파장이 일정한 레이저 광을 용액에 쬐였다고 하자. 용액의 굴절률은, 용질의 농도가 높은 장소에서는 크고 농도가 낮은 장소에서는 낮다. 빛을 거울을 이용하여 두 개로 나누어, 한 개는 공기를 통과하게 하고(참조광), 다른 한 개는 전극 바로 옆의 액체 층을 통과하게 한 뒤 (시료광) 다시 합류시킨다. 액체 층으로 진행된 빛의 파장이 짧아지는 정도는 장소에 따라 다르다. 액체 층을 빠져나온 물결의 위상이 참조광과 같으면 합류파의 진폭은 2배가 된다(빛의 강도는 진폭의 제곱이므로 4배가 된다-보강간섭(Constructive Interference)). 한편 위상이 정확히 반전되면 두 개의 파장이 서로 지워지게 되므로 어두워진다(빛이 사라지게 된다-상쇄간섭(Destructive Interference)). 위와 같은 내용을 나타낸 것이 [그림 9.3]이다. 합류한 빛을 스크린에 투영시킬 때 나타나는 줄무늬로부터 액체 층의 농도 분포를 알 수 있다.

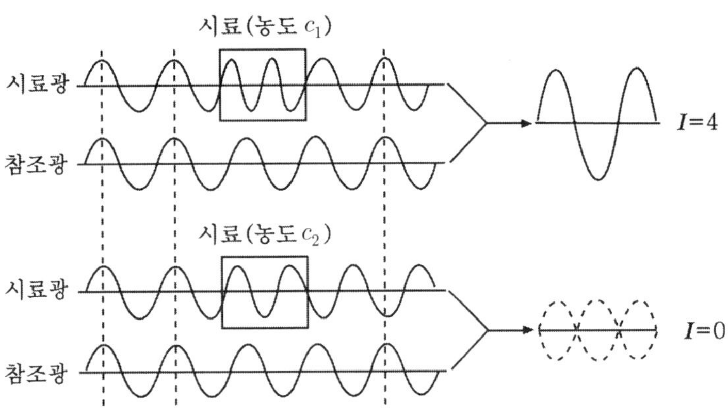

[그림 9.3] 간섭현상에 의한 빛의 보강간섭과 상쇄간섭($c_1 > c_2$)

문 2	물의 굴절률을 1.33으로 하고 진공 중에서 파장 600nm의 빛이 수중으로 나아갈 때의 파장과 속도를 계산해 보아라.
	(파장 450nm, 속도 $2.3\times10^{8}ms^{-1}$)

9.2.2 관측 예

농도 0.1M의 황산구리 수용액에, 1mm정도 간격을 두고 두 개의 구리철사(전극)를 상/하 수평으로 붙인다. 그리고 적당한 전압을 걸게 되면 양극에서는 $Cu \rightarrow Cu^{2+} + 2e^-$의 용해가 일어나 Cu^{2+}이온의 농도가 증가하고, 음극에서는 $Cu^{2+} + 2e^- \rightarrow Cu$의 석출이 일어나 Cu^{2+}의 농도가 감소하게 된다. 그 모습을 레이저광의 간섭무늬로 살펴보면 다음과 같다.

[그림 9.4] (b)는 하부 전극을 양극으로 고정한 조건으로, Cu^{2+}의 농도가 아래쪽일수록 높고 위쪽일수록 낮다. 농도 분포가 전극과 평행으로 깨끗한 등고선으로 표현되고 있다. 비디오를 연속 화면으로 보면, Cu^{2+}가 아래에서 위로 확산으로 운반되는 모양을 잘 알 수 있다.

한편 (a)는 상부가 양극인 실험 조건이다. 무거운 Cu^{2+}가 위쪽에서 점점 증가하기 때문에, 용액 속에서는 중력에 의해 「머리」를 지탱할 수 없게 되어 대류 현상이 시작된다. 이 대류를 레일리 · 베나르 대류(Rayleigh-Bénard convection)이라고 한다. 상승류와 하강류가 규칙성 있게 배열된 모습이 농도 분포의 패턴이라고 할 수 있다.

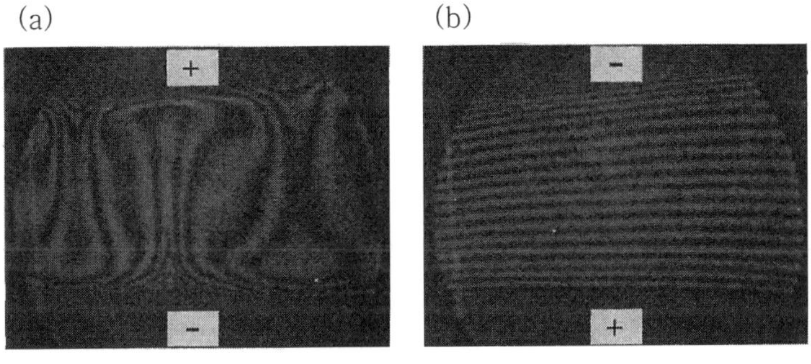

[그림 9.4] 황산구리 수용액의 전기 분해로 관찰된 간섭무늬
서로 이웃한 줄무늬 사이에는 Cu^{2+}의 몰 농도로 약 0.01M의 차이가 있다.

이와 같이, 조금만 고찰을 하면 전극과 전해액의 계면에 생기는 농도 분포와 그 변화(확산 이동, 대류 이동)를 쉽게 관찰할 수 있다.

문 3 [그림 9.4]의 상하 방향으로 온도 차이를 유도해도 간섭무늬를 관측할 수 있고, 그 변화로부터 열 흐름을 조사할 수 있다. 위쪽을 저온, 아래쪽을 고온으로 하면 간섭무늬의 패턴은 [그림 9.4]의 (a)와 (b) 어느 쪽에 가까울까.

(a. 된장국의 표면 근처에 생기는 유동도 이것)

문 4 스페이스셔틀 안(무중력 상태)에서 [그림 9.4]의 실험을 하면 간섭무늬의 패턴은 어떻게 될까.

9.3 물질의 공급 속도로 정해지는 전류

9.3.1 전극 표면에서 농도는 0?

전위 E의 전극에서 환원 반응이 진행되고 있다고 한다. 반응은 가역적으로 진행되며 전극 표면의 산화체의 농도를 c_O, 환원체의 농도를 c_R로 하자. 산화/환원 쌍과 전극이 평형이 되었을 때의 농도비 c_O/c_R는 Nernst식으로 부터

$$c_O/c_R = \exp[nF(E-E°)/RT] = \exp[(E-E°)/0.026] \tag{9.4}$$

로 나타내진다. 위 식에서는 25℃에서 전자 하나의 이동($n=1$)을 가정하였다. 평형 전위와의 차이($E-E°$)가 −0.2V보다 음의 값을 갖게 되면, c_O/c_R는 0.0004 이하가 되어, 산화체의 표면 농도는 사실상 0으로 생각해도 좋다.

만약 전류의 크기가 전자이동의 속도로 정해진다면, 환원 전류 I는

$$I = -nFAk\_c_O \tag{9.5}$$

라고 할 수 있다(7장). 표면에서 $c_O=0$이라면, $I=0$이 되어야 하지만 실제로는 환원 전류가 흐르고 있다. 이러한 현상의 배경에 있는 것이 확산 수송으로, 이것에 대해서도 7장의 뒷부분에서 접하였지만 다시 한 번 더 살펴보도록 하자.

문 5 $E-E°$가 -0.3V 및 $+0.05$V일 때, 전극 표면에서의 평형 농도의 비 c_O/c_R는 각각 얼마가 될까.

(10^{-5}, 6.8)

9.3.2 확산에 의한 전류

전철 매표소의 자동판매기를 생각해 보자. 판매기가 1대일 때는 사람들의 행렬이 생기게 된다. 사람이 모이는 속도에 표를 발행하는 속도가 따라잡을 수 없기 때문에, 전체의 흐름이 표를 발행하는 속도로 정해져 버리게 된 것이다. 자동판매기를 2대, 3대…로 늘리면 행렬은 점점 짧아져 마침내 완전히 없어진다. 이 때 전체 흐름의 속도는 사람이 모이는 속도와 같은 속도로 흐르게 된다. 표를 발행하는 속도($\propto$ 판매기의 대수)를 전자이동 속도, 사람이 모이는 속도를 확산 수송의 속도로 바꿔 읽으면 전기 분해에 의한 전류의 이야기가 된다.

즉, 전위가 충분히 (−)의 값을 갖고 있을 때, 산화체는 벌크 용액으로부터 표면으로 확산에 의해 옮겨져 표면에 도착한 순간에 환원된다. 다시 말하면, 표면으로의 수송 속도보다 환원 속도가 훨씬 크기 때문에 표면에서의 정상 농도는 거의 제로가 된다.

단위시간, 단위면적 당 전극 표면으로 확산에 의해 옮겨지는 유속 J_O(mol cm^{-2}s^{-1})는, 표면에서의 농도 구배$(\mathrm{d}c_O/\mathrm{d}x)_{x=0}$를 사용하여 다음과 같이 표현할 수 있다.

$$J_O = -D_O(\mathrm{d}c_O/\mathrm{d}x)_{x=0} \qquad (9.6)$$

표면에 부딪치자마자 환원된다면, 전류 밀도 i는 다음 식으로 나타내진다.

$$\begin{aligned} i &= -nFJ_O \\ &= nFD_O(\mathrm{d}c_O/\mathrm{d}x)_{x=0} \end{aligned} \qquad (9.7)$$

물질의 확산수송 속도가 전류의 크기를 결정하는 상황을 확산지배(diffusion controlled)라고 한다. 이 때 전류는 「물질의 농도 구배×확산 계수」에 비례한다. 한편, 전자이동의 속도가 전류의 크기를 결정하는(전자이동지배, electron transfer controlled) 전류는 식(9.5)과 같이 「물질의 표면 농도×전자이동 속도」라고 할 수 있다. 이 차이에 주의하자.

문 6 1전자 반응에 의해 환원되는 산화체의 농도가 벌크 용액의 값 10^{-3}M부터 전극 표면의 값 10^{-4}M까지 거리 10^{-3}cm에 걸쳐서 직선적으로 변한다고 한다. 전자이동의 속도상수 k_-가 $1 cms^{-1}$ 확산 계수 D_O가 10^{-5} cm^2s^{-1}라면, 식(9.5)에서 계산되는 전류 밀도와 식(9.7)에서 계산되는 전류 밀도는 각각 얼마인가.

($9.7 \times 10^{-3} Acm^{-2}$, $8.7 \times 10^{-4} Acm^{-2}$)

9.3.3 전류와 시간의 관계 : Cottrell equation

산화체의 환원에 대해 다시 생각해 보자. 전극의 전위를 환원 반응이 진행될 수 없는 (+)의 값에서 (−)의 값으로 갑자기 바꾸어 보자. 이 때, 표면의 산화체는 신속하게 환원되어 농도는 거의 제로가 된다고 하자. 이후에는 확산지배에 의한 전류만이 흐른다. 그 시간 변화는 어떻게 될까.

a. 정성적인 예상

환원 반응이 시작되면 표면 부근에서 환원체가 늘어난다[그림 9.5]. 산화체의 농도는 전극 표면에서는 제로가 되어도 전극으로부터 먼 거리의 벌크 용액에서는 일정한 값 c_{Ob}로 유지되고 있다. 반응의 초기에는 이 값이 제로에 떨어지는 표면까지의 거리가 짧기 때문에 농도 구배가 크고 확산지배에 의한 전류도 크다.

반응이 진행됨에 따라 표면 부근의 산화체의 농도는 점점 줄어들고 확산이 일어나는 영역 (확산층의 두께)이 확장된다. 그 때문에, 전극 표면에서의 농도 구배는 작아져, 비례해 전류값도 내려간다고 예상된다.

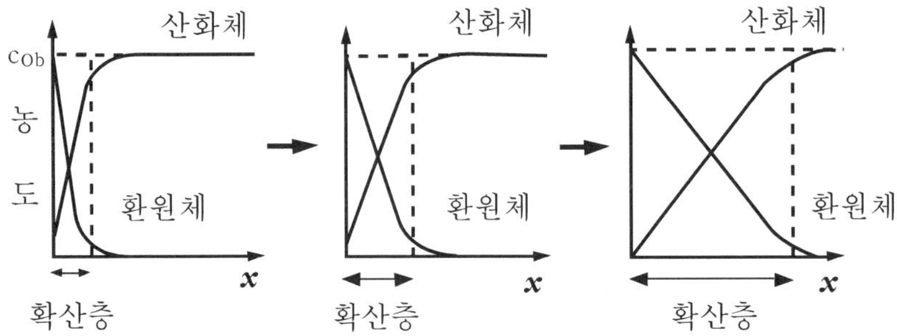

[그림 9.5] 전극 반응이 진행되면 확산층이 확장된다

b. 정량적인 취급

산화체의 확산 수송을 나타내는 식(9.3)을

$$t=0,\ x \geqq 0 \text{일 때 } c_O = c_{Ob} \qquad \text{(초기조건)}$$

$$t>0,\ x=0 \text{일 때 } c_O = 0;\ x\to\infty \text{일 때 } c_O \to c_{Ob} \qquad \text{(경계조건)}$$

의 조건으로 풀어 보면, 표면에서의 전위 구배$(\mathrm{d}c_O/\mathrm{d}x)_{x=0}$를 시각 t의 함수로 나타낼 수 있고, 그것을 식(9.7)에 대입하면 시간 변화에 따른 전류량을 계산할 수 있다.

편미분 방정식(9.3)은 보통 Laplace 변환을 사용하여 푼다. 과정은 생략하고 결과만 쓰면 다음과 같이 된다.

$$c_O(x,t) = c_{Ob}\int_0^{x/2\sqrt{Dt}} \exp(-z^2)\mathrm{d}z \tag{9.8}$$

위와 같은 순서로 전류 밀도 $i(t)$로 고친 뒤 전극 면적 A를 곱하면, 전류 I가

$$I(t) = -nFA\,D_O c_{Ob}\pi^{-1/2}t^{-1/2} \tag{9.9}$$

로 구해진다. 즉 전기 분해에 의한 전류의 절대값은 시각 t의 제곱근에 반비례하는 형태로 줄어든다[그림 9.6]. 식(9.9)을 코트렐(Cottrell) 식이라고 한다. [그림 9.6]의 직선의 기울기는 $nFAD_O c_{Ob}\pi^{-1/2}$로 이 중 산화체의 농도 c_{Ob}와 전극의 표면적 A를 알고 있으면 확산 계수 D_O의 값을 계산할 수 있다(A를 정확하게 측정하는 것이 그렇게 간단하지 않지만).

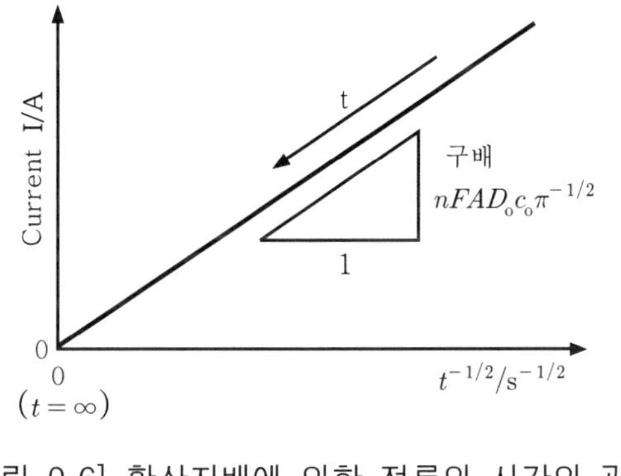

[그림 9.6] 확산지배에 의한 전류와 시간의 관계

문 7 확산 계수가 $D=10^{-5}cm^2s^{-1}$인 분자가 면적 $0.02cm^2$인 전극에서 1전자 반응에 의해 산화된다. 용액중의 농도를 $10^{-3}M$ $(10^{-6}molcm^{-3})$로 하고 세로축과 가로축에 구체적인 수치를 눈금으로 해서 [그림 9.6]을 그려 보아라.

문 8 용액 내에 완만한 대류가 있는 경우, 전류와 시간의 관계를 [그림 9.6]과 같은 형태로 그래프로 그린다면 시간이 충분히 경과했을 때(그림의 원점 부근)의 전류 값은 직선으로부터 상히 어느 쪽으로 벗어나게 될까. (상)

9.3.4 시간의 흐름으로

9.3.3에서는 반응 물질(산화체)의 표면 농도가 제로가 된 뒤의 현상만을 생각하였다. 좀 더 짧은 시간의 부분도 포함해 살펴보도록 하자.

서론에서도 살펴 본 것처럼, 전위를 급격히 변화 시키고 나서 약 0.01초대의 시간 내에는, 극히 적은 양의 이온이 급격히 움직여 계면의 전기 이중층에서 전하 분포를 형성하게 된다. 이것을 전기 이중층의 충전이라고 한다. 또, 이 때 일시적으로 흐르는 전류는 전극과의 전자 교환를 수반하지 않기 때문에 비패러데이 전류(nonfaradaic current)라고 부른다.

전기 이중층의 충전이 끝나면, 드디어 산화체의 환원이 시작되고, 그때의 표면 농도는 그 곳에 걸린 전위와 평형을 이루기 위해 점점 줄어들게 된다. 표면 농도가 초기 값이 c_{Ob}부터 제로 근처까지 떨어지는데 흐르게 되는 전류는 전자이동 지배(electron transfer controlled)의 패러데이 전류이며, 그 크기에는 전자이동 속도에 대한 정보가 포함되어 있다.

산화체의 표면 농도가 줄어듦에 따라 확산에 의한 물질 수송이 시작된다. 산화체의 표면 농도는 확산공급 속도와 반응으로 소비되는 속도의 균형으로 정해지며, 반응속도가 증가하게 되면 결국은 거의 제로가 된다. 이후의 전류는 물질 수송의 속도만으로 정해지기 때문에 전자이동 속도에 대한 정보는 사라져 버리게 된다.

물질 수송의 세력이 매우 강해진 시점에서도, 반응 물질의 표면 농도를 계산하여 확산지배(diffusion controlled)에 의한 전류에 포함된 전자이동 전류의 크기를 밝혀 낼 수만 있다면, 속도상수를 알 수 있지만, 더 자세한 것은 전문서적을 참고하기 바란다.

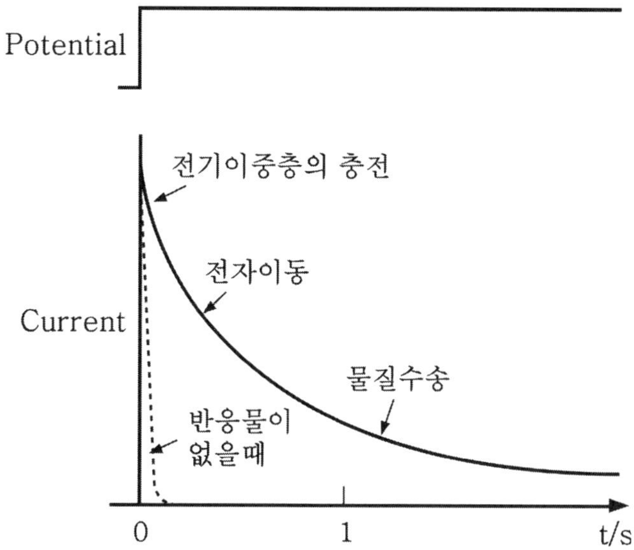

[그림 9.7] 전위를 급격히 변화시키면, 우선 이중층의 충전, 그 다음 전자이동, 마지막으로 물질 수송을 반영한 전류가 흐른다.

문 9 [그림 9.7]에서 물질 수송이 주력이 되고 난 후의 확산층 모습은 [그림 9.5]의 이미지와 유사하다. 그럼, 그 전에 전자이동지배(electron transfer controlled) 단계에서의 확산층은 시간에 따라 어떻게 바뀌어 갈까.

9.4 순환 전압전류 측정(Cyclic voltammetry)

9.4.1 전위를 흔든다

전극 전위를 일정 범위 내에서 자동적으로 왕복시키면, 그 범위에서 $E°$를 갖고 있는 어떤 물질의 산화/환원 쌍에 대한 반응전류를 측정할 수 있고, 이 반응전류의 데이터로부터 그 물질에 대한 다양한 정보를 얻을 수 있다. 이러한 실험방법을 순환 전압전류 측정(cyclic voltammetry. 보통 CV 또는 사이클릭 볼타메트리라고 함)이라고 한다. 순환 전류전위 측정에는 [그림 9.8]과 같은 시스템을 사용한다.

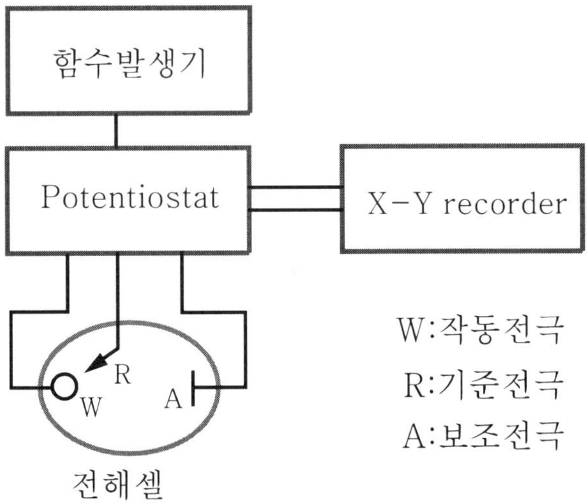

[그림 9.8] Cyclic voltammetry

9.4.2 전류-전위 곡선 : Cyclic voltamogram

가역적으로 1전자 반응인 산화/환원계에 대해 사이클릭 볼타메트리를 측정하면, [그림 9.9]와 같은 전류-전위 곡선을 얻을 수 있다. 전위를 (+) 또는 (-)로 변화시키는 것을 전위의 주사(走査, scanning)라고 하며, 얻어진 곡선을 순환 전류-전위 곡선(혹은 전류-전위 곡선, Cyclic voltamogram)이라고 한다. 전류-전위 곡선은 보통 전위를 가로축 전류를 세로축으로 하며, 전위는 오른쪽이 (+), 전류는 위쪽이 산화 전류(anode current)가 되는 형태로 표현하지만, 다른 형식을 사용하고 있는 논문이나 책도 있으므로 주의하기 바란다.

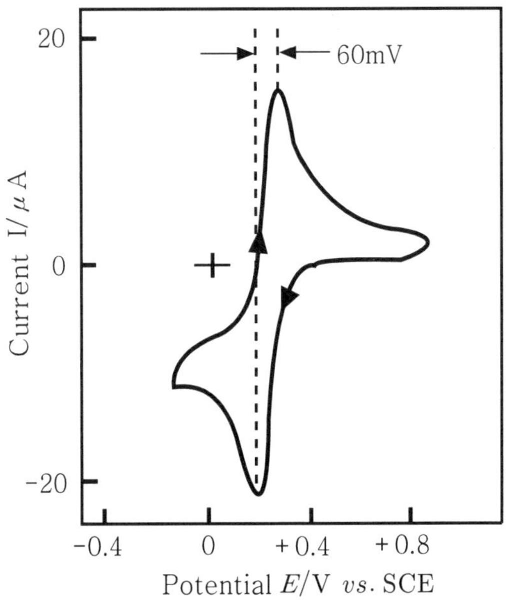

[그림 9.9] 산화/환원계 $Fe(CN)_6^{3-}/Fe(CN)_6^{4-}$의 전류-전위 곡선

전극의 전위를 (+)의 방향으로 주사해 나가면, 일정한 전위로부터 $Fe(CN)_6^{4-}$가 전극으로 전자를 건네주는 산화 반응이 시작되어 산화전류(anode current)가 흐른다. 산화 반응이 진행됨에 따라, 계면의 $Fe(CN)_6^{4-}$ 농도는 내려가므로 전류는 피크를 통과한 뒤 줄어들기 시작해 거의 일정한 값으로 안정성이 유지된다.

계면에서는 $Fe(CN)_6^{4-}$가 소모됨에 따라 생성물인 $Fe(CN)_6^{3-}$이 늘어난다. 그 때문에, 전위를 (−)의 방향으로 되풀이하면, $Fe(CN)_6^{3-}$의 환원이 일어나면서 환원전류(cathode current)가 흐르게 된다. 이 환원전류에서도 산화전류와 같이 피크가 나타난다. 산화 피크와 환원 피크의 중간점에 해당하는 전위가 $Fe(CN)_6^{3-}/Fe(CN)_6^{4-}$의 겉보기 전위 $E^{\circ\prime}$(80 페이지 참고)가 된다.

문 10 산화체만 녹인 용액을 격렬하게 교반시키면서 사이클릭 볼타메트리를 측정하였다. 전위를 우선 (−)의 방향으로 주사하고 나서 (+)의 방향으로 되풀이했을 때 전류전위 곡선은 어떤 형태가 될까.

9.4.3 사이클릭 볼타메트리 측정으로부터 알 수 있는 것

사이클릭 볼타메트리에 의해 측정된 곡선은 전기 분해되는 반응의 특성에 따라 다르게 나타난다. 특히 분자 한 개에서 교환되는 전자의 수, 전극과 전자를 교환하는 속도, 분자가 확산되는 정도(확산 계수) 등이 전류전위 곡선의 형태를 크게 좌우한다. 이러한 부분의 내용들은 1960년대부터 이론 해석이 진행되어 왔다.

전기 분해 반응은 물질 수송과 전자 교환반응이 순차적으로 진행되는 프로세스이며, 이 때 소모되는 전류의 크기는 속도결정단계에 있는 반응의 속도로 정해진 다는 것은 지금까지 수차례 강조 해 왔다. 이러한 논리들은 전류전위 곡선에 대해서도 성립된다. 즉, 전자 교환이 빠를 때는 전류전위 곡선으로부터 주로 물질 수송의 속도를 알 수 있고, 전자 교환이 늦을 때는 전자 교환속도 그 자체의 정보를 얻을 수 있다. 이와 같은 두 가지 경우에 전류전위 곡선으로부터 무엇을 알 수 있을지 살펴보도록 하자.

a. 전자이동이 빠를 때

전자이동이 빠르면, 전극의 표면에서는 항상 전기화학적으로 평형이 성립되고 있기 때문에 전위 주사에 따른 산화체와 환원체의 농도비는 Nernst 식에 맞는 값이 된다. 그러한 계를 가역적인 산화/환원계 라고 한다. 가역적인 계에서는 전위의 주사 속도를 바꾸어도 전류가 피크를 나타내는 전위(피크 전위)는 움직이지 않는다.

(i) 움직이는 전자의 수를 결정한다

이론적인 해석으로부터 가역계의 피크 전위차(산화전류 피크와 환원전류 피크의 전위차)는 대략 $2.3RT/nF$가 되는 것을 알 수 있다. 25℃라면 1전자 반응($n=1$)에서 약 60mV, 전자 두개의 이동으로는 30mV가 된다. 반복하지만, 이것은 전자이동이 빠른 가역적인 반응계에만 적용되는 논리이다.

(ii) 확산 계수를 결정한다

가역계에서는 전극 반응속도의 정보는 얻을 수 없는 대신에, 반응 물질이 벌크 용액으로부터 전극 표면까지 옮겨가는 속도를 알 수 있다. 가역적으로 1전자 반응에 대한 교환계에 대해 전위의 주사 속도 v를 바꾸면서 측정한 전류전위 곡선의 예를 [그림 9.10]에 나타냈다. v가 커질수록 전류가 증가하는 것을 알 수 있을 것이다.

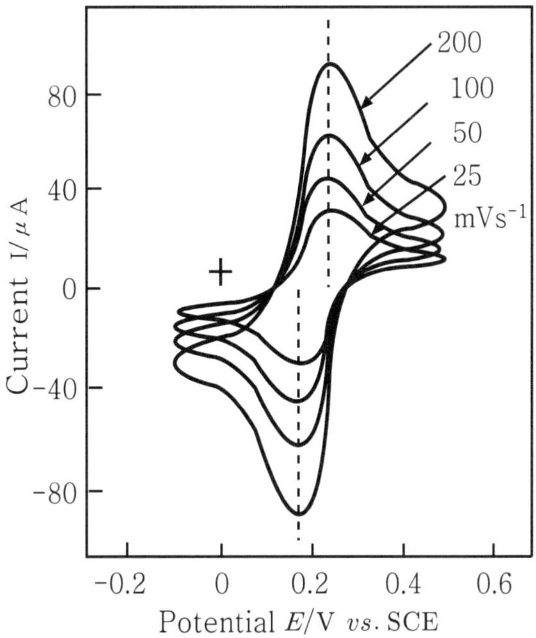

[그림 9.10] 전위의 주사 속도v가 변하는 가역계의 전류전위 곡선

전위의 주사 속도 v가 커지게 되면 확산층이 충분히 성장하지 않은 상태에서 (물질의 농도 구배가 크다) 계면의 평형 농도가 바뀌므로 확산 수송이 빠르게 일어나게 되며, 그에 따라 발생 전류량이 증가하게 되는 것이다. 이론 해석의 결과에 의하면 피크 전류 값 I_p(A)는 이동 전자수 n, 전극 면적 $A(\mathrm{cm}^2)$, 확산 계수 $D(\mathrm{cm}^2\mathrm{s}^{-1})$, 전위의 주사 속도 $v(\mathrm{Vs}^{-1})$, 물질의 농도 $c(\mathrm{mol\,cm}^{-3})$를 사용하면 다음과 같이 표현할 수 있다.

$$I_P = 2.69 \times 10^5 n^{3/2} A D^{1/2} v^{1/2} c \tag{9.10}$$

식(9.10)에 의거하여 [그림 9.10]의 피크 전류를 세로축, 전위 주사 속도 v

의 제곱근을 가로축으로 한 그래프를 그리면 직선이 된다. 이동 전자수 n, 전극 면적 A, 농도 c가 다른 분석방법으로부터 밝혀져 있다면, 그래프의 기울기로부터 확산 계수 D를 계산할 수 있다.

문 11 그림 9.10으로부터(필요하면 확대 카피해서) 전류와 주사 속도의 관계를 찾아 낸 뒤, 식(9.10)을 사용하여 확산 계수를 계산해 보아라. 전극의 면적은 $0.1\,\text{cm}^2$, 농도는 10^{-3}M (10^{-6}molcm^{-3})로 한다.

($D = 1.4 \times 10^{-5}\,\text{cm}^2\text{s}^{-1}$)

b. 전자이동이 늦을 때

전극에서 일어나는 전자이동의 속도상수는 반응에 따라 8 자릿수로도 10 자릿수로도 바뀐다. 전자이동 속도가 매우 느리다면 표면 부근의 농도는 거의 일정으로 유지되므로, 전류의 크기는 전자이동 속도 그 자체를 반영하게 된다.

(i) 정성적인 설명

전위의 주사속도가 너무 빠르면 전위 변화를 반응계가 따라잡을 수 없게 된다. 다시 말하면, 산화체와 환원체의 표면 농도는 Nernst 식에 의한 평형농도를 구할 수 없게 되기 때문에 전류전위 곡선의 형태가 일그러지게 된다.

구체적으로는, 산화피크 전위 E_{pa}와 환원피크 전위 E_{pc}의 차이(피크 전위차 ΔE_{p})가 넓어지게 된다. 가역적 1전자 반응인 계에서 약 60mV의 일정한 값이었던 ΔE_{p}는, 전자이동이 느린 계에서는 60mV보다 커지게 되며, 이러한 차이는 전위 주사속도가 빠를수록 커지게 된다. 그렇다면, 전위 주사 속도 v와 피크 전위차 ΔE_{p}의 관계로부터 전자이동 속도의 크기를 짐작할 수 있을 것이다.

(ii) 전자이동 속도를 구한다.

이론은 매우 어렵기 때문에 생략하고, 전류전위 곡선으로부터 전자이동의 속도상수를 계산해 내는 순서만 소개할까 한다(단, 전자 한 개만이 관여된 1전자 반응계에 한한다). 구해지는 것은 $\Delta G°$가 0일 때의 속도상수(표준 전자이동 속도상수) k_{eq}이다.

실험적으로는 전위에 대한 주사 속도 v(Vs^{-1})를 여러 가지로 바꾸면서 피크 전위차 ΔE_p(mV)를 측정한다. 주사범위는 각각의 피크의 양 쪽, 적어도 90mV는 떨어진 전위 범위에서 측정한다.

[표 9.1] 피크 전위차 ΔE_p와 무차원수 Q의 관계

ΔE_p/mV	61	63	64	65	66	68	72
Q	20	7	6	5	4	3	2
ΔE_p/mV	84	92	105	121	141	212	
Q	1	0.75	0.50	0.35	0.25	0.10	

그 다음, 측정한 ΔE_p값(mV)을 [표 9.1]의 데이터로 부터 무차원수 Q로 환산한다(미리 ΔE_p와 Q의 그래프를 그려 두면 좋다). 이 Q값과 확산 계수 D (cm^2s^{-1}), 전위 주사 속도 v(Vs^{-1})는 전자이동에 대한 속도상수 k_{eq}(cms^{-1})와 다음의 관계에 있다.

$$k_{eq} = 11.0QD^{1/2}v^{1/2} \tag{9.11}$$

다만 이것은 산화체와 환원체가 동일한 확산 계수(D)를 갖고, 비대칭 파라미터 α가 0.5, 온도가 25℃일 때의 계산식이다.

문 12 $D=10^{-5}cm^2s^{-1}$인 분자의 전류전위 곡선으로 전위의 주사속도 v가 $10Vs^{-1}$일 때 피크 전위차 ΔE_p가 72mV였다.

(1) 표준 전자이동 속도상수 k_{eq}는 얼마인가.

(2) 농도를 $10^{-3}M(10^{-6}molcm^{-3})$로 가정하고, 119페이지의 식(7.5)을 참고하여 교환 전류 밀도 i_0를 계산해 봐라

(3) 주사 속도를 $50Vs^{-1}$에 올리면 피크 전위차 ΔE_p는 얼마가 되는지 추정해 보아라.

($0.22cms^{-1}$)($21mAcm^{-2}$)(약 87mV)

문 13 전극 표면이 더러워지면 피크 전위차는 커진다. 왜일까.

9.4.4 비가역 반응의 전류전위 곡선

9-Chloromethyl anthracene를 사이클릭 볼타메트리를 이용하여 전류-전위관계를 측정하면, 환원 전류의 피크는 나타나지만 전위를 실제로 되풀이해도 산화 피크는 관측할 수 없다(그림 9.11). 환원된 9-Chloromethyl anthracene이 신속하게 화학 변화해 버리기 때문이다. 이러한 경우에는, 산화/환원의 겉보기 전위 $E^{\circ\prime}$는 결정할 수 없다.

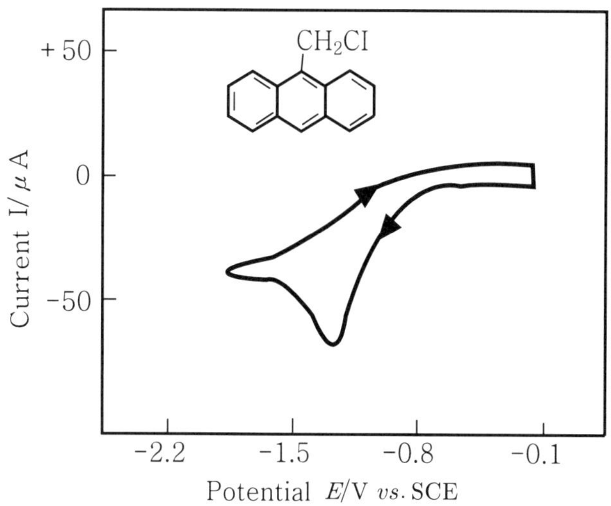

[그림 9.11] 9-Chloromethyl anthracene의 전류전위 곡선

전극에서 생성되는 생성물의 화학변화는 순간적으로 일어나는 것이 아니고 일정한 시간이 걸린다. 따라서 전위주사 속도 v를 충분히 크게 하면 아직 화학변화하고 있지 않은 환원체나 산화체의 재산화(reoxidation) 또는 재환원(rereduction)에 의한 전류 피크도 관측할 수 있게 된다. 최근, 이러한 목적을 위해서, 10^3~10^5 Vs^{-1}이라는 아주 빠른 전위 주사를 할 수 있는 측정 장치가 개발되고 있다.

10장 표면 반응의 세계

지금까지 전극은 전자가 들어오고 나가는 통로의 역할로서만 다루어왔다. 즉 전극의 특성에 대해서는 전혀 언급해 오지 않았다. 그러나 실제 사용되고 있는 전극은 그렇게 간단하지는 않다. 분자를 1억 배로 확대했다고 하자. 만약 분자에 눈이 있다면, 자신의 몸은 직경 약 1cm의 공에 연결된 모습으로 보일 것이고, 전극의 표면도 공이 배열된 울퉁불퉁한 무대로 보일 것이다. 서로 끌어당기는 공도 있고 외면하는 공들도 있다. 끌어당기는 힘이 강하면 분명 분자는 표면에 잡힌 채로 전자 교환을 할 것이다. 이 부분의 상황을 이해하려면, 「원자/분자의 시각」을 갖고 있지 않으면 안 된다.

겉보기에는 단순해 보여도 그 내용은 그리 간단하지만은 않다. 수학계에서는 「3 이상의 정수 n과 자연수 x, y, z의 사이에 $x^n+y^n=z^n$은 성립되지 않는다」라는 페르마의 마지막 정리(Fermat's last theorem)가 증명 될 때까지 350년이나 걸렸다. 전극 반응에서도 $2H^+ + 2e^- \rightarrow H_2$의 메커니즘도 아직 정확하게 설명되지 않고 있으며, 산소 발생의 메커니즘까지 이야기가 확대되면 차라리 미로에 가깝다(미궁에 빠진 건 아니라 해도). 「공」의 특성이 일을 복잡하게 해 버리기 때문이다. 이 장에서는 전극 표면(의 원자들)이 주요 기능을 하게 되는 전자 이동 반응에 대하여 살펴보도록 하자.

10.1 표면에 고정된 분자의 전극 반응

분자를 한 층(단분자층)만 전극표면에 고정하면 전극 반응은 어떤 형태로 진행될까. 물론 확산 수송 등은 일어날 리 없다.

10.1.1 전기분해 전류의 크기

우선, 어느 정도의 전류가 흐르게 될지 생각해 보자. 한 개의 분자가 표면에서 $100\,\text{Å}^2$ (1nm^2)의 면적을 차지한다고 하면, 1cm^2에는 10^{14}개의 분자가 배열된다. 그리고 전자 교환은 충분히 빨리 일어나기 때문에 산화체와 환원체의 농도비는 Nernst 식에 따른다고 하자. 평형 전위로부터 ±200mV정도 벗어나게 되면 분자는 산화체나 환원체 중 어느 한 쪽으로만이 진행된다고 생각해도 좋다.

1전자 반응이라면 움직이는 전하의 표면 밀도는 $1.6\times10^{-19}\text{C}\times10^{14}\text{cm}^{-2} = 1.6\times10^{-5}\text{Ccm}^{-2}$가 된다. 합계 400mV의 범위를 100mVs^{-1}로 주사하면 4초 걸리게 되므로, 전류의 평균값은 $1.6\times10^{-5}\text{Ccm}^{-2}\div4\text{s}=4\times10^{-6}\text{Acm}^{-2}$ 즉 $4\,\mu\text{Acm}^{-2}$가 되어, 보통의 장치로 편하게 측정할 수 있다(조금 고급 장치라면 10^{-10}A이하의 측정도 용이하다).

문 1 원자 수준으로 봐도 평활한 Ag결정의 (100)면에는 Ag원자가 정방형의 격자로 배열되어 있다. 전기 분해에 의해 Ag결정의 표면에 단원자층의 Ag_2O 산화피막을 형성시켰을 때 $192\mu\text{Ccm}^{-2}$의 전기량이 흘렀다. 격자의 한 변의 길이는 몇 Å인가($1\text{Å}=10^{-8}$cm).

(2.89Å)

10.1.2 표면 단분자층의 Cyclic voltamogram

고정분자의 전류전위 곡선은 어떤 형태가 될까. P_O와 P_R을 각각 산화체와 환원체의 표면 밀도(molcm^{-2})라고 할 때, 전류 I는 다음과 같이 표현할 수 있다.

$$I=nFA(\mathrm{d}P_O/\mathrm{d}t)=-nFA(\mathrm{d}P_R/\mathrm{d}t) \tag{10.1}$$

분자가 분해되지 않는다고 가정하면,

$$P_O + P_R = 일정 = C \tag{10.2}$$

또, 표면에서의 농도비는 Nernst 식에 의해,

$$P_O/P_R = \exp[nF(E - E^\circ)/RT] \tag{10.3}$$

라고 할 수 있다. 그리고 전위의 주사 속도 $v(\mathrm{Vs^{-1}})$를 다음의 관계식으로부터 유도하면

$$\mathrm{d}P_O/\mathrm{d}t = (\mathrm{d}E/\mathrm{d}t)(\mathrm{d}P_O/\mathrm{d}E) = v(\mathrm{d}P_O/\mathrm{d}E) \tag{10.4}$$

전류 I는

$$I = \frac{(n^2F^2/RT)vAC\exp[nF(E - E^\circ)/RT]}{1+\exp[nF(E - E^\circ)/RT]^2} \tag{10.5}$$

라고 정리할 수 있다[그림 10.1]. 산화 전류의 피크와 환원 전류의 피크가 같은 위치의 전위(E°)에서 보이는 것을 알 수 있다.

피크 전류 I_p는, 식(10.5)에 $E = E^\circ$를 대입하면

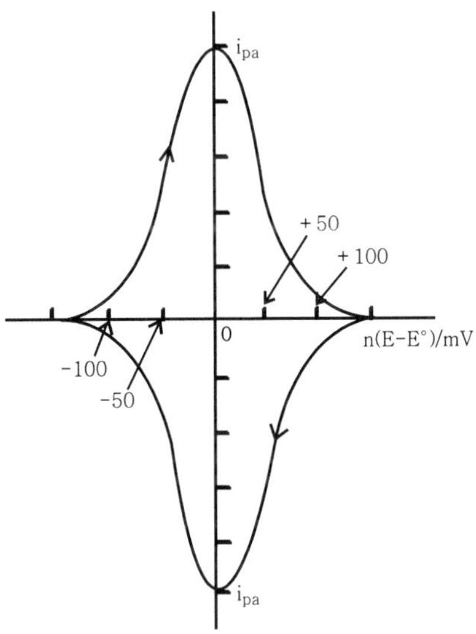

[그림 10.1] 표면에 고정된 분자의 Cyclic voltamogram

$$I_p = n^2F^2vAC/4RT \tag{10.6}$$

가 된다. I_p는 용액 내 분자의 전극 반응에서는 전위 주사 속도 v의 제곱근에 비례하였는데(9장), 표면에 고정된 분자에서는 v 그 자체에 비례한다는 큰 차이가 있다.

문 2 식(10.5)와 식(10.6)을 유도해 보아라.

문 3 분자 한 개의 점유 면적이 100Å^{2}인 물질이 1cm^2 전극 표면에 치밀하게 덮여 있을 때, v=100mVs^{-1}의 주사속도로 전위를 변경시켜나가면 피크 전류의 밀도는 얼마나 될까. 1전자 반응으로 계산해 보아라.

(15.6μAcm^{-2})

10.2 물의 전기분해 : 수소 발생과 산소 발생

물의 전기 분해로 수소와 산소가 나오는 현상은 반응식으로는

$$2H_2O \rightarrow 2H_2 + O_2 \tag{10.7}$$

로 단순하지만, 원자 · 분자 수준으로 진짜 모습은 아직 알려지지 않았다. 지금부터는 그 모습이 「얼마나 복잡한지」를 느껴보도록 하자.

10.2.1 수소의 발생

중성이나 알칼리성 수용액중의 현상은 너무 복잡하기 때문에, 산성 수용액에 한하여 설명하고자 한다. 반응의 개략을 [그림 10.2]와 같다.

우선 무엇보다, 전극 표면까지 온 수소이온(보다 실체에 가까운 것은 oxonium ion(H_3O^+))이 전자를 받아, 흡착 수소원자 H_{ad}(ad=adsorbed state)가 되지 않으면 안 된다.

$$H_3O^+ + e^- \rightarrow H_{ad} + H_2O \tag{10.8}$$

(a) 1전자 환원반응으로 흡착수소원자 H_{ad} 가 생긴다.

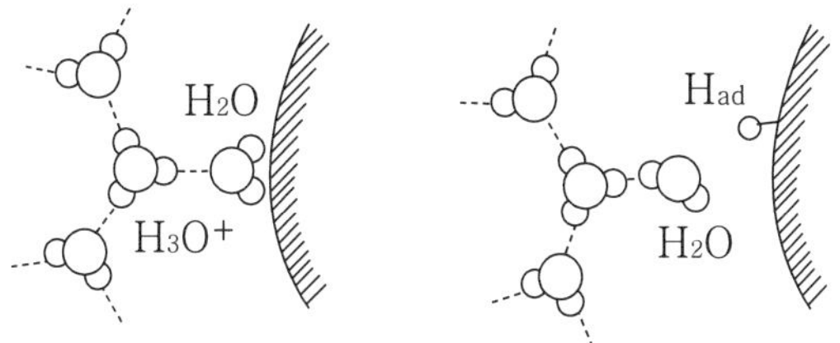

(b) 두번째의 1전자 환원반응에 의해 동시에 H_2 가 생긴다.

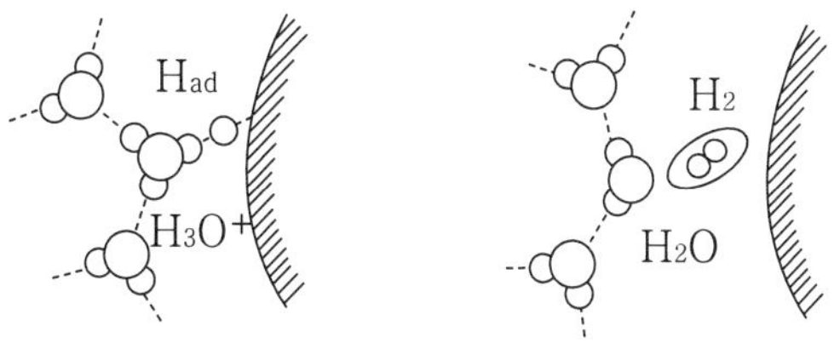

(b') 두개의 H_{ad} 가 결합하여 H_2 로 된다.

[그림 10.2] 수소 발생의 반응 경로
(a)→(b) 또는 (a)→(b')가 일어난다

이 H_{ad}가 두 개 결합하여 수소 분자 H_2가 되는 것이지만, 그 경로는 적어도 두 종류 있다고 한다. 하나는 다른 H_3O^+이 전자 하나를 받아들임으로서 환원이 됨과 동시에 먼저 와 있던 H_{ad}와 합쳐지는 경로(b). 또 하나는 「완성된」 두 개의 H_{ad}가 전극 표면에서 서로 부딪쳐 합쳐지는 경로(b')이다.

어느 쪽의 경로가 될지는 전극의 재료에 따라 바뀌며, 온도나 전해액의 조성도 반응의 진행방향에 영향을 준다. H_{ad}는 [그림 10.2]에서는 매끈매끈한 표면 위에 있는 것처럼 그려져 있지만, 실제로는 표면의 원자 한 개에 결합하고 있으며 이 결합 상태의 조건에 따라 설명할 수 있는 방법이 달라진다. 그 구체적인 예로서 다음의 두 가지 현상에 대해 살펴보도록 하자.

10.2.2 전극 재료에 따라 크게 다른 반응속도

위의 설명이 맞는다면, 금속 M과 수소 원자 H의 결합의 강도에 따라 수소가 발생 정도가 달라진다고 예상할 수 있다. 즉, M−H결합이 너무 약하면 H_{ad}가 형성되기 힘들기 때문에 최초의 반응(10.8)이 시작되지 않는다. 반면, 결합이 너무 강하면 경로(b)에서는 H_{ad}가 표면으로부터 떨어지기 어렵고, 경로(b')에서는 H_{ad}가 표면에서 확산되기 어렵기 때문에 수소 분자(H_2)가 생성되기 힘들 것이다.

수소 발생이 일어나기 쉬운 정도는 교환 전류밀도 i_0(163페이지)의 크기를 기준으로 하여 판단할 수 있다. 실제로 MH의 생성 Gibbs 자유에너지 $\Delta G_f°$의 상대적인 값을 가로축, 교환 전류 밀도의 대수를 세로축으로 하여 그래프를 그려 보면 [그림 10.3], M−H결합의 강도가 적절한 값의 금속 전극에서 반응속도가 최대가 되는 것을 잘 알 수 있다. 또한 7장에서도 살펴보았지만, 교환 전류 밀도의 값이 전극의 종류에 따라 6 자릿수나 바뀐다는 사실에 주목해 볼 필요가 있다.

문 4 7장의 식(7.10)에서, α=0.5, n=2로 하면, 같은 전류 밀도 i를 흘려보내기 위한 과전압 η은 Pt와 Pb에서 약 몇 V 달라질까.

(0.35V)

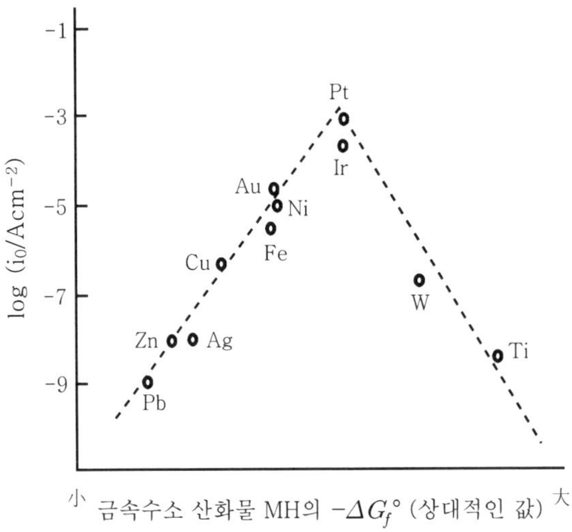

[그림 10.3] 금속전극의 종류에 따른 수소발생의 교환전류밀도

10.2.3 H_2O와 D_2O의 차이

천연 수소에는 0.015%의 중수소 원자 D가 포함되어 있다. 물을 전기 분해에 의해 환원시키면, D^+보다 H^+ 쪽이 환원되기 쉽기 때문에 수용액 쪽에서는 중수소의 비율이 높아진다. 이것을 전해 분리(electroseparation)라고 하며, 그 정도를 전해 분리율(separation factor) *S*로 나타낸다.

$$S = (\text{발생 기체 안의 H/D비})/(\text{용액 안의 H/D비}) \tag{10.9}$$

*S*의 측정값은 대략 3에서 8~9의 범위에 걸쳐있으며 전극의 재료에 따라 차이가 난다. 이러한 차이는 금속의 종류에 따라 [그림 10.2]의 (b)가 될지 (b')가 될지가 정해지기 때문이라고 생각된다. 만약 실제로 그렇다면, 전해 분리율 *S*는 활성화 상태의 마이크로적인 구조를 반영하는 값이라고 할 수 있겠다. 다만 아직까지는 그에 대한 결정적인 연구결과가 보고되고 있지 않고 있다.

10.2.4 산소의 발생

산소 발생은 수소 발생보다 훨씬 복잡한 반응이므로 아직도 논쟁의 여지가 많이 남아 있다. 발생하는 산소 한 분자 당 4개의 전자가 움직여 적어도 「흡착→OH결합의 해리→O원자의 표면 확산→O원자 2개의 합체→O_2 이탈」이라는 여러 단위 과정을 거친다. 이러한 단위 과정들은 위에 제시된 것 이외에도 무수히 많이 있을 수 있고, 중간 상태라고 생각되는 화학구조도 방대한 수에 달한다. 또, 단위 과정 중에서 어떤 것이 가장 느린지(속도결정단계)는 같은 전극과 전해액을 사용했을 경우에도 온도나 전류 밀도에 따라 바뀌거나 한다고 한다. 그렇기 때문에 반응의 구조로만 분류를 한다 해도 약 10종류가 제안되고 있으며, 더 자세히 살펴보면 수십 종의 반응이 내재되어 있을 것이다.

가장 단순한 계로서 산성 수용액 안의 Pt전극에서 발생되는 산소는 다음과 같은 단위 과정이 연결된 형태로 진행된다고 생각되고 있다(S는 Pt표면의 활성점을 나타낸다. 어떤 장소의 Pt원자가 활성점이 되는가 하는 주제만으로도 여러 가지 설이 있다).

H_2O분자의 흡착　　　　　　$S+H_2O \rightarrow S-H_2O$　　　　(i)

단일전자에 의한 산화 : 흡착 OH의 생성

$$S-H_2O \rightarrow S-OH+H^++e^- \qquad \text{(ii)}$$

흡착 O원자의 생성　　　　$S-OH+S-OH \rightarrow S-O+S+H_2O$　　　　(iii)

(또는 $S-OH \rightarrow S-O+H^++e^-$)

흡착 O원자의 표면 확산과 결합　$S-O+S-O \rightarrow SO_2+S$　　　　(iv)

O_2분자의 이탈　　　　　　$SO_2 \rightarrow S+O_2$　　　　(v)

이 중, 두 번째 단위 과정(흡착 OH의 생성과정)이 속도결정단계(Rate determining step)이다.

같은 산성 수용액 중에서도 전극을 Pt에서 Rh으로 바꾸면, 과전압이 낮은 곳에서는 위의 반응에는 없는 다음과 같은 단위반응

$$S-OH+H_2O \rightarrow S-OH-OH^-+H^+$$

에 의해 반응속도가 결정된다고 주장하는 사람도 있다. 전극을 Ir으로 하면 또 다른 단위 과정

$$S-OH+S+H_2O \rightarrow S-O+S-H_2O+H^++e^-$$

이 속도결정단계라고 생각하는 연구자도 있다. 중성이나 알칼리성 수용액의 조건에서의 반응, 또는 산화물이나 금속 착체를 전극으로 한 반응 등에 있어서는 이야기가 한층 더 복잡해진다.

단순하게 보이는 산소 발생도 매우 복잡하다는 것을 이제는 충분히 이해되었으리라 생각된다.

문 5 위의 반응에서 단위 과정 (i)~(v)를 서로 연관시켜, 전체 반응이 $2H_2O \rightarrow O_2+4H^++4e^-$가 되는 것을 확인해 보아라.

10.3 금속의 미달전위 석출

10.3.1 빨리 일어나 버리는 반응

제I부 2장의 표준 전극전위표에 $E°(Cu^{2+}/Cu) = +0.337V$ *vs.* SHE 라는 값이 있다. $E < +0.337V$의 전위에서 $Cu^{2+} + 2e^- \rightarrow Cu$라는 환원이 일어난다는 의미의 값이다. 그러나 예를 들어 산성인 황산구리(II)수용액에서 Pt전극을 부(−)극으로 하고 전위를 (−)의 방향으로 변경시켜나가면, +0.337V 보다 (+)인 전위에서 작은 환원 전류의 피크가 나타날 것이다. 이러한 현상을 「아직 환원 전위에 도달하지도 않았는데 발생된다」점에서 금속의 미달전위 석출(under potential deposition)이라고 한다.

10.3.2 전극의 문제

$E°(Cu^{2+}/Cu)$는, 「Cu 위에서 Cu^{2+}로 전자 2개가 옮겨가는」 전위이다. Pt전극을 사용했을 때에는, Cu^{2+}는 Pt전극의 표면에서 Pt원자에 흡착되어 전자를 받는다. 실제로는 「구리 전극에서의 Cu원자」보다 「백금 전극에서의 Cu원자」 쪽이 안정이므로(에너지가 낮으므로) 미달전위 석출이 일어난다. 그렇다고 해도, 표면의 Pt원자 하나하나에 Cu원자가 다 석출되고 나면 그 다음으로 도착하는 Cu^{2+}는 Cu원자 밖에 보이지 않기 때문에, +0.337V *vs.* SHE보다 (−)인 전위가 되지 않는 한 환원 석출 (본래의 구리 도금)은 진행되지 않는다. 즉 미달전위 석출은 단원자층이 형성된 후 추가 반응이 자동 정지해 버리는 도금의 한 종류라고 할 수 있다.

Pt전극에서는 수소 원자 H도 미달전위로 석출되며 그때의 전류전위 곡선의 형태는 Pt 표면을 이루고 있는 결정 구조에 따라 다르게 나타난다. 이와 같은 사실은 표면에 마이크로적인 구조가 원자간 결합의 강도를 좌우하기 때문이라고 봐도 좋다. 미달전위 석출이 일어나는 전위는 금속의 구조에 따라 크게 다르다. 앞에서 나온 실험에서 $E°$의 값이 200~300mV가 보통이지만 때로는 1V이상이나 (+) 전위에서 시작되는 경우도 있다.

10.3.3 단원자층을 만드는 전기량

미달전위 석출이 완료된 뒤, 전위를 (+) 쪽으로 급격히 변화 시키면, 표면의 단원자층이 다시 용해된다. 이 때 흐르는 전류를 시간 변수로 측정하면 [그림 10.4]와 같은 결과가 된다. 수 ms 당 흐르는 펄스상의 전류는 전기 이중층의 충전 전류(비패러데이 전류)로, 약 50ms후에 산화 용해가 끝나 있다. 이런 곡선을 적분해 보면 전기량으로부터 표면에 존재하는 원자의 밀도나 표면의 균일성 정도 등을 알 수 있다.

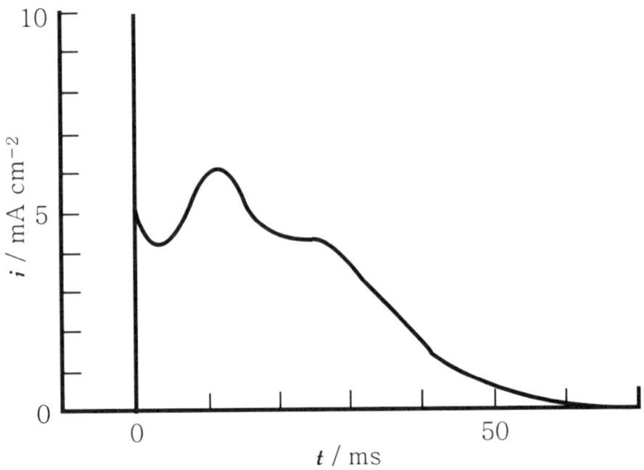

[그림 10.4] 「최적의 도금상태」인 시편이 산화 용해될 때의 전류

문 6 백금 단결정의 (100)면에는 Pt원자가 2.77Å 간격의 정방 격자로 배열되어 있다. 표면은 완전하게 평활하다고 하고, Cu와 H의 미달전위 석출에 의한 표면 $1cm^2$ 당 흐르는 전기량을 계산해 보아라.

(Cu : $418\mu Ccm^{-2}$, H : $209\mu Ccm^{-2}$)

10.4 진동으로 표현되는 전극 반응

물의 산화반응(산소 발생)도 상당히 복잡하였지만, 두 개 이상의 전자가 관여된 반응에 대한 해석은 대부분 쉽지 않다. 그 예로 비교적 구조가 단순한 Formaldehyde의 전기 분해에 의한 산화현상에 대해 살펴보도록 하자.

10.4.1 전위의 리듬

전기 분해에는, 전위를 고정시키고 측정하는 정전위(electrostatic potential)에 의한 전기 분해와 일정한 크기의 전류를 흘려 실시하는 정전류(constant current)에 의한 전기 분해가 있다. Pt를 양극(산화전극, anode)으로 사용하여 수용액중의 HCHO를 정전류 시스템으로 산화시키면 [그림 10.5]와 같이 시간에 대해서 전위가 진동하는 현상을 관찰할 수 있다(한편, 정전위 시스템으로 산화를 시키면 전류가 진동한다). 왜 이러한 현상이 일어나는지 조사하기 위하여 다음과 같은 전체 반응식을 아무리 자세하게 살펴보아도 알 수가 없다.

$$HCHO_{aq} + H_2O \rightarrow CO_2 + 4H^+ + 4e^- \qquad (10.10)$$

문 7 표준 몰생성 Gibbs 자유에너지 $\Delta G_f°$의 값은 $HCHO_{aq}$가 −129.59, H_2O가 −237.13, CO_2가 $-394.36 kJmol^{-1}$이다. 제I부 2장의 내용을 기초하여 반응 (10.10)의 $E°$ 값을 계산해 보아라.

(−0.072V *vs.* SHE)

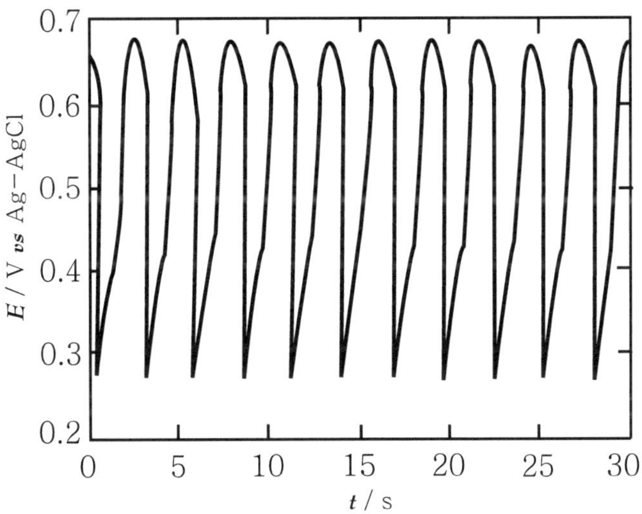

[그림 10.5] Formaldehyde의 정전류 산화에서 나타나는 진동 전위

10.4.2 Formaldehyde의 산화 경로

Formaldehyde가 녹아 있는 산성 수용액에 담긴 Pt전극의 표면을 적외선흡수스펙트럼으로 살펴보면, Pt 표면을 일산화탄소가 치밀하게 덮고 있음을 알 수 있다(제I부 11페이지 참고, 메테인올 수용액 안에서도 같은 거동을 보인다). CO는 HCHO의 부분 산화로 생성된 것이다. 이러한 사실을 기초로 하여 분석해 보면, Formaldehyde의 산화에는 두 종류의 방법이 있다고 생각할 수 있다(어느 쪽의 방법도 반응식 (10.10)는 그대로 적용되지 않음).

하나는 간접 경로로, Pt표면에 생기는 수산화물 Pt-OH가 반응에 참가해 다음과 같은 세 단계로 진행되는 반응이다.

$$HCHO + Pt \rightarrow Pt-CO + 2H^+ + 2e^- \qquad (A)$$

$$Pt + H_2O \rightarrow Pt-OH + H^+ + e^- \qquad (B)$$

$$Pt-CO + Pt-OH \rightarrow CO_2 + H^+ + 2Pt + e^- \qquad (C)$$

다른 하나는 직접 경로라고 할 수 있으며, 다음과 같은 두 단계로 진행된다.

$$HCHO + H_2O + Pt \rightarrow Pt-COOH + 3H^+ + 3e^- \qquad (P)$$

$$Pt-COOH \rightarrow CO_2 + Pt + H^+ + e^- \qquad (Q)$$

이상의 내용을 정리하면 [그림 10.6]과 같이 표현할 수 있다.

10.4.3 전위가 진동하는 이유

Pt를 양극으로 하고 일정한 크기의 전류를 전극 사이로 흘려보내게 되면 반드시 다음과 같은 현상이 일어난다.

(a) 우선 Pt표면이 처음으로 노출 되었을 때, 반응(A)와 (P)가 경쟁적으로 진행된다. 이 시점까지의 전위는 아직 낮은 위치에 있다.

(b) 이윽고 Pt표면이 CO로 덮이기 시작하면 반응이 일어날 수 있는 노출부분의 면적이 점점 줄어든다.

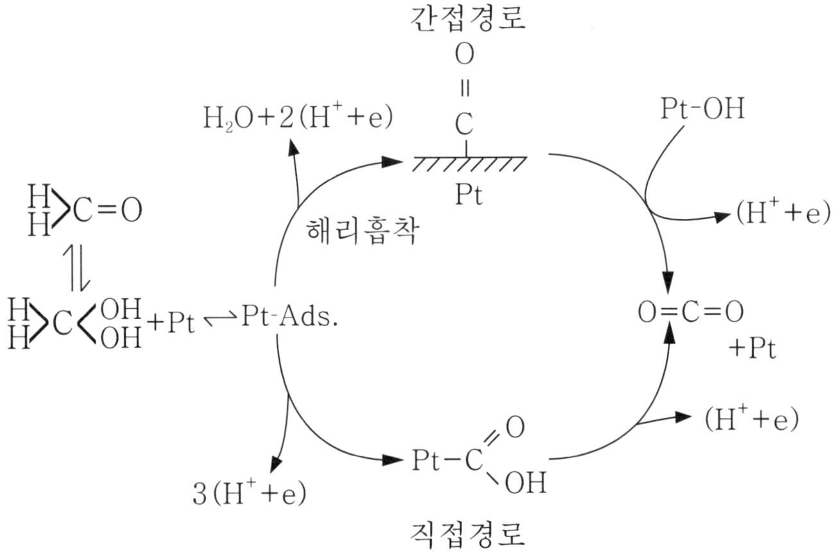

[그림 10.6] Pt전극상의 HCHO 산화에서 생각할 수 있는 두 가지 경로

(c) 그러나 전류(∝반응속도)는 일정하게 유지(constant current)되고 있으므로, 감소된 면적에서 같은 반응속도를 유지하기 위해 Pt전극의 전위가 (+)의 방향으로 움직인다. 그러면 어딘가의 전위로부터 Pt자신의 표면 산화(B)가 시작된다.

(d) 이때 생긴 Pt 표면의 수산기와 흡착 CO가 식(C)의 반응을 통해 CO_2가 되어 Pt 표면으로부터 떨어져 나가게 된다. 이것으로 Pt표면은 원래상태로 돌아와 반응 면적이 늘기 때문에 전위는 다시 낮아진다.

이상의 (a)부터 (d)까지가 반복되어 전극 전위가 진동한다고 생각하면 논리에 맞는다. 전극이 Pt 이외의 금속이라면 이야기는 또 바뀌게 되지만.

문 8 황산 수용액에 철 전극을 담가 정전위(constant current) 상태로 전기분해를 하면 전류의 값이 진동한다. 그 원인을 101페이지의 「전위−pH도」를 기초로 하여 생각해 보아라.

10.5 있는 그대로의 전극 표면을 본다

10.5.1 표면의 원자 구조에 민감한 반응

지금까지 살펴 본 바와 같이, 단순해 보이는 H^+의 환원이나 H_2O나 HCHO의 산화반응도 그 내부 사정은 단순하지 않을 뿐만 아니라, 상당한 부분은 아직도 그 반응 메커니즘조차 규명되지 않은 상태로 존재하고 있는 것이 현실이다. 표면의 원자와 1 : 1로 결합하여 여러 가지 중간 상태를 거치게 되기 때문에, 전극 표면에 어떤 원자가 어떻게 배열되어 있는지에 따라 진행 방법이 바뀌어 버린다. 이러한 반응을 「표면의 원자 구조에 민감한」 반응이라고 하며 촉매의 분야에서는 옛날부터 알려져 있다. 전극 반응도 마찬가지라는 것이 단결정 전극을 사용하는 최근의 연구로 알려져 왔다.

따라서 전극 반응이 진행되고 있는 바로 그 때, 표면의 구조가 어떻게 되어 있는지에 대해 알고 싶은 호기심이 생겨나기 마련이다. 촉매의 분야라면, 고진공 중에서 고체 표면에 전자선을 이용한 저속 전자선 회절(LEED)이나 자외선 · X선을 이용한 광전자 분광(XPS, UPS) 등의 방법으로 조사하면, 원자 수준의 모양을 알 수 있다. 그러나 전극의 표면은 항상 용액에 접하고 있기 때문에 진공 조건은 사용할 수 없다.

10.5.2 전극의 표면을 레이저로 본다

그래서 빛을 수단으로 한 분석 방법이 주목되고 있다. 특히 레이저광은 파장(광자 에너지)이 일정하고 강도도 높아 나노초(10^{-9}s)~펨트초(10^{-15}s) 영역까지 펄스로 측정할 수도 있고, 편광으로도 측정할 수도 있다. 이런 특징을 살린 측정의 예로서 2차 고주파 발생 현상(SHG, Second Harmonic Generation)에 대해 소개하고자 한다.

물질에 빛이 입사되면, 빛의 전기장에 의해 전자가 흔들리게 되고, 안테나의 원리에 의해 다시 빛이 되어 나온다. 나오는 빛의 강도 I_o는 보통 들어간 빛의 강도 I_i에 비례하지만, I_i가 아주 강하면 조금씩 비례 관계로부터 벗어나게 된다(볼륨을 너무 올리면 소리가 비틀리는 현상과 비슷하다). 이 때 I_o에는 진동수가 입사광의 2배, 3배……의 성분이 적은 량이지만 포함되게 된다. 이것이 2차, 3차 고주파이다.

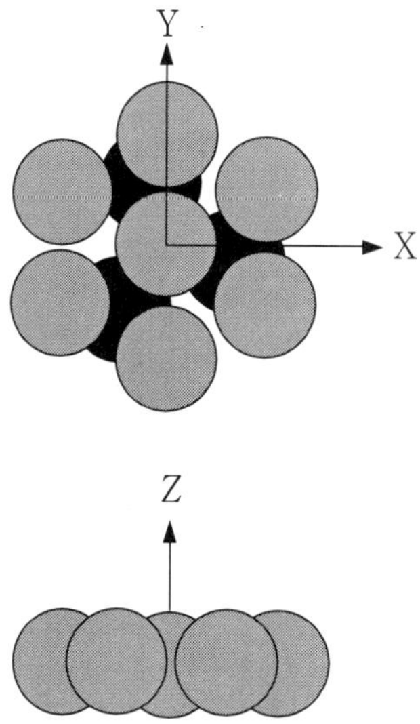

[그림 10.7] 은의 (111)면에 배열된 Ag원자

사람의 눈에는 아무리 평평하게 보일 지라도, 원자 수준으로 관찰된 고체의 표면은 매우 울퉁불퉁 하다. 단결정이라면 원자의 배열방법이 방향에 따라 다르다. [그림 10.7]은 Ag의 (111) 면의 모양을 나타낸 그림이다. 이런 표면에 편광을 쪼이면 어떻게 될까. 전자의 흔들리는 정도는 편광면(전장의 진동하는 면)의 방향에 따라 다를 것이다. 그러면 표면으로부터 나오는 2차 고주파의 강도도 관측하는 방향에 따라 변하게 된다. 그러한 현상을 자세하게 조사해 보면 전극 표면에 배열된 원자의 모양을 읽어 낼 수 있다.

10.5.3 주사형 터널 현미경이나 원자간력 현미경

1980년대에 들어와 nm(10^{-9}m)보다 세밀한 해상력을 지닌 주사형 터널 현미경(STM, Scanning Tunnel Microscope)이나 원자간력 현미경(AFM, Atomic

Force Microscope)이 개발되었고, 진공이나 공기뿐만 아니라 전극-전해액 계면에도 사용할 수 있는 방법이 개발되면서 이와 관계된 연구가 활발하게 이루어지고 있다. 예를 들면, 금속의 미달전위 석출 영역(241페이지)에서 기판의 원자 배열에 따라 다른 종류의 금속 원자가 독특한 패턴을 만들면서 석출되는 상태가 관찰 되었고, 전극 표면에 흡착된 이온이나 유기 분자도 관찰할 수 있게 되었다.

10.5.4 전망

전극의 표면에 어떤 원자 · 분자가 어떻게 배열되어 있으며, 반응의 진행 정도에 따라 표면이 어떻게 변해가는 것인지에 대한 연구가 레이저 분광이나 STM 관찰 등으로 좀 더 자세하게 알 수만 있다면, 전자이동 반응에 대한 이해도 한층 더 깊어질 수 있다. 특히 물의 산화와 같이 복잡한 다전자 이동 반응에 대한 연구 영역에서 그러한 실험적 접근이 매우 절실하다. 다전자 이동에서는 반응이 진행됨에 따라 표면의 원자 배치가 (결국에는 단위 과정의 퍼텐셜 곡선이) 시시각각으로 변해간다. 따라서 이러한 변화의 추이를 매우 짧은 시간 내의 관찰하는 기술이 한층 더 진보하지 않으면 안 된다. 이러한 연구결과의 축적에 의해 미래에는 다전자 반응을 뜻대로 조종하여 표면의 원자 구조를 목적에 맞게 설계할 수 있는 날도 올 것이라고 기대하고 있다.

찾아보기

영문 index

absorbance ······112
adiabatic degree ······185
Ag/AgCl ······49
anode current ······226
anode reaction ······159
Anti-corrosion ······103
Arrhenius Equation ······152
Atomic Force Microscope ······248
Auxiliary electrode ······52
Boltzmann factor ······146
Butler-Volmer식 ······196
calomel ······50
cathode current ······227
cathode reaction ······159
chemical actinometry ······113
conditional potential ······80
Conducting band ······202
constant current ······243
Constructive Interference ······218
Cottrell equation ······222
Cyclic voltammetry ······225
dark reaction ······129
Destructive Interference ······218
diffusion ······214
diffusion controlled ······221
Electric double layer ······5
electrochemical potential ······87
electron transfer controlled ······221
electron volt ······39
electroseparation ······239
electrostatic potential ······243
endoergonic reaction ······27
Energy band ······202
Equipartition of Energy ······147
exchange current ······159
excited state ······110
exergonic reaction ······27
Fermi level ······53
Fick's first law ······215
Fick's second law ······215
forbidden band ······202
formal potential ······80
Franck-Condon의 법칙 ······179
Glass electrode ······94

ground state ··········110
half−wave potential ··········82
Highest Occupied Molecular Orbital ··········82
Hot electron emission ··········156
image Force ··········157
inner−sphere reaction ··········177
internal energy ··········23
ion−selective electrode ··········96
Lambert−Beer ··········112
Le Chatelier's principle ··········36
Lowest Occupied Molecular Orbital ··········82
Marcus Theory ··········196
Mean Free Path ··········147
Nernst ··········85
NHE ··········48
nonaqueous solvent ··········178
nonfaradaic current ··········224
nonpolarization interface ··········49
Normal Hydrogen Electrode ··········48
outer−sphere reaction ··········175
overpotential ··········168
oxidized form ··········60
pH ··········93, 101
Photo electron emission ··········156
photochemical equivalence law ···109
Photochemistry ··········105
polarization ··········49
polarization interface ··········49
Polarography ··········82
potential well ··········179
Potentiometry ··········82
Potentiostat ··········52
Pourbaix diagram ··········102
quantum yield ··········113
Rayleigh−Bénard convection ··········219
reduced form ··········87
reference electrode ··········46
reorganization energy ··········191
saddle point ··········142
Saturated Calomel Electrode ··········51
Scanning Tunnel Microscope ··········247
SCE ··········51
Second Harmonic Generation ··········246
separation factor ··········239
SHE ··········47
Solubility product ··········73
spectroelectrochemistry ··········82, 98
Standard Hydrogen Electrode ··········47
standard potential of an electrode reaction ··········63
Tafel relationship ··········167
Thermonic electron emission ··········156
thylakoid ··········126
tunneling effect ··········185
under potential deposition ··········241
valence band ··········202
work function ··········54
Working electrode ··········52
Z scheme ··········129

2차 고주파 ······246
3전극 ······52
가전자대 ······202
거울상 힘 ······157
겉보기 전위 ······80
과전압 ······168
광전자 방출 ······156
광합성 ······123
광화학 ······105
광화학당량의 법칙 ······109
교환 전류 ······159
규격화 계수 ······212
금지대 ······202
Gibbs 자유에너지 ······25
기저상태 ······110
기준전극 ······46, 52
내권반응 ······177
내부 에너지 ······23
Nernst 식 ······85, 87
단열성 정도 ······185
Lambert-Beer의 식 ······112
레일리 · 베나르 대류 ······219
LUMO ······82
마커스 이론 ······197
무방사 천이 ······112
미달전위 석출 ······241
반도체 전극 ······56
반파전위 ······82
발에르곤 반응 ······27
방식연구 ······103
보강간섭 ······218
보조전극 ······52
볼츠만 인자 ······146
볼타전지 ······71
분광 전기화학 ······82, 98
분극 ······49
분극성 계면 ······49
비단열인자 ······189
비분극성 계면 ······49
비수용액 ······178
비패러데이 전류 ······224
산화 반응 ······159
산화 전류 ······226
산화체 ······60
상쇄간섭 ······218
순환 전압전류 ······225
아레니우스 관계식 ······152
안장점 ······142
암반응 ······129
양극반응 ······59
양자수율 ······113
에너지 균등 분배법칙 ······147
에너지띠 ······202
엔탈피 ······23
여기상태 ······110
열전자 방출 ······156
외권반응 ······173
용해도곱 ······73
원자간력 현미경 ······247
유리전극 ······94
은/염화은 전극 ······49
음극반응 ······59

이온 선택성 전극 ······97
이온화 서열 ······82
일정 전위기 ······52
일함수 ······54
작동전극 ······52
재배향 에너지 ······190, 191
전기 이중층 ······5, 217
전기화학 퍼텐셜 ······85
전도대 ······202
전위차 측정 ······82
전자 볼트 ······39
전자이동지배 ······222
전해 분리 ······239
전해 분리율 ······239
절대 전극전위 ······68
정전류 ······243
정전위 ······243
조건부 전위 ······80
주사형 터널 현미경 ······247
질량작용의 법칙 ······34
칼로멜 전극 ······50
코트렐 식 ······223
태양 에너지 ······117
태양전지 ······116
터널 효과 ······185
Tafel 관계식 ······207
틸라코이드 ······126
페르미 분포함수 ······205
페르미 준위 ······53
평균 자유행정 ······147
포텐셜 우물 ······179
포화 칼로멜 전극 ······51
폴라로그래피 ······82
표준 전극전위 ······60
표준수소전극 ······47
Fick's의 제1법칙 ······170, 214
HOMO ······82
화학 광량측정 ······113
화학 퍼텐셜 ······30
확산 ······170
확산 방정식 ······215
확산지배 ······222
환원 반응 ······159
환원전류 ······227
환원체 ······87
활성화 에너지 ······143, 195, 196
흡광도 ······112
흡에르곤 반응 ······27

역자약력…鄭喆洙
현 서울 시립대학교 화학공학과 교수
삼성SDI(주) 중앙연구소 에너지랩 책임 연구원
일본 동경공업대학 유기재료공학과 박사
일본 동경공업대학 유기재료공학과 석사
서울 시립대학교 화학공학과 학사

전자이동의 화학

-전기화학입문-

A-JIN

지은이와 협의 인지 생략

인　쇄 : 2006년 10월 10일
발　행 : 2006년 10월 15일
역　자 : 정 철 수
발 행 처 : 도서출판 아진
110-091
서울특별시 종로구 행촌동 27-4 2층
TEL:02-737-0663 FAX:02-737-0664
Homepage:ajin.to
E-mail:kgb@ajin.to
발 행 인 : 김 근 배
등록번호 : 제300-1995-56호
ISBN : 89-5761-185-1 93570

가격 18,000원